なぜ
日本の災害復興は
進まないのか

ハンガリー赤泥流出事故の復興政策に学ぶ

家田 修 北海道大学スラブ・ユーラシア研究センター教授

現代人文社

●はじめに──なぜ日本の災害復興は進まないのか

　2010年10月にハンガリーで産業廃棄物（赤泥）流出による大規模な災害が発生した。筆者はハンガリーの研究を専門としている。筆者がなぜこの赤泥流出事故に係わったのか、詳細は「おわりに」に譲るが、事故発生当初から事故現場を訪れて、調査研究を始めた。この事故から半年もたたない2011年3月に、東日本大震災、そして東京電力福島第一原発事故（以下、「福島原発事故」と略す）が起きた。以後、筆者はハンガリーの事故を東日本大震災、とりわけ福島原発事故と重ね合わせて考えるようになった。福島原発事故被災者を支援する研究者仲間に加わり、福島県飯舘村にも通い始めた。

　このグループが主催して2012年11月に、被災者支援のシンポジウムを福島市で開催した[*1]。筆者はこのシンポジウムでハンガリーの復興住宅事例を紹介したが、会場からもっと詳しく知りたいという声が上がった。

　こうした声に後押しされた筆者は、避難者や被災地からの視点をさらに徹底させて調査研究を行なうようになった。その結果として、ハンガリーにおいて実践された災害復興の経験は、福島原発事故被災者にとってだけでなく、災害復興一般を考えるうえでも、多岐にわたって教訓となることに気づかされた。

　ハンガリーにおける災害復興では「損害賠償」という考え方ではなく、地域の視点や生活の質という視点に基づき、被災者ひとりひとりの意思や事情を尊重する生活再建が実現した。ハンガリーではこれを「被災の緩和」[*2]と呼んでいる。「損害賠償」や「原状回復」は民法上の賠償義務や当事者間合意に基づく補償である。これに対して、「被災の緩和」は被災者の負担をできる限り軽減するという方針に基づく政府の復興政策である。ハンガリーでは事故後の復興にあたって、まず個々人の生活を再建することが目指され、復興住宅建設は事故後1年もかからずに完成した。しかもその際に取り入れられた指針は、被災地域全体の再生を、住民の立場

から立案・実施するというものだった。

　他方、東日本大震災、そして福島原発事故から早くも3年以上が経過している。一部の被災地には活気が戻ってきたものの、住民生活における復興の足取りは遅い。原発事故については、いまも絶え間なく放射能が漏れだし、15万人を越える原発避難者[*3]にとってはもちろんのこと、広範な被曝地域の住民にとっても、事故はいまだに収束していない。日本における遅々とした、あるいは暗中模索の「復興」を目の当たりにするとき、ハンガリーの経験は、背景となる歴史も社会も文化も異なる外国の経験ではあるが、日本における今後の復興の方針を見定めるうえで重要な参照例になるのではないだろうか。これが本書執筆の動機である。

　なぜ日本の災害復興はなかなか進まないのか。とりわけ突然の避難を余儀なくされた放射能汚染地域からの避難者にとって、生活再建への道筋は極めて不透明である。震災や津波からの復興が国策として遂行されるのに比べ、原発事故からの復興には東京電力という民間会社が賠償責任を負っている。このため、民法上の「損害賠償」という考え方が基礎となり、被災者は加害者である東京電力と個別に交渉しなければならない。しかも同時に、国が賠償算定基準を示したため、被災者から見ると、いったい誰と交渉すればよいのかが分からなくなってしまった。被災の状況も程度も、ひとりひとりが異なるのである。

　損害賠償をめぐっては、国と東電と被災者という三すくみ状態が生まれ、原発事故被災者の生活再建へ向かう足取りをいっそう不確実なものにしている。原発事故被災者は、被曝という放射能による被害だけでなく、損害賠償という社会制度によっても理不尽な扱いを受けている。そのうえさらに国の介入が事態を複雑にしている。二重、三重の「人災」である。

*

　2013年3月30日、「飯舘村放射能エコロジー研究会」主催のシンポジウムが東京大学で開催された[*4]。この研究会は先に触れた被災者支援の研究者仲間によって設立されたものである。同東京大学シンポジウムで発表された報告によると、ダム建設による立ち退きでは、失う家屋や土地などにたいして、原状回復という原則が適応され、移転先での生活再建を可能にする額の補償が、立ち退き料として支払われるそうだ[*5]。つまり、補償金で新たな生活を新天地で始めることができる、という考え

はじめに——なぜ日本の災害復興は進まないのか　　iii

方が基礎にある。ところが、福島原発事故での補償は民法上の「損害賠償」であり、「立ち退き」とは異なるため、その額は立ち退き料の半分か、半分にも満たないとのことである。たとえば、交通事故で自動車が壊れた場合の賠償と同じ原則が適用される。つまり失った財産の価値が、時価すなわち市場価格で査定され、それが損害賠償額として支払われる。例えば、3年間使った自動車であれば、3年使った同じ車種の中古車市場価格が賠償額になるという考え方である。

損害賠償と原状回復の間には大きな隔たりがある。果たして損害賠償方式を原発避難者に適用することは妥当なのだろうか。それしか解決の道はないのか。そもそも、損害賠償で避難者の生活再建は可能なのであろうか。

単純に考えても、原発事故による被災と避難は、ダム建設による立ち退き以上に加害者の責任が重い。また被災者の負担も格段に大きい。原発事故による避難の出発点は、電力会社の過失ないし不法行為の結果であり、ダム建設のように合意に基づく立ち退きではない。被災者は事前に相談を受けたわけでもなく、避難することについての条件が提示されたわけでもない。同意もなく、一方的に、そして何の準備もないまま、突然に強制された立ち退きである。この補償が合意による立ち退きの半分以下であるというのは、社会的正義、衡平性、倫理性のいずれの視点からみても、妥当性がない。さらには生活の実際的な再建という視点から見ても、損害賠償方式は、著しくかつ一方的に被災者に犠牲を強いている。

例えば、何千万円も投じて作った家屋でも、20年住めば、中古住宅として、その価値は何分の1かになり、50年も住めば、ゼロかマイナス（取り壊し費用がかかるため）になる。今回の福島原発事故の具体例でも、次のような声が上がっている。

「先日東電から財物保障の書類が届いた。自宅は100年以上たっているので評価額は200万円と低い。梁一本だって銘木使っていて今なら何百万円だ。今建てようとしたら何千万円もかかる。おかしい。しかしもう70歳も越したので金は早く受け取りたい。どうしたらいいか」。これが市場価格に基づく賠償方式の現状である。

損害賠償原則に基づいて今回の原発被災者への賠償金が算定される。正確には、今回の原発事故賠償では市場価格（不動産の場合は固定資産税の評価額）に政府の決めた乗数を掛けて算定することになっている。この方式でも賠償額は立ち退きに比べて格段に低い。それでも自動車のように、近くの中古車展示場に行っ

飯舘村（2012年7月8日・菅井益郎氏撮影）

て、同じような車が容易に買えるのであれば、賠償方法はそれなりに合理性を持つ。しかし原発事故のように、地域全体が汚染されて居住不能となった場合には、そもそも地域の中古住宅市場などありえない。

今回の福島原発事故による避難地域の多くは、阿武隈山地というなだらかな丘陵地帯に属する。中山間地といわれる里山的な色彩の強い地域である（上の写真参照）。また、この地域の特色として、数世代同居の大世帯が多い。地域社会が育んできた緑豊かな自然の中に建てた、広い屋敷地に住んでいた。世帯の現金収入という面では、あきらかに都会より制約が大きい。しかし、里山の自然の恵みを享受し、野菜や穀物や水などの生活素材と、空気や景観などの自然環境という面からみても、都会より格段に「生活の質」が高かった。[*7]

原発事故によって強いられた避難生活では、仮設住宅に住むにしろ、公営や民間の借り上げ住宅で住むにせよ、被災者にとってはこれまで経験したことのないほど狭い居住環境となった。当然、一家そろって避難することは不可能だった。二世帯、三世帯、場合によっては四世帯にも分散した避難生活となり、豊かな自然の恵みや自然環境もすべて失った。家財道具も被曝したため、持ち出して使用することもできない。こうして生活の質は著しく低下した。

しかも避難者自身が、程度の差はあれ被曝しており、身体に放射能汚染を受けた。健康被害が将来どのように現れるのか。子や孫の世代まで影響は残るのか。確

はじめに──なぜ日本の災害復興は進まないのか　v

定的なことはわからない。このため心理的ストレスは無限大に大きい。

　さらに故郷の喪失がある。その意味は多岐にわたるが、ひとつには地域共同体の崩壊がある。また、もうひとつに、住民生活の一部だった里山的な生活環境の喪失がある。避難者が東京電力に提出した損害賠償請求で目を引くのは、里山的生態に係わる項目である。たとえば、村人は野菜や水道代を損害賠償の請求項目に挙げた。これに関して、飯舘村を例にとれば、村役場自体が次のような指示を出していた。

　「避難先で新たに必要となったもので、従来は費用が掛からなかったものはすべて請求できる」[*8]。

　避難者にとって野菜などの食料や水は、ほんらい自給するものであったり、里山の恵みとして享受してきたものである。けっして店でお金を出して買うものではなかった。そもそもコンビニエンスストアが中心街に1件しかないのが飯舘村であった。必要なものや足りないものは隣近所で融通し合っていた。里山の存在とその恵みは、住民の日常生活にとって、そして地域社会全体にとって、不可欠な要素であり、精神的な価値でもあった。

　避難生活の中で、飯舘村の村民は初めて、山菜や水もお金で買うようになった。これらは、村役場の指示に照らせば、「避難先で新たに必要となったもので、従来は費用が掛からなかったものはすべて請求できる」に該当する。

　避難者にとって、こうした支出に対して損害賠償を求めることは、「失ったものの補償」という意味で、自然だった。しかし東京電力は支払い拒否の姿勢を貫いている。東京電力が被災者に宛てて送ってきた回答によれば、避難生活で追加的に必要となった支出は「精神的損害に含まれ」るため払えないとされている。あるいは「申し訳ございませんが」と謝罪するかのような姿勢をとりつつも「ご容赦願います」といって、補償の対象から外している。

　都市生活者の視点から見ると、食料や水道代は事故の有無と無関係な支出であり、補償を求めることが理解しにくいかもしれない。しかし今回の原発事故で被災して、避難した人々が失ったものは、原状の回復という視点から見るならば、都市生活者の場合と同様には扱えない。福島原発被災者の事例に即せば、里山的な生活の回復こそが原状回復である。それぞれの地域や地域住民の視点、つまりそれま

享受していた「地域での生活の質」を、原状回復の出発点にすえることが求められる。現行の損害賠償に基づく市場価格原則は、地域の特性や生活の質を考慮していないため、原状の回復が達成できない。それと同時に、「原状回復」の原則だけで、原発事故被災者を救済することも困難である。なぜなら、汚染された故郷の里山を原状に回復させることはできないし、分散した地域共同体や家族を元に戻すこともできないからである。要するに、これまでとは異なった視点が必要とされているのだ。

本書は、この問題に対する一つの試案としての答えである。ハンガリーは長年にわたって慢性的な赤字財政に苦しみ、2009年以降は世界金融危機の影響も受けて、厳しい経済状況下にある。歳出削減を余儀なくされ、緊縮財政を遂行する中で、今回の赤泥事故からの復興は実現された。

復興は時間との戦いでもある。若者は日々成長し、年老いた世代も日に日に齢を重ねていく。待ったなし、である。

*

本書の構成を述べておこう。第1章で個人復興住宅の具体例、第2章で地域の再生事業、第3章で復興政策全般の策定過程、第4章で赤泥という産業廃棄物の有害・無害をめぐる論争、最後の第5章で1990年代末からのハンガリーにおける災害復興政策史を跡づける。さらに第5章では日本における復興事業と対比させながら、本書のまとめとなる災害復興のハンガリーモデルを提示する。

最初の第1章で住宅復興を取り上げるのは、災害復興の基本は被災者ひとりひとりの生活再建にあり、生活再建の中心は住宅の再建だと考えるからである。筆者は防災や災害復興の専門家ではないが、ハンガリーの事例を目の当たりにして、日本で定式化している「避難所→仮設住宅→復興公営住宅」という住宅復興方式に疑問が深まるいっぽうである。それは単にこの方式が、復興資金の迅速かつ有効的な活用になっていないからではない。そもそも、被災者や避難者の救済になっていないという、現実を直視せざるをえないためである。この現実を象徴しているのが、仮設住宅や復興公営住宅における孤独死であろう。あるいはまた、「震災関連死」が原発事故から3年経った今も福島で広がっている、という現実そのものの重さである。いずれ本論で詳しく見るが、震災関連死の最大の原因は「避難所等における生活

の肉体・精神的疲労」（傍点は筆者による）であると復興庁自身が報告している。仮設住宅や借り上げ住宅で暮らすことは、長期的な生活の見通しが立てにくく、被災者にとって大きな心理的負担になっている。実際に仮設住宅での避難者の不自由な暮らしぶりを見れば、これは一目瞭然である。日本でも仮設住宅は本来、1年以内の利用を原則としていた。他方、仮住まいではなく、自らの住居(恒久住宅)を持てば、そこを起点に長期的な生活の再建を見通すことができる。つまり、恒久的な復興住宅を迅速に建設することは、単なる住居の保証ではなく、命の保証なのである。ゆえに、まさに1年を待たずして迅速な復興住宅建設を実現したハンガリーの実例は好例として、まず初めに紹介するに値しよう。

　第2章で地域の再生事業を取り上げるのは、政策論議よりも、実際の復興事業の具体例を示すことが重要だという方針によっている。読者によっては、最初に政策立案過程から知りたいという場合があるかもしれない。その場合は最初に第3章と第5章を読み、その後で第1章ないし第2章に戻ることをお勧めする。

　第4章は復興政策そのものではなく、今回の事故で注目を集めた産業廃棄物赤泥をめぐる、ハンガリー内外の議論をまとめたものである。原発事故における放射線問題との類似性が念頭に置かれている。

　復興政策に絞って本書を読みたい読者には、第3章の後に第5章へと進み、最後に第4章に戻ることをお勧めする。いずれにしても、それぞれの章は独立して読むことができるようになっている。章の順番は絶対的ではなく、読者の問題関心に従って読み進めていただきたい。

2014年9月

家田修

目次

●はじめに——なぜ日本の災害復興は進まないのか……………ⅱ

第1章　被災者の救済と復興住宅　3

はじめに——突然の赤泥流出……………3
1　フックス家(コロンタール村)……………6
　　フックス家の写真集　6
　　バコニュ様式建築とは　12
　　フックス家の復興住宅　13
2　レフマン家(コロンタール村)……………17
3　モルナール家(コロンタール村)……………22
4　コヴァーチ家(コロンタール村)……………28
5　ダンチ家(デヴェチェル市)……………31
6　ニョマ家(デヴェチェル市)……………38
7　コロンタール副村長トルマ家(被災しなかった家)……………42

第2章　被災地の救済から地域の復興・再生へ　47

1　住民集会……………48
　　住民集会による自治体の意思決定　48
　　救済委員会の設立　50
2　緊急支援と自営業の救済……………53
　　緊急支援　53
　　小規模自営業者支援　54
3　地域社会の復興事業①——デヴェチェル市……………59
　　中・長期の復興事業の進め方の違い　59
　　復興全体を象徴するデヴェチェル市の復興　59
　　デヴェチェル都市再生計画　66

「ロマ問題」と市再生の課題　68
　　　就学前幼児教育事業　68
　　　職業訓練学校　72
　　　失業対策事業　74
　　　「共有の場」創造　75
　　　新産業の創生　81
　4　地域社会の復興事業②
　　　――コロンタール村とショムローヴァーシャールヘイ村…………84
　　　コロンタール村の復興事業　86
　　　ショムローヴァーシャールヘイ村の復興事業　90
　　　地域のブドウ栽培農家やワイン農家の支援　95
　　　試行錯誤の地域社会再生　96
　5　国民的な救援活動…………99

第3章　政府の事故対応から地域の復興政策へ　103

　1　緊急避難…………104
　　　赤泥擁壁決壊　104
　　　最大級の緊急出動　106
　　　オルバーン首相の現地入り　107
　　　コロンタール村の全村避難　108
　　　オルバーン首相の臨時国際記者会見　109
　　　避難準備態勢に置かれたデヴェチェル市　110
　　　危機的な状況から脱する　114
　2　首相演説と救済基金…………116
　　　オルバーン首相の「生活の再建」原則提示　116
　　　大きく分かれるオルバーン首相の評価　118
　　　承認された復興住宅原則　118
　　　救済基金令の発布　120
　3　被災自治体と復興令…………124
　　　救済基金令の見直し　124
　　　政府の再建調整センター　126

x

復興令の発布　127
　　　加害者の責任問題と被災者の救済とを切り離す条項　129
　　　復興住宅の建設支援を打ち出した復興令　129
　　　住宅支援策の実施　130
　4　復興住宅建設の開始……………133
　　　住宅支援における３つの選択肢　133
　　　復興住宅建設は本当に実現できるのか　135
　5　地域復興支援政策の確定……………137
　　　地域復興支援はどうなったか　137
　　　復興政策の２つの大きな転換　139
　　　大きかった地元自治体首長たちの役割　140

第４章　赤泥は無害か有害か？
──国際基準より厳しい国内基準の制定　143

　　赤泥をめぐる議論　143
　　産業廃棄物としての赤泥と放射能　144
　1　国際基準では無害……………146
　　　ロンドン条約　146
　　　バーゼル条約　148
　　　EUの廃棄物規定　148
　　　「クリーン開発と気候に関するアジア太平洋パートナーシップ」バンクーバー国際会議　151
　2　ハンガリー基準では有害……………151
　　　赤泥とは何か　152
　　　ハンガリーのアルミニウム産業の歴史　153
　　　ドナウ川本流を守れ　155
　　　ハンガリー法における赤泥の定義　156
　　　ハンガリー政府による赤泥の定義　160
　　　科学アカデミーの赤泥定義　163
　3　赤泥をめぐるEUの対応……………166
　　　EU調査団　167
　　　EU議会における赤泥問題　169

EU指令による危険廃棄物定義　172
　　　EU危険廃棄物指令とハンガリー化学安全保障法　175

第5章　復興のハンガリーモデルと日本の復興政策　179

1　被災者救済の先行例……………179
　　　被災者救済事業の歴史　179
　　　ハンガリーにおける地方自治の伝統　181
　　　1999年の災害対策法制定と「生活再建」への国家支援　183
　　　ベレグの復興住宅　189
　　　復興事業における中央政府と地方自治体　193
2　赤泥事故後における復興政策……………195
　　　中央防災総局が再度示した課題設定　195
　　　赤泥事故と地域の復興　198
3　ハンガリーモデルの基本原則と日本の災害復興……………199
　　　住宅復興におけるハンガリーモデルの教訓　200
　　　米国9.11同時多発テロ事件の被災者救済　206
　　　東京電力に対する損害賠償訴訟　209
　　　なぜ地域社会の再生が必要か　209
　　　阪神淡路大震災復興基金の場合　211
　　　福島復興予算の場合　212
　　　事業内容・予算の透明性の確保　216
　　　東日本大震災義捐金のあり方　218
　　　安全に係わる国際基準　221

◉おわりに……………248

●コラム
　ハンガリー人の姓名　27
　ショムローワイン　32
　EU構造基金について　71
　EU助成申請代行士社　80

ハンガリー赤泥流出事故と復興事業関連年表

1989年		ハンガリーなど東欧諸国で共産党政権が連鎖的に崩壊する
1990年	4月	総選挙で「民主フォーラム」を軸に非共産党政権の成立 (1991年、ソ連邦の崩壊)
1994年	4月	総選挙で社会党政権の成立
1998年	4月	総選挙でフィデス党政権(第一次オルバーン内閣)の成立
1999年		北大西洋条約機構NATOへの加盟(チェコ及びポーランドとともに)
		災害対策法の制定
2000年	1月	消防庁と市民防災庁の統合で中央防災総局が誕生
		化学安全保障法の制定
2001年	3月	ベレグ地方でティサ川洪水、復興住宅が建設される
2002年	4月	総選挙で社会党政権の成立(2010年まで2期8年)
2004年	5月	ハンガリーなど東欧8カ国がEUに加盟
2010年		
	4月	第二次オルバーン内閣の誕生
	10月4日	アイカ市アルミ工場から赤泥流出
		緊急事態令がヴェスプレーム県など3県に発令される
	10月5日	ハンガリー衛生局による赤泥有害物質声明
	10月7日	オルバーン首相が被災地を視察
	10月7/8日	ハンガリー科学アカデミーの赤泥に関する第一次声明
	10月8日頃	赤泥がドナウ川本流に到達するが、その途中で赤泥の中和化に成功。被害の国際的な拡大を食い止める
	10月9日	コロンタール村民全員避難、デヴェチェル市緊急避難準備
	10月12日	ハンガリー科学アカデミーの赤泥に関する第二次声明
	10月11〜16日	EU調査団による事故調査の実施
	10月15日	避難解除
	10月19日	EU議会が赤泥問題を審議
	10月21日	救済基金令発布
	11月4日	復興令発布
	11月末	地元自治体首長がオルバーン首相と復興支援策で協議
	11月26日	政府特使を招いてのデヴェチェル市住民集会
	12月	赤泥被災者がベレグ地方の復興住宅を見学
2011年		
	1月	コロンタール村で復興住宅建設開始
	2月	デヴェチェル市で復興住宅建設開始
	7月	復興住宅への入居開始

なぜ
日本の災害復興は
進まないのか

ハンガリー赤泥流出事故の復興政策に学ぶ

家田 修
北海道大学
スラブ・ユーラシア研究センター
教授

第1章

被災者の救済と復興住宅

はじめに――突然の赤泥流出

　2010年10月4日正午過ぎ[*1]、ハンガリー西部のヴェスプレーム県アイカ市（人口2万9000人）で、ハンガリー史上最悪と言われる産業災害事故が起こった。事故を起こした企業は「ハンガリーアルミ社（正式にはハンガリーアルミニウム製造販売株式会社）[*2]」であり、同社のアルミナ製造工場に付属する赤泥溜池が決壊したのである。この工場には全体として3000万立方メートルの赤泥が10カ所の溜池で貯蔵され、今回事故を起こした溜池は第10溜池である。

　溜池からアルミ工場廃棄物である赤泥が大量に、しかも突然に、周囲の集落に流れ出た。赤泥が貯蔵されていた溜池は、高さ30～40メートル、周囲2キロ以上もある擁壁で囲まれていた。東京ドームが20個くらい入る巨大な構造物である（カバー写真参照）。その北西の隅が瓦解し、大量の赤泥がまさに堰を切って外に流れ出た。流れ出た産業廃棄物は擁壁の脇にあるトルナ川に沿って北西方向へと向かった。

　トルナ川沿いにはいくつかの集落が点在している（次頁地図参照）。赤泥溜池に一番近い3つの集落、コロンタール村（人口769人）、デヴェチェル市（人口4641人）、ショムローヴァーシャールヘイ村（人口1100人）が赤泥に巻き込まれた。鉄砲水のように流れ出た赤泥の量は70万立方メートル以上に及んだ。10トンの大型トラックに換算して7万台分という途方もない量である。結果として、死者10人、負傷者150人以上、被害総額200億フォリント以上[*3]という大惨事になった。

　さらにトルナ川の先には欧州最大の国際河川ドナウ川がある。もし大量の赤泥がド

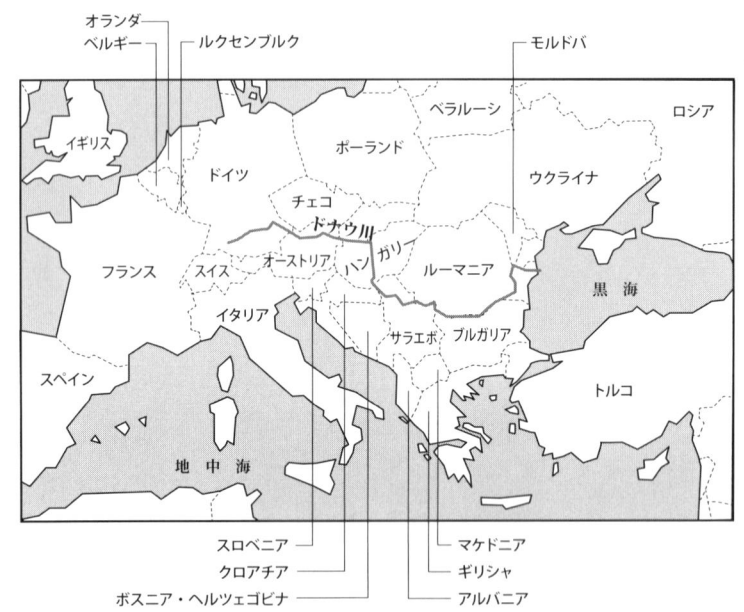

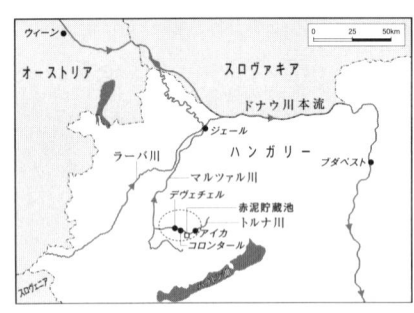

※上図は左図の◯で囲んだ地域

ナウ川に流れ込めば、事故はハンガリー一国を超えて国際的な環境破壊へと発展する。このため欧州各国は固唾を飲んでハンガリーの事故対応を見守った。

　赤泥とはアルミニウムの素材であるアルミナを製造する過程で生れる廃棄物である。詳細はあとで述べるが、今回流出した赤泥は事故直後のpH値（水素イオン指数、酸性度とアルカリ性度を示す指標）測定によると、上限の14に迫り、極め

4　第1章　被災者の救済と復興住宅

て危険な強アルカリ性を示した。この強アルカリ性は赤泥が含む水酸化ナトリウムに由来する。

　水酸化ナトリウムはいわゆる苛性ソーダである。誰でも学校の理科実験で苛性ソーダを使い、石灰を溶かした覚えがあるのではないか。この薬品は塩酸などと同様の劇薬である。衣服や皮膚につくと、少量でも腐食を起こし、皮膚の場合には火傷になる。今回の死者も、赤泥のアルカリ性による火傷が死因だった。

　事故の背景には異常気象といえる大雨もあった。しかしそれだけでなく、複雑なハンガリーの社会・政治・経済問題が存在した。さらにEU（欧州連合）の廃棄物処理規則にも深く関連していた。それについては、第4章で詳しく述べることとして、以下ではまず、本章の主題である災害復興事例について見てゆこう。

　結論から言えば、赤泥流出事故からの復興では、被災者が失った家屋や家財について、市場価値に基づく通常の損害賠償の原則でもなく、被災前の状態への原状回復でもなく、生活の再建を主眼とする「被災の緩和」が適用された。中身については順に見てゆくが、直接の被災者だけでなく、地域全体が被災したのだとする観点から、地域再生の様々な取り組みが地元主導で行なわれた。しかもそれを加害者である企業との交渉によって実現させたのではなく、ハンガリー政府とハンガリー社会が主体となって実現させたのである。

　以下で復興住宅の具体例を見てゆくが、本来なら事故の全容をまず述べ、復興政策の策定過程を明らかにしてから、個別の住宅問題や地域再生事業を論ずるべきかもしれない。しかし本書ではまず具体的な施策から話を始める。なかでも住宅問題を最初に取り上げることにしよう。なぜなら日本での復興政策では被災者や避難者の住宅復興があまりにも後回しにされているという現実があるからである。すでに触れたように、「震災関連死」の名の下に多くの避難者が仮設住宅や借り上げ住宅で亡くなっている。福島では震災関連死者数が震災による直接的な死者数を上回った。これを「復興災害」と呼ぶ専門家さえいる。

　災害からの復興はまず被災者ひとりひとりの生活の再建から始めなければならない。仮の住まいではなく、恒久住宅を何よりも先に建設したハンガリーの施策は注目に値する。ハンガリーの住宅復興においては、被害の程度と被災者の要望に応じた選択肢が用意された。被災地域を地域ごと移転して新街区を作り、その中に戸建

の復興住宅群を建設することを集団的復興住宅建設と称する。この他に中古住宅の斡旋や買い取りによる金銭賠償などもあった。本章で集団的な戸建てを取り上げるのは、ハンガリーの住宅復興政策が有したひとりひとりへの対応という性格を最もよく特徴づけるものだったからである。

被災集落のうち、最も被害が小さかったショムローヴァーシャールヘイ村では、住宅建設は1軒だけだったが、コロンタール村とデヴェチェル市では、それぞれ21世帯、89世帯が集団的復興住宅建設を希望し、集団的な移転が行なわれた。以下では、この2つの自治体での事例を見る。両自治体とも自治体の中に新街区が整備され、被災者はまとまってそこに移転した。[*6] しかもハンガリーの復興住宅は一戸建ての注文住宅として建設された。その実際をまず読者に紹介し、日本における復興のあり方と比べていただきたいのである。

1　フックス家（コロンタール村）

フックス家は夫妻と娘2人の4人家族で、夫のヤーノシュ氏は農業を営む。妻はマグドルナさんである。娘2人のうち1人はすでに嫁いで家を離れ、もう1人の未婚の娘は首都ブダペシュトで出版関係の仕事をしている。被災した時は村には、夫婦2人だけだった。

フックス家は赤泥溜池に最も近いコロンタール村の村民である。しかも、一家の暮らしていたマロム通りは、コロンタール村の東端に位置し、村内において最も赤泥溜池に近かった。マロム通りのすぐ脇をトルナ川が流れる。赤泥溜池と村との距離は1キロほどあるのだが、擁壁は巨大なために、現場に立つと溜池が間近に迫って見える。

フックス家の写真集

以下の写真は、復興住宅に移り住んだフックス家で見せてもらったものである。

写真❶は、事故前のフックス家の旧宅である。フックス家では事故後に1冊のアルバムを作って、そこに被災前と被災後の写真をまとめた。表紙がこれである。今は取り壊されてしまい、跡形もないかつての「我が家」の被災前の写真である。写

❶フックス家写真集の表紙。❷事故前の赤泥溜池。表面に大量の水がたまっている（フックス家写真集より）。

真の下には童話風に、

「むかし、むかし、あるところにコロンタール村マロム街 15 番地があったとさ」

と書いてある。しかし、失ったのは家だけではなかった。フックス一家のあるじヤーノシュ氏の母堂は近くに住んでいたが、被災して犠牲となった。アルバムにはこの母堂が何度も登場する。夫妻はアルバムをめくりながら、筆者にむけて、自然にいろいろな思い出を語り始めた。母堂のこと、孫であるフックス夫妻の子どもたちにその母堂が購入した子羊のこと、あるいはクリスマスの想い出、また事故で死んだ犬の話などなど、話題は尽きることがなかった。

アルバムには、赤泥溜池の擁壁に登って撮った写真もある（写真❷）。赤泥溜池の表面に大量の雨水がたまって、まるで湖のようである。事故年の春から夏にかけて大雨が降ったが、この写真では、この大雨の前から溜池には大量の水が溜まっていたことが見て取れる。[*7]

今は厳重に監視されて、赤泥溜池に近づくことはできない。しかし、事故前には、自由に溜池擁壁に登ることができたそうだ。擁壁にはひび割れが入るなど、老朽化が目にも見えたが、まさか決壊するとは思わなかったという。

次頁の2つの写真❸❹も事故前のもので、フックス家の隣家を裏庭から撮影している。

フックス一家は 1986 年から3年間かけてこの家屋を建設した。社会主義時代の末期である。当時は多くの場合、文字通り、建材を自分で調達して市民が自力で家

を建てたものである。写真にあるように、屋根を高くせり上げた一般的な住宅様式で、今もハンガリーのいたる所で見られる。屋根裏部屋にあたる部分を、2階として広く利用できる構造である。

　赤泥事故では、写真❺にあるように、赤泥がフックス家を襲った。ヤーノシュ氏の前に写っているのは倒れた犬小屋で、2匹の犬も犠牲になった。

　続く写真❻も近隣住宅の被災状況を撮ったものである。いずれも事故直後の生々しい状況を伝えている。

　次の写真❼は、フックス家の次女が事故を知って、急遽ブダペシュトから帰村し、亡くなった祖母の家の前で友人と電話しているところである。祖母は事故当時に自宅の庭にいて、赤泥に呑み込まれてしまった。600メートルほど赤泥に流され、2日後にトルナ川沿いの池で、遺体が発見された。家の壁面でしみのように染まっている部分が、赤泥の到達したところである。

　写真❽からは、赤泥が室内の天井近くまで押し寄せたことが分かる。トルナ川沿いの地区で最も被害が大きかったところでは、この写真にあるように、窓や戸口の上

❸❹はフックス家旧宅（❸～❾フックス家写真集より）。

　にまで赤泥が押し寄せた。洪水がこの高さまで押し寄せてくればむろん猛威を振るうが、今回の赤泥は高アルカリ性だったため、さらに被害が大きくなった。
　「事故が真夜中でなくてよかった」という声を各所で聞いた。この写真から想像できるように、ベッドで就寝中だったら、逃げようがなかったであろう。しかも擁壁が決壊して赤泥がコロンタール村まで押し寄せるのに、ごくわずかな時間しかかかっていない。もし夜中の事故であったら、死者は激増したであろう。
　写真❾はフックス夫妻と知人である。被災直後は2週間ほどこの友人宅に避難した。その後、コロンタール村で間借りをして、復興住宅が完成するまで過ごした。他の被災者も、親戚や知人宅に間借りをして、避難期間を過ごした。

1　フックス家（コロンタール村）　9

❿フックス家写真集より。

　写真❿は、赤泥がコロンタール村に残した爪痕だが、最も高い到達点を写したものだそうだ。フックス家の娘とその友人が、手を挙げてその高さを示している。瞬時にこの高さまで赤泥が襲い、あたり一面を覆った。このコロンタール村が赤泥に呑み込まれてから、次のデヴェチェル村に赤泥が去って行くのに要した時間はわずか20分ほどだったそうだ。

　読者は、これまでの写真のなかで、人々がマスクをしているのに気づいたのではないだろうか。

　これは、赤泥から発生したガスや、乾燥して粒子化した赤泥を吸い込まないための防護措置である。赤泥は単に洪水として集落を破壊しただけでなく、大気中にも細かな塵となって舞いあがり、目に見えない汚染源となった。赤泥流出域の周辺が、数十キロメートル四方にわたって大気汚染に見舞われ、これが数カ月間続いた。赤泥塵は呼吸器官に入ると、高アルカリ性であるため、障害を起こす危険性があった。40万個ほどの防護マスクが日本から贈られたが、それについては本書最後の「おわりに」で述べる。赤泥は20分で去ったが、その後に残されたのは、がれきの山だけではなかったということである。

　写真⓫はコロンタール村に建設された復興住宅街である。村の南東端にある通りを、さらに東方向に延長して、新しい街区が作られた。完成したのは2011年7月である。2010年10月の事故から1年を経ずして出来上がった。全てに先立って、復興住宅がまず建設されたのである。しかもそれは仮設住宅ではなく、持ち家として

⓫コロンタール村に出現した復興住宅街。

⓬旧街区（手前）からみた復興住宅街。通り正面で突き当たった所から新街区が始まる。旧街区は電線網が雑然と広がり、建築様式としても新街区のように整然としていないことが見て取れる。新街区の設計には町づくりの理念をこめたことが⓫と⓬の写真を比較するとよくわかる。

⓭トルナ川の東側から眺めたコロンタール村。

建てられた通常の恒久家屋である。

　写真⓭はトルナ川の東岸地区から、赤泥溜池を背にして、コロンタール村を写した写真である。トルナ川は村の東部を流れており、川沿いが村一番の低地となっている。赤泥は東から西に向かって流れこんだが、トルナ川に到達すると川に沿って向きを変え、北西へ流れて行った。コロンタール村集落の中心部分は、トルナ川から西南に向かって緩やかにせりあがる斜面に位置する。復興住宅街はその斜面上の高台に建てられた。

　被災した地区と赤泥溜池のあいだは平坦な農地だけが広がる。まじかで見る赤泥擁壁は、巨大ではあるが、廃墟のような脆さを感じさせる。筆者が写真を撮っていると、監視員が来て、危険だから近づかないようにと注意した。

1　フックス家（コロンタール村）　11

❶❹❶❺アイカ市近郊に残るバコニュ様式の街並み。
❶❻コロンタール村の古い地区にもバコニュ様式の家屋が少し残っている。社会主義時代に伝統的バコニュ様式はすたれかけた。

　コロンタール村と赤泥溜池の間は、すでに汚染物質が撤去されている。しかし、赤泥溜池の擁壁には無数のひび割れが目立ち、かなり劣化していることがわかる。被災者にとって劣化した擁壁の下に住み続けることは、心理的に受け入れがたい。このような点も考慮して、復興住宅街の立地が選ばれた。新集落は溜池方向からみて、コロンタール村の最も奥まった場所に作られた。新集落からは直接溜池が見えない。

　新集落の復興住宅街は先の写真に示したように、一見して同じような家屋が立ち並んでいる。これは、復興住宅の設計に際して、「家族用一戸建ての建築は伝統的な建築構造と伝統的な建築資材を用いる」[*8]と決められたためである。具体的に言えば、この地方のバコニュ風という伝統様式が統一的に採用されたのである。これは復興住宅の建設に際して、建築家たちの提案を基に、政府と地元が一致して臨んだ方針だった。

バコニュ様式建築とは

　バコニュとはヴェスプレーム県中部に広がる丘陵地帯である。今回の赤泥事故が

起きたアイカ市はバコニュ地方の中央部にある。写真⓮⓯はアイカ市近郊で撮影したバコニュ様式の街並みであり、復興住宅街の原形を見て取ることができる。通りに面した三角形の壁が、屋根より高く突き出して造られており、その縁がレンガで段々になっている形状に特色がある。

ショムローヴァーシャールヘイ村には、写真⓱⓲のように、バコニュ様式の住宅が比較的多い。写真⓱は古くて朽ちかけたバコニュ様式住宅である。この村では被災家屋が2軒あった。1軒はもうこの土地に住まないことを選択し、賠償金を得て去った。もう1軒は被災家屋を壊して、同じ土地に復興住宅を新築した。それが写真⓲である。黄土色の古いバコニュ様式住宅（右端の家）の左横に、新築された白いバコニュ様式の復興住宅が写っている。

このように復興住宅建設では、社会主義時代に廃れかけたバコニュ様式を、積極的に復活し生かそうとする案が取り入れられた。ただし、統一的な様式の中にも、一戸一戸をよく見ると、細部で各戸が異なっていることに気づく。屋根の高さや壁の様式という大枠は確かに統一されているが、窓の位置や枠の飾りなどが少しずつ違っている。さらに控えめな飾りを壁面に施す家もある。統一された中にささやかな自己表現をするのもバコニュ様式の特色である。

フックス家の復興住宅

写真⓳は新築のフックス家復興住宅を中庭から写したものである。

復興住宅には母屋の他に納屋や作業場も備わっている。そして、芝を張った中庭の後ろには菜園がある。農村では一戸建て住居の裏に10アール（千平方メート

ル）ほどの自家菜園が続くのが普通である。また、伝統的な農家の建物では、母屋と壁合わせで厩舎や納屋が細長く伸びる。先に見た被災直後の写真❻❼にも、細長い住居が写っていた。農業を生業としてはいなくとも、地方で住民が、中心街区は別として、自宅の中庭で鶏などの家禽を自家消費用に飼い、自家菜園で野菜や果物を自給するのが一般的である。飼育が楽なため子豚を飼うことも珍しくない。子豚は数カ月で食肉にする。

　フックス家は専業農家で、借地をして経営規模を拡大してきた。現在は12ヘクタールを耕している。小麦を中心とする穀物栽培を行なっている。トラクターなどの農業機器は中庭に置いている。赤泥事故が起きた時はトラクター作業中で、そのままトラクターで避難した。トラクターも赤泥で被害を受けた。後述するように、自営業者の営業に係わる損害については、その全てが補償の対象とされたわけではない。機械類は補償の対象から外された。しかしフックス家では、被災したトラクターを売却して、新品を購入した。もし復興住宅を自力で建てざるをえなかったならば、新しいトラクターの購入は難しかったろう。この意味で、農業も含めた自営業者にとって、災害復興において公的な支援によって住宅が迅速に建設されることの意味は極めて大きい。恒久住宅の確保なしには、生活と表裏一体の自営業の再開はおぼつかない。

　ヤーノシュ氏はコロンタール村出身で、かつての社会主義時代には、今回の事故を起こしたアイカのアルミ工場で重機の操縦士として働いていた。コロンタール村の多くの住民が、同様にアルミ工場の従業員、ないしは元従業員である。アルミ工場

と被災地の関係は複雑である。この点については次節で詳しく触れることにする。

　フックス家は、フックスという姓からも想像されるように、ドイツ系である。村自体がもともとドイツ系移民によって作られ、今もドイツ系の姓を名乗る住民が多い。妻のマグドルナさんはアイカ市の出身だが、やはり家系はドイツ系である。コロンタール村においてドイツ系住民であることは重要なアイデンティティのようだ。次章で地域としての再生事業を検討するが、コロンタール村のドイツ人意識は村自治の大きな支えとなっている。

　フックス家が農業を始める転機となったのは、体制転換後の農地改革だった。夫妻の両方の父親は、戦時中は共にソ連軍の捕虜となり、長年にわたって抑留された。1993年の農地改革では、捕虜であった事実も補償対象に含まれることとなり、土地を入手した。ただし、当初はアルミ会社に務めるかたわらで、兼業として農業に従事しただけだった。その後にヤーノシュ氏は大病を患って会社を辞めることになり、専業農家となった。フックス夫妻によれば、農業収入は多いとは言えないが、「この地方の賃金は安い。月給として5〜6万フォリントしか払われないよ。7万フォリントももらえれば、良い方だ。7万フォリントでも一家を維持するには不十分だが」という事情から、農業を選択したそうだ。

　この賃金額は、首都ブダペシュトの平均的給与の半分以下である。ハンガリーで最も貧しいと言われる北東部と、あまり変わらない水準である。ちなみに、5〜6万フォリントは日本円にそのまま換算すると、2〜3万円である。しかし、物価が日本に比べて安いので、実際には5〜6万円に相当する価値がある。

1　フックス家（コロンタール村）　　15

　写真㉒㉓は、復興住宅の内部である。この写真は築後1年半を経た2012年の12月に撮ったものである。壁がまだ新築のように真白なのが印象的だった。外装は伝統的なバコニュ様式だが、内装はご覧のように、全く近代的である。フックス一家は、曲線を多用した間仕切りに非常に満足している。通りに面した部屋は子ども用の二部屋に分けられる広さだが、娘たちはすでに自立しているため、大きな一部屋にした。娘たちが帰ってきたら、ここで寝るそうだ。

　居間のソファに座っているのはフックス夫妻と、副村長のトルマ氏（左端）である。トルマ宅は幸運にも、やや高台の通りに面していたので、被災を免れた。トルマ家の様子は後述しよう。

　フックス家の間取りは、食堂、居間、夫婦の主寝室、子ども部屋であり、日本風に言えば2LDKである。復興住宅の間取りは、一軒ごとに異なっている。あとで設計図面の例を示すが、被災者はかなり自由に間取りを自分で決めることができた。新居は旧宅に比べて狭いのだが、外観にも内装にも、フックス夫妻は満足している。

　家具については、ハンガリーの家具製造組合が、被災者支援事業として、廉価販売を申し出た。家具（写真㉔）は壁にくくりつけの整理棚であり、この組合から購入したものである。

　むろん被災者には一般家具店から購入する選択肢もあった。しかし、家具に対する補償枠は限られていた。このため、多くの場合、家具製造組合の提供した家具が

復興住宅に納められた。家具購入など、動産の被害に関する補償のあり方については、後の事例で詳しく見る。

2　レフマン家（コロンタール村）

　レフマン家の夫シャーンドル氏と妻イレーヌさんは、ともにコロンタール村の出身である。二人の息子がおり、一人はアイカ市に住んでいる。もう一人の息子はコロンタール村で両親の隣家に住んでいたため、やはり赤泥事故で被災した。復興に際して、両親と同じく集団移転を希望し、復興住宅に移り住んだ。新しい復興住居街では、事故前と同様に、親子で隣あう区画となった。コロンタール村では、新街区の建設にあたって、旧居住地区における家の並びとほぼ同じ順番で、新住居の配置が行なわれた。こうした配慮によって、被災前と変わらずに、息子夫妻との密接な関係は維持された。筆者が調査に訪れた時も、妻のイレーヌさんは隣の息子夫婦の家で、孫の世話をしているところだった。

　シャーンドル氏は20年ほど前に退職するまで、44年間ずっとアイカ市のアルミ工場に勤務した。アルミ工場は1943年に創業され、シャーンドル氏が働き始めたのは、終戦の年である1945年だった。その1945年以前にも、まだ学生だったシャーンドル氏は、アルミ工場用の鉄道引込線の建設労働に携わったそうだ。つまり、

一生をアイカ市のアルミ工場とともに過ごしてきたことになる。

　アルミ工場のあるアイカ市はもともとガラス工芸と鉱山業を主要産業とする小さな地方都市だったが、戦後はアルミ産業と共に大きく発展した。社会主義時代にアルミ関連産業がアルミ工場の裾野として成長した。その結果、アイカ市と周辺はアルミ企業城下町となった。後で見るデヴェチェル市もコロンタール村と同様に、アルミ関連産業で生計を立てる人が多い。したがって、被災地と加害企業の関係は複雑である。赤泥流出事故で最も深刻な被害を受けたコロンタール村とデヴェチェル市の被災者は、一方では事故原因の究明と責任の追及を強く望んでいる。しかし他方で、操業停止に追い込まれた業界最大手のハンガリーアルミ社の早期操業再開を求める声も小さくはなかった。実際に、事故後2週間足らずで生産が再開された。もし事故原因が解明されるまで操業停止が続いていれば、直接の従業員1100人だけでなく、裾野で働く数千人とその家族の生活が脅かされかねなかった。また、アルミ工場がアイカ市に支払う3億フォリントの税金も、支払いが滞る可能性があった。こうした地域経済に与える影響を考慮して、アイカ市長は工場の早期再開を、首相に直訴したほどである。雇用の維持という意味では、コロンタール村もデヴェチェル市も同じジレンマに立たされていた。[*9]

　アルミ工場と被災地との複雑な関係について、シャーンドル氏は次のように語る。「私の職種は化学技士でした。コロンタール村の働き手の60〜80%は、アイカ市のアルミ関連企業で働いています。村はアルミ工場でもっていました。（社会主義時代の）45年間はアルミ工場のお蔭で多くのものが村にもたらされたのです。今回の事故は防げたはずのものです。事故が起きた年の春、復活祭のころに、アルミ会社の重機操作者と立ち話をしましたが、彼は既に擁壁が危ないのではないかと危惧していました。むろん、今回のような大惨事がすぐに起きるとは思わなかったが、一般の従業員ですら危険だと考えていたのですから、会社の幹部は当然、もっと真剣に考えておくべきでしたよ。会社は擁壁補修のために何もしませんでした。そもそも、民営化の時に、アルミ会社の資産はわずか1000万フォリントで払い下げられたのです。これは民家一軒すら買えない価格ですよ」。

　一般に、社会主義体制崩壊後の民営化では、多くの不正があった話をよく耳にする。しかし、年間売り上げが数十億フォリントに達する企業が、ただ同然で個人の

所有物となった例は珍しい。アイカ市のアルミ工場の場合は、莫大な投資が必要な擁壁補修を行なうという条件を付けて、民営化契約が締結された。しかし新会社はこの約束を実行しなかった。シャーンドル氏は話を続ける。

「私は貧困も、社会主義も、全てを経験しましたが、今の会社幹部のような人間の屑は見たことがない。昔から赤泥は投棄されていたのですが、民営化されてからは、新しい幹部に専門知識がないためか、高濃度のアルカリ物質を再利用せずにそのまま投棄するようになりました。だから今回の事故が起きた時に、赤泥はアルカリ度が高かったのです」と。

シャーンドル氏がアルミ会社のずさんな赤泥管理を批判したのに続いて、妻のイレーヌさんが事故当時の様子を次のように語った。

「10月4日の事故のとき、夫は家の中にいましたが、私は庭にいました。擁壁の崩壊に気づいて、すぐに家の中に戻りました。赤泥が家に入らないようにドアを閉めたのに、赤泥は窓から家の中に押し寄せてきました。夫と私はしだいに行き場を失って、最後は風呂場に逃げ込みました。夫のシャーンドルが私を持ち上げてくれ、私は風呂場の窓から助けを呼びましたが、誰もいませんでした。シャーンドルは赤泥に膝まで浸かったまま、私を支え続けていました。その間に、事故の知らせを受けた息子や、テレビで事故を知った近隣の青年たちが村に駆けつけてきたようですが、トルナ川の橋が赤泥で崩れ落ちたため、川向うになる我が家に近づくのが難しかったそうです。ようやく私たちが救出されたのは、事故から3時間余りたった午後4時頃でした。救出されたあとも、シャーンドルは赤泥に浸かった着衣のままで、村役場までたどり着き、そこでやっと赤泥を洗い落すことができました。その後に救急車で病院に運ばれたのです。シャーンドルは赤泥による火傷を治療するために、3回の手術が必要で、1カ月の入院生活を送りました」。

夫妻は、「赤泥事故で家も家財道具も失って、途方に暮れました。若い人なら再出発もできるでしょうが、80歳を越えた自分たちにいったい何ができるのでしょうか」と言いつつ、当時をこう振り返る。「10年以上まえのベレグ洪水では（この事例については189頁で後述する）、1年間で新村が建設されました。同じ洪水の被害を受けたスロヴァキア側の被災地区では、復興が長期にわたり、コンテナ風の仮設住宅に長年住まざるを得なかったといいます。ベレグ洪水の時も、ハンガリーの首相は

㉕デヴェチェル市役所前で住民と向き合うオルバーン首相(左端)。首相の右隣はデヴェチェル市長トルディ氏。(http://www.karmentobizottsag.hu/index.php/galeriaより)

オルバーンでした。彼のやったことは素晴らしいです」と。

　レフマン夫妻は被災してから復興住宅が建つまでの10カ月間、アイカ市にいる息子夫妻の家に同居した。「国や村は賃貸の住居を斡旋すると言ってくれましたが、自分たちはコロンタール村民であり、他所には行きたくないと言って断わりました。80歳の自分にはもう何もできません。家を建ててもらったことに、非常に満足しています」と語った。

　イレーヌさんは事故直後のオルバーン首相の演説をよく覚えていると言い、こう語った。「オルバーン首相は事故の翌日に、ゴム長靴姿でコロンタール村に来て、『皆さん安心してください。皆さんに野宿させるようなことはしません。どうか落ち着いてください。皆さんのことは私たちが守ります』と言いました」と。[*10]

　オルバーン首相のこの演説は、被災者たちによってしばしば口にされる。しかし、記憶と実際とは少し異なるようだ。第1に、オルバーン首相が実際に現地入りしたのは事故翌日の5日ではなく、3日後の7日であり、その時の発言録にこの言葉は残っていない。この言葉が発せられたのは、イレーヌさんの記憶にある通り10月5日だが、それはテレビで放映された記者会見の場においてであった。しかも、それはオルバーン首相の口からではなく、横に座っていたピンテール・シャーンドル内相が発した言葉だった。この日の記者会見で、2人が交互に話したために、視聴者が混同したとしても無理はないだろう。また、この記者会見と前後して開かれた国際記者会見では、オルバーン首相がこの言葉を発したという新聞の報道もある。[*11]さらにいえ

20　第1章　被災者の救済と復興住宅

❷❻レフマン家の居間。対面式の台所で、居間と台所が一体となり、広々としている。❷❼義捐金で購入したコーヒーカップセット

ば、公式の記録に残っていなくても、7日のコロンタール村集会でオルバーン首相がこの発言をしたことは十分に考えられる。

　興味深いのは、被災者がオルバーン首相の約束を、事故直後のものだと記憶しており、しかも一言一句を鮮明に覚えていることである。オルバーン首相という人物には存在感がある、という評価の一つの証左であろう。

　ともあれ、ハンガリー政府の発した最初の声明として、この言葉が被災者たちによって記憶されている。レフマン夫妻もオルバーン首相の言葉を信じた。ただ、本当に復興住宅が実現するかどうか、不安でもあった。夫妻が、政府の約束は本当に実行されるらしい、と感じ始めたのは、復興住宅の設計が開始された時である。住宅の外装と内装をどうするのか、間取りや、床、壁の色をどうするかと、建築家と何度も話し合って決めた。その時のやりとりは「とても人間的でした。本当にひとりひとりの要望が、できる限り実現されるように配慮してくれました」。こうした準備をへて2011年1月に新街区の整地が始まり、レフマン夫妻はこの時、真に実感をもって自分たちの家ができると思い始めた。その後は、毎日のように工事現場に足を運び、実感が確信へと強まっていった。土台ができ、レンガが積み上げられ、屋根ができ、という具合に、一つ一つの工程を目の当たりにするうちに、半年後には復興住宅が本当にできあがるのだと思えるようになっていった。

　また、住宅の完成を目前にした2011年の5月には、家財道具を購入するための

㉘母屋の裏庭に建てられた納屋と車庫。㉙納屋にしつらえたシャーンドル氏自慢の仕事場。

資金枠として、救済基金などの救援団体から各被災世帯に100万フォリントずつが設定され、その枠内でタンスやベッドなどの調度品をそろえることができた。しかし必要だったのは、大きな家財道具だけではない。イレーヌさんによれば、「赤泥で汚れたスプーンを洗って使おうとしましたが、赤泥のアルカリで腐食していたので、使えませんでした。なに一つ使えるものはありませんでしたよ。鍋は赤十字からいただきました。こうした支援のおかげで、入居してすぐに生活を始められたのです」こう言って、イレーヌさんは笑みを浮かべ、新婚世帯のような調度品類を、一つ一つ紹介してくれた。救済基金には世界各地から義捐金が集まり、それが目に見える形で、直接に被災者の助けとなったのである。

3　モルナール家(コロンタール村)

　モルナール一家もコロンタール村の住人で、夫のシャーンドル氏と妻のエーヴァさんの二人暮らしである。ともに今は年金生活である。
　モルナール夫人が掲げているのは、赤泥事故被災者救援コンサートのポスターである（写真㉚）。ハンガリーでは赤泥事故被災者支援のために、コンサートが数多く開催され、第3章で見るように、ハンガリーの災害史上、かつてない規模の義捐金が寄せられた。上記のコンサートは最も早い時期に開催されたものの一つで、事

故から1カ月後の2010年11月6日に、県内のタポルツァ市で催された。このポスターをモルナール家が大事にしているのは、ポスターの図柄に使われている被災住宅が、モルナール家の旧家屋だからである。むろんこの家はもう存在しない。

モルナール家ではまた、復興住宅の建設請負書を見せてもらった。写真❸❶は請負書の表紙であり、右はその邦訳である。他の復興住宅の例でも書式は全く同じである。

建築設計図によると、モルナール家の復興住宅は敷地面積が1223.78平方メートルあり、家屋の基礎面積は120.42平方メートルである。このうち居住部分の床面積が89平方メートル、また母屋に続く付属施設用舗装地が63.04平方メートル、そして残りの1040.32平方メートルが中庭と菜園である。

コロンタール村の復興住宅は各戸の敷地がほぼ同じように整然と区画されている（24頁の写真❸❷参照）。それでもよく見ると、幅が少しずつ異なり、家屋も形状や大きさが微妙に違っている。この写真が撮影されたのは国による復興住宅が完成した直後であり、後日に建てられた納屋や仕事場などの付属建造物はまだ存在しない。

住宅部分の建築設計図によると、モルナール家は表通りに面した部屋を2つに区切り、3LDKの間取とした。ただ、フックス家と違い、奥の大きな部屋を寝室ではなく、居間にしている。つまり均質に見える復興住宅の内側は、それぞれの家族の要望によって注文住宅なみの個性を発揮しているのである。

3　モルナール家（コロンタール村）　23

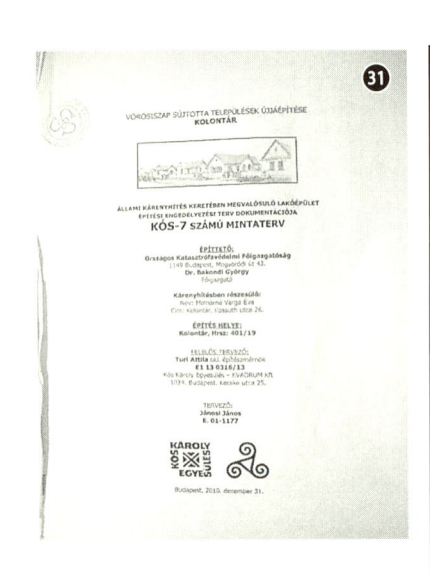

赤泥事故で被災した集落の再建
コロンタール村

国家による被災緩和事業として実現される
住宅建設認可計画に関する文書

コーシュ7型

発注者
中央防災総局
1149　ブダペシュト市マジャローディ通り43番
Dr. バコンディ・ジェルジ
総局長

被災緩和事業の対象者
氏名：モルナール夫人・ヴァルガ・エーヴァ
住所：コロンタール村コシュート通り26番

請負業者
ツゥーリ・アッティラ、一級建築士
E1 13 0316/13
コーシュ・カーロイ協会、及びクヴァドルム有限会社
1034　ブダペシュト市ケチケ通り25番

設計者
ヤーノシ・ヤーノシュ
E 01-1177

ブダペシュト市、2010年12月31日

コロンタール村復興住宅：出典
Ministry of the Interior, National Directrate General for Disaster Management, "*Red Sludge, Hungary 2010*", 2011.

　写真❸はモルナール家の食堂と居間である。食堂に立つ夫妻の左横に大型の暖炉がある。この暖炉はカイハと呼ばれ、ハンガリーの伝統的な陶器製暖房装置である。燃料は薪かガスで、大きな部屋もこれ1台で十分に暖房できる。筆者が40年近く前にハンガリーの政府留学生としてブダペシュトに滞在した時、下宿の部屋にもカイハがあった。ガス方式だった。夜10時ころになると、大家のおばさんがガスを止めに来たものだ。ガスを止めても分厚い陶器が熱を放出し続け、朝まで部屋は暖

❸食堂に立つモルナール夫妻
（左後ろにカイハが見える）
❸敷地図

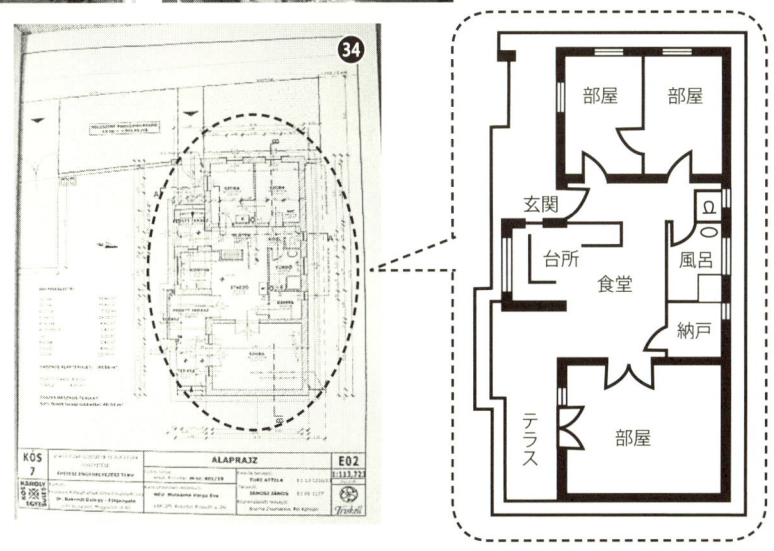

かい。翌日は、夕方に私が帰宅するころを見計らって、大家のおばさんが点火しておいてくれる。実に無駄のない、しかも安全な暖房器具である。

　さてモルナール家では、ガスが止まる場合も想定して、ガスと薪の両方を使えるカイハにした。アパートやマンション式の集合住宅でカイハは稀だが、一戸建て住宅にはいまもしばしば見かける。薪も使えるガス・薪併用方式のカイハは、非常時に対応するための発想である。だが、もともとガスがなかった時代には薪を使っていたはずである。このバコニュ地方は林業も盛んであり、薪の仕入れにはことかかない。

　住宅の敷地図❸によると敷地の隅に家屋が配され、家屋に隣接して納屋の建設

3　モルナール家（コロンタール村）　　25

㉟応接間兼居間　㊱台所（食堂へと続いている）　㊲モルナール家の納屋に貯蔵されている自家製の薫製、ソーセージ類。

　予定区画が点線で表記されている。納屋用区画に64平方メートルがあてられているが、納屋についての建築設計図は国が用意した計画書の中にはない。先に見た新街区の鳥瞰写真にも母屋以外の建物は写っていない。これは、母屋部分は「国の被災緩和予算による建設」とし、納屋地部分は「国の被災緩和予算によらない建設」とされたためである。つまり、復興住宅建設に際しては、母屋の建設と納屋などの付属施設の建設が分けられたのである。母屋は国費によって、付属施設の建設は義捐金によってまかなわれた。

　モルナール家の納屋は主に車庫として使っているが、モルナール氏の自慢の種は車ではなく、この納屋で作る自家製の燻製肉やソーセージである。大量に作って大型冷凍庫で保存する。これはハンガリーに限らず、東欧の人々の楽しみであり、生活の知恵でもある。豚を自分の家の中庭で飼育するか、あるいは農業を営む友人や親戚に委託して飼育してもらい、自分でつぶして加工し、保存食にするのである。婦

ハンガリー人の姓名

▶文書❸(本書 24 頁)に記載された被災者の名前は「モルナール夫人・ヴァルガ・エーヴァ」となっている。これだけではどれが姓で、どれが名かよく分からない。ハンガリー人の姓名は日本や東アジアの国々と同じく、苗字から始まる。この特徴は比較的よく知られている。しかし上記文書にかかれた氏名は三つの名から成っており、姓と名の原則だけでは理解できない。話は少しそれるが、日本でも話題に上ることが多くなった夫婦別姓問題に関連するので、ハンガリーの例を参考までにここで説明しておこう。

▶現在、ハンガリーでは夫婦別姓が正式に認められ、とりわけ都会では夫婦が別姓を名乗ることが例外ではなくなった。ただ、その実際上の表記は、人によってまちまちである。その中で代表的な表記法の一つが上記の例である。最初の「モルナール夫人」から、この人物がモルナール家に嫁いだ女性であることがわかる。もし「夫人」を省くと全く別な意味にとられる可能性があるので、あえて「夫人」を名乗る必要がある。つまり「夫人」がないと、モルナールが父方の姓で、二番目の名前が母方の姓と受け取られかねないのである。また、「自分はちゃんと結婚しています」ということを明記するためにも「夫人」をつける意味がある。二番目の名は、この女性の旧姓が「ヴァルガ」であることを示す。そして最後の「エーヴァ」が個人名である。

▶筆者が 40 年前に留学したころの女性の名前は伝統的な表記がほとんどだった。たとえば、このモルナール夫人ならモルナール・ヤーノシュ夫人と表記した。ここには彼女の旧姓であるヴァルガどころか、エーヴァという名も出てこない。夫の姓名の後に「夫人」を付けただけである。今日の趨勢から見ると、ずいぶん時代遅れの表記だった。しかし伝統を重んじる女性は今も「夫の姓名+夫人」という表記を用いる。ともあれ、ハンガリーの夫婦別姓制度は、この 20 年で一気に進展し、日本に比べてずいぶんと先に進んでしまった。

人たちは菜園で栽培した野菜や果物を自分で加工して、瓶詰を作る。台所の横には、自家製瓶詰でいっぱいの納戸がどの家にもある。調査で地方の町を訪れると、主婦がびっしりと瓶詰の並ぶ専用の納戸を、ご主人が加工肉を蓄えた納屋を見せてくれる、というのが東欧の常である。

4　コヴァーチ家（コロンタール村）

　コヴァーチ家[*12]は、若い夫妻と1歳半の娘の三人家族である。夫のゾルターン氏は、トルナ川沿いに15キロほど下ったトゥシュケヴァール村の出身である。いっぽう妻のモニカさんはコロンタール村の生まれで、両親も村の高台に住んでいる。

　赤泥事故当時、モニカさんはアイカ市の病院で妊娠検査を受けていた。結婚後、5年が経過しても子どもに恵まれなかったが、この日の検査で、やっと子宝を授かったと分かった。朗報を携えての帰宅になるはずだったが、家は赤泥で破壊されていた。留守番をしていた犬も犠牲になった。幸いだったのは、実家の母が病院に付き添ってくれていたことである。さもなければ、母堂はいつものように昼には娘の家へ犬の餌やりに来て、赤泥に呑み込まれていたかもしれなかった。

　被災した住居は2メートルの高さまで赤泥が押し寄せ、家財は何一つ残らなかった。唯一、天井の照明だけが使えそうだったので、取り外して新居でも使っている。

　事故後アイカ市の友人宅に、夫婦で間借りしたが、その賃貸料は被災者用補助金で充当された。アイカ市にあるモニカさんの勤め先では、勤務が早朝の出番のために交通手段がなく、仕事場に近い友人宅で間借りできたのは幸運だった。しかし間借りした友人との間でもめ事が生じ、険悪な仲になってしまった。それでも他に適当な住居が見当たらず、7月まで待てば復興住宅に入れると思って、我慢し続けたそうだ。

　モニカさんによれば、「以前の家の方が広かったのですが、間取りはこちらの方が気に入っているので、不満はありません」ということだ。台所と食堂と居間がひとつになった設計で、広々としており、使い勝手が良いとのことである。

　新築された復興住宅に入居してからは、「修繕が必要な場合には、すぐに対応してくれました。家財道具類も、同じものではないですが、ほぼ以前と同じ程度に揃え

❸❽コヴァーチ家の子ども部屋　❸❾開放的な台所

てもらい、満足しています」とモニカさんは語る。

　これまでに見たタイプと違い、寝室を小さめにし、その代わりひと続きの居間・食堂・台所を広くとる設計となっている

　モニカさんは、今、産休中である。ハンガリーでは3年間の産休が認められている。日本と同様に少子化が進み、それを何とか食い止めるために、長い産休制度を導入している。これは社会主義時代から続いている政策である。モニカさんは子どもを出産するまで、アイカ市のスーパーで11年間、経理を担当していた。月給は手取りで2万7000フォリントだった。常勤職と思って働いていたが、実際にはパート扱いになっていた。そうした事情もあって、産休明けには、できれば別の職場に移りたいそうだ。

　第5章でも触れるが、ヴェスプレーム県は豊かな西部地方の中で、相対的に所得の低い県である。そのヴェスプレーム県にあってさえ、月給2〜3万フォリントというのは極めて低い賃金といえる。「水道代の請求がふた月ごとに来るのですが、子どもが生まれてからは水道代がかさみ、1万2000フォリントに跳ね上がりました。以前はせいぜい8000フォリントだったのに」とモニカさんは訴える。この地域の普通の夫婦共働きだと、夫婦合わせて10万フォリント程度の月収である。それを考えると、2カ月で1万フォリントを越す水道代は、確かに生活費を大きく圧迫する。たまたまモニカさん一家は、夫のゾルターン氏が外資系の企業で就職して、首都人と同じくらいの給料を貰える例外的な「幸運に恵まれた」。しかし、平均的な収入の世帯では、子どもも産めない給与水準なのである。この地の若い夫婦が何とか生活を

❹❶ブダペシュトの目抜き通りにあるアイカ硝子の専門店とカットガラス

　維持できるのは、先に指摘したように、親戚同士の助け合いや家庭菜園などのおかげである。
　モニカさんの夫ゾルターン氏の職場は、コロンタール村の南に隣接するハリンバ村にある。勤務先はドイツ系資本のガラス工場である。この工場は三交代制で24時間操業し、100人ほどの従業員が働いている。
　ゾルターン氏がハリンバの工場に勤めたのは、2004年からである。それまではアイカ市にある有名なガラス会社に勤務していた。モニカさんと結婚することを決めて、会社に手当の引き上げを求めたが、全く応じてもらえなかった。当時の給与は月額手取りで1万9000フォリントしかなく、共働きを前提にしても、所帯をもてる額ではなかった。結婚するためには条件の良いところに転職するしかないと思った矢先に、たまたま同じガラス工場で働いていた仲間がハリンバのガラス会社に移ることになった。一緒に行かないかと誘われて、転職を決意した。今の月給は手取りで15万フォリントほどである。これに加え、残業手当ももらえる。片田舎にしては高給と言える。一方、もとの職場であるアイカ市のガラス会社の給与は、昔と比べて少し増えたと聞くが、今も三交代制の朝番勤務の人で、月額4〜5万フォリントにしかならないとのことである。転職して良かったとコヴァーチ夫妻は思っている。
　「アイカ硝子はいろいろな意味で有名な会社です。ブダペシュトでは高級品として

㊷デヴェチェル市の復興住宅街
㊸㊹公園に面した食料品店の外観(㊸)と内部(㊹)

有名ですが、地元アイカ市では労働条件の悪さで有名なのです」とコロンタール村副村長のトルマ氏が教えてくれた。

「アイカ硝子」は国際的にも名の通ったブランドで、ハンガリーを代表するガラス製品である。ブダペシュトには直営店を複数、出店している。グラスひとつが数千フォリントから数万フォリントする高級品が陳列棚に並ぶ。

5　ダンチ家(デヴェチェル市)

　ダンチ家はコロンタール村の隣にあるデヴェチェル市の復興住宅例である。デヴェチェル市は今回の赤泥事故で最大の被害をこうむった。特に被害が大きかったのは町の北東部で、この地区は中心街に隣接していた。同地でも復興住宅街はトルナ川から一番離れた町の西南端に建てられた。写真㊷はデヴェチェル市の復興住宅地区を南のほうから眺めたものである。右遠景にみえる小高い山はショムロー山といい、バコニュ地方の名勝である。ワインの産地として名高い。

　コロンタール村は復興住宅が21軒であり、道路は一本で十分だったが、デヴェ

ショムローワイン

▶ショムロー産のワイン「ユフファルク（羊の尾）」（左上の写真）。同名のハンガリー種のブドウ（同中央の写真）から作られたワインで、淡麗な味わいで知られる。ユフファルクは19世紀に欧州全土で蔓延したブドウ虫害で、絶滅したと思われていた。しかしハンガリーで生き残っているのが社会主義時代に発見された。ぶどうの房の形状が、写真にあるように、羊の尻尾に似ているというので、この名前が付けられたそうである。繊細な味で、栽培土壌の質の影響を受けやすい。

▶ハンガリーワインといえば、トカイ地方の貴腐ワインが有名だが、社会主義時代はブドウ生産やワイン造りも協同組合化され、質よりも量の時代だった。今は生産者が独自色を競って、多種多様なワインが店頭に並ぶようになった。毎年9月にはブダペシュトの王宮の中庭でワイン祭りが開催され（左下の写真）、全国からワイン造りに情熱を傾ける300以上の若いワイン農家が集まる。近年、ワインはビールに押されて消費が落ちているが、若いワイン農家は「いいワインを作れば必ず、劣勢は挽回できる」と張り切っている。

㊺デヴェチェル市復興住宅街の中心にある公園
㊻復興住宅街に新設された診療所（左）
㊼診療所に隣接する医師用住居

　チェル市の復興住宅は89軒あるため、広い区画が必要だった。そこで公園広場を作って、その周りに復興住宅を配するという計画が立てられた。また広場に面して、食料品店がやはりバコニュ様式建築の新店舗として建てられた。店主は被災者であり、被災した旧地所でも食料品店を営んでいた。

　広場の近くには、写真㊻のような診療所が新設された。診療所に付随して、医師の住宅（写真㊼）も建設された。これもバコニュ様式である。医師の宅地は2軒分の広さがあり、建物も大きい。診療所と医師用住宅の建設については、特別の事情があるので、第2章で改めて触れる。

　ダンチ家は公園に面しており、その公園は新街区の中央に位置する。ダンチ家の敷地面積は他の区画に比べて、中程度の広さである。デヴェチェル市でも復興住宅はバコニュ様式を取り入れたが、コロンタール村と異なり、敷地内の区画割りはまちまちで、建物の形状も多様である。被災前の旧家屋の大きさがそもそも多様であっ

5　ダンチ家（デヴェチェル市）　　33

❹❽納戸の前に立つダンチ夫人
❹❾ダンチ家の中庭
❺⓿中庭に広がる自家菜園

たし、また被災査定額も各戸で大きく異なったからである。

　ダンチ家の総敷地面積は1001平方メートルあり、そのうち145.81平方メートルが住居用基礎面積である（うち、表木戸口から玄関までが14.56平方メートル）。納屋用舗装地が45.73平方メートル、そして中庭と菜園が809.46平方メートルある。

　ダンチ夫人も自慢の手製瓶詰がずらりと並ぶ納戸を見せてくれた。写真❹❽にあるように、誇らしい表情である。赤泥事故では、自家栽培の野菜や果物で作った自家製の保存食がすべて破壊されてしまった。しかし、自慢の保存食をいまやこうして復活させ、ダンチ夫人は満足している。一般に新しい復興住居の食品納戸は3平方メートルくらいが標準である。だがダンチ家の被災した旧宅の食品納戸はこの倍くらい広かったそうだ。

写真❺はダンチ夫人の自家菜園である。菜園ではビニールハウスも作り、ほとんどの野菜を自給している。手間をかけて、子どもたちや孫たちに、新鮮で安全な食材と保存食を提供するのが、彼女の生き甲斐である。
　さて、これまでの事例で見たように、地方都市の賃金水準は極めて低く、首都の半分以下である。にもかかわらず、ハンガリーの食卓は地方ほど豊かである。それはモルナール家で見たような自家製のハム・ソーセージ、あるいはダンチ夫人の自家菜園と保存食のように、地方ならではの伝統的な暮らしぶりが健在だからである。ダンチ夫人も自分の老後だけを考えるなら、町中の中古住宅に移り住むという選択肢もあった。しかし、赤泥事故で同じように被災した息子一家と「顔の見える距離」での生活を維持するために、集団移転を選んだ。その際に欠かせなかった要素が自家菜園であり、またそれを活かした息子たちとのつながりだった。
　自家菜園と小家畜を飼う地方都市の生活は、多くのハンガリー人にとって今も理想である。実際に都会人でも別荘を持つ場合が多く、地方暮らしの実践を盛んに行なっている。実にハンガリーにおける文学の根源は農村や農民にある。ハンガリー文化の根は地方と田舎にあるといってよい。
　首都のブダペシュトは、ハンガリー人の目には西欧的ないしドイツ的な影響の強い街として映る。もちろん、それが全てではなく、ブダペシュトは西欧都市にはない、東西の多様な文化が併存する、迷路のような魅力に満ちている。だが、ハンガリー文化の真骨頂は何といっても、田舎にあると言わざるをえない。それはこれまで見てきた被災者の生活再建のあり方にも表現されている。とりわけ重要なのは、地方文化を生かす伝統的な建築様式を、統一的に採用したことである。もし復興住宅の建設に際して、資金だけが補償されて、住宅様式を個人の裁量に任せたならば、フックス家が1980年代に建てたような社会主義様式の二階建て家屋が出現していたかもしれない。あるいは政府が主導して、経済性を重視するならば、アパート形式の集合住宅を建てることになったかもしれない。しかし政府、住民、建築家が共同して、地方文化を継承する伝統的な建築様式を選択した。そのことによって、将来へも継承されてゆく、地方色あふれる集落が生まれた。
　生活の質ということがよく取りざたされる。生活の質には、こうした各地方独自の文化や、土地に根差した生活様式が含まれるのではないかと、ハンガリーの復興住

51カイハ（左端）を中心とした居間の様子
52明るい日差しの入る台所に、新品の冷蔵庫が置かれている。

宅を見て強く思う。今回の復興住宅建設では、政府の主導、社会の支援、住民の意志、そして建築家や家具製造業者などの貢献がうまくかみ合うことによって、復興住宅における「生活の質」の再建あるいは向上が実現した。

ダンチ夫人にとっては、復興住宅は被災した旧宅よりも手狭で、町の中心街からも少し遠ざかってしまった。だが、子どもたちは近くに住んでいる。そして孫が毎日、仕事の行きかえりに立ち寄ってくれるのを楽しみに、日々を過ごしている。ちょうど、調査していた時にも、お孫さんが仕事の途中で顔を出し、夫人としばらく立ち話をして、またすぐバイクで仕事に戻っていった。こうした家族との絆も生活の質の一部であり、ハンガリーにおける地方町の財産である。

写真51は居間である。居間の左側に見えるのは、先に述べた伝統的な暖房器具カイハである。モルナール家のカイハとは色違いだが、同じ模様であり、同じ製造元であることが分かる。ダンチ夫人もガスと薪の併用式を採用した。今はガス料金が高騰しているため、薪をもっぱら使っている。薪割りは孫が手伝ってくれる。

ダンチ家では復興住宅と並んで重要な、復興支援関連の書類を見ることができた。中身は動産についての被災緩和措置の覚書である。これは国との間で作成された文書ではなく、自治体つまりデヴェチェル市と被災者個人の間で取り交わされたものだ。すなわち、デヴェチェル市議会が制定した条例 13/2011(III.4) による被災者

救援の措置である。*13

　この覚書によれば、動産の被害は5つに分類され、それぞれに対して独自の方式で補償がなされた。すなわち、

　　①被災者が会社ないし自営で行なっている事業に係わる製品や原材料に生じた被害、
　　②個人の自家菜園の生産物ないし自家用家畜に生じた被害、
　　③個人の自家用車1台分について、減価償却後の価格の賠償、
　　④家財道具の補償（「家具及び家庭生活に不可欠な家事道具類」、ただし100万フォリントが上限）、
　　⑤衣類や食品など生活必需品を購入するための現金、一人につき一律20万フォリント、

である。

　覚書では、この一般的な規定に続いて、ダンチ家の具体的な補償額の算定がなされている。

　家屋と宅地については、被害額に応じた規模の復興住宅が建設され、新しい家屋および屋敷地と引き換えに、旧屋敷地は自治体に譲渡された。動産についても、上記の方式にしたがって、おおむね被害の程度に応じた損害の補償がなされた。しかし、自動車や家財道具、そして日用品については、上限が設けられた。つまり、生活の再建に必要な範囲で補償するという「被災の緩和」原則に基づいているのである。

　他方、②は自家消費用の食品であり、これまでに写真を添付しながら説明してきたハンガリー家庭の自家製瓶詰類や自家製ソーセージ類が含まれる。これらが独自の項目として、被害として認定され、正規の補償対象となっている。このことからも、地方の住民にとって自家菜園の生産物や自家加工肉がいかに重要な財産であるかが明白である。また、これを補償することが正当だと社会によって承認されていることが分かる。ところが福島原発事故のために山里での生活を破壊された避難者に対して、日本では、東京電力の賠償対象に水、自家菜園、山菜やきのこなどはいっさい認定されないことは、既に述べたとおりである。

　もう一つ、動産の補償覚書で極めて重要な点は、予算の出所を明記していること

5　ダンチ家（デヴェチェル市）　　37

❸ニョマ家の復興住宅　❹ニョマ家と親戚一同

である。すなわち、覚書の最後にダンチ家への支援が、ハンガリーアルミ会社、デヴェチェル市（実際には救援基金からの支援）、赤十字から供与されたことを示し、それぞれについての金額ないし現物給付の具体的内容が明記されている。したがって、被災者は何を、誰から、どれだけもらったのかを明確に知ることができるのである。

6　ニョマ家（デヴェチェル市）

　ニョマ家は大工を営む自営業の一家である。夫、妻、息子、そして夫の母親の四人家族だが、ただし息子は既に成人して、現在はドイツへ出稼ぎに出ている。写真❸は新築のニョマ家の復興住宅であり、写真❹は、筆者が調査に訪れた時に、たまたま居合わせた近隣の親戚一同の集合写真である。

　写真❺〜❽は、ニョマ家の被災写真である。住宅も、中庭も、そして仕事場も木工機器も、すべて赤泥によって破壊されてしまった。

　ニョマ氏は、赤泥事故前に大けがをして、しばらく大工仕事を中断していた。だが、事故後は生計を立てるために、再び大工仕事を始めた。当初ニョマ氏は、木材加工用の機械や道具類は、救済事業の一環として損害が補償されるものと考え、被害リストを作成した。全体で124万フォリントほどの損害だった。しかし、ダンチ夫人の事例で見たように、自営業に係わる損害補償は原材料や製品についてだけ認

38　第1章　被災者の救済と復興住宅

㊎㊏㊐赤泥で破壊されたニョマ家の旧宅（ニョマ家提供）
㊑復興住宅内に設けられた新しい仕事場
㊒注文を受けて作成中の教会用窓枠

6 ニョマ家（デヴェチェル市）

❶ニョマ家の中庭にある仕事場　❷ニョマ氏(左)、お兄さん(中央)、親戚の若者(右)

められた。ニョマ氏は休業中だったために、原材料や製品についての損害補償は受けられなかった。

　ニョマ氏は大工仕事の再開にむけて、機械や工具をそろえる必要があった。後で見るように、デヴェチェル市は、自営業者がハンガリーアルミ社に損害賠償請求訴訟をおこすための支援をしているが、ニョマ氏は訴訟を当てにせず、自力で機械や工具を購入して、仕事を再開した。訴訟の結果を待ってはいられなかったのである。

　ニョマ氏は赤泥事故で大工道具や工作機械に受けた損害の補償は受けられなかったが、迅速に復興住宅が再建され、家族の住居と仕事場が確保されたことで、一家の生活と生業の再建の基礎が築かれた。もし復興住宅がなければ、仕事を短期間に再開することは不可能だった。大工の営業再開には一通りの設備と道具一式を全て揃えることが必要であり、ゆっくり一つずつ買い足してゆくような方法はとりえなかった。本章の最初で見たフックス家でも、被災したトラクターを買い替えることができたのは、やはり復興住宅や家具調度類が、政府や義捐金によって迅速に確保されたからだった。トラクターなしに12ヘクタールの農地は耕すことは不可能であり、ニョマ家の場合と同様に、大工業や農業などの自営業者にとって、住宅の復興は営業再開の第一歩であり、住宅支援は事実上の営業再開支援であった。

　ニョマ氏の大工業は現在、仕事の注文は多くはないが、親戚の若者を助手に雇い、大工仕事の基礎を彼に教えながら、なんとか生計を立てていくことができる。今請け負っているのは、近くの町の教会を修復する仕事である。ニョマ氏の被災し

❻❸ニョマ家の自家菜園　❻❹ニョマ夫人自慢の瓶詰納戸

た住居は比較的大きかったので、移転先の住居と敷地も相応に広い。写真❻❶のように、中庭の一部が戸外の作業場となっている。

　さらにニョマ氏には、写真❻❷の中央に写っている金物師のお兄さんがいる。やはりデヴェチェル市に住んでいる。お兄さんは赤泥事故によって被災はしなかった。兄弟で仕事を請け負うこともよくあるそうだ。親戚の若者を引き受けて修業させ、兄弟で助け合う、こうした親族や知人関係によって、地方町の自営業が維持されている。地域における横のつながりと人間関係が、被災者にとり生活を再建するうえで不可欠な条件だった。次章で地域の再生を取り上げるが、ここにその意味の一端を述べたしだいである

　ニョマ氏の奥さんは調理師で、市内のレストランで働いている。夫婦で働いても、現金収入は多くない。しかし現金だけが収入ではなく、ここでも自家菜園が家計を助けている。ニョマ家も上の写真にあるように、中庭にびっしり野菜栽培をしている。また、同家でも納戸いっぱいに蓄えた自慢の瓶詰を見せてくれた。

　庭の一角には鶏小屋もあり、十数羽の鶏が飼育されて毎日卵を産む。ニョマ家には、専用の燻製室もある。毎年、自分の家で豚をつぶして保存食となるソーセージ類を作るのである。赤泥事故で赤泥をかぶった自家製ソーセージは廃棄された。他に、あばら肉の燻製も大量にあったが、やはり赤泥に汚染されてしまった。

　加工用につぶす豚は、通常、1頭あたりの生体で100キロほどもある。捨てる部位は全くなく、頭から足先まで、すべてが加工される。ニョマ家は数頭をつぶすの

6　ニョマ家（デヴェチェル市）　41

❻❺ニョマ家復興住宅の母用台所
❻❻同じく母用寝室

で、2〜300キロのソーセージ、燻製肉そして冷凍肉類を蓄えている。

　ニョマ家は二世帯同居である。被災前の住居には2つの台所があり、1つは母親専用のこじんまりした台所だった。復興住宅にも、写真❻❺のように母専用の台所を作った。写真❻❻は母の寝室である。このように、ハンガリーでの復興住宅建設では、被災世帯の構成に応じた住居が実現したのである。

7　コロンタール副村長トルマ家（被災しなかった家）

　コロンタール村での調査には副村長のトルマ氏が案内役を務めてくれたが、彼からは多くの貴重な情報を得た。トルマ氏は若いころ、ハリンバ村にあったボーキサイト鉱山の機械技士として働き、その後アイカ市のアルミ工場に配置替えとなり、定年を迎えた。生粋のコロンタール村民で、戦前は村でドイツ語を普通に話していたのをよく覚えているそうだ。戦後は公的な場ではしだいにドイツ語を話さなくなったが、家族や親族の間ではドイツ語を話すことが普通だった。このため、同家に嫁いで来たドイツ系でない奥さんは、一族がドイツ語を話す中で孤立感を覚えたと振り返る。

　コロンタール村で話されていたドイツ語は、ドイツ南部のシュワーベン地方方言である。17〜18世紀にシュワーベン地方からハンガリー西南部に、多くのドイツ人

㊿トルマ家の一階の玄関から奥の食堂をのぞむ
㊽客間
㊾食堂兼居間のトルマ夫妻

　が移民してきたという歴史がある。トルマ一家もその末裔である。第二次世界大戦までのハンガリー王国時代に、ドイツ語はハンガリー語とならび公用語に近い重要な言語だった。第二次世界大戦でハンガリーはナチスドイツ側に立って参戦し、ナチスを支持する勢力もハンガリー国内に少なからず存在した。戦後になると、ドイツ系住民は一律にナチス協力者とみなされ、多くが国外追放された。またハンガリーに残った場合でも、ドイツ語の使用をはばかる雰囲気が強かった。1989年の体制転換後は、少数民族の権利保護が謳われるようになり、ドイツ語も復権した。とはいえ戦後40年におよぶ時間的経過は大きく、日常生活でドイツ語を使うことはなくなった。コロンタール村も同様の歴史をたどったが、村民意識からドイツ系であることは消えたわけではない。

　トルマ氏はこのように村の昔話をしながら、参考までにと、自宅も案内してくれた。以下では、新築の復興住宅と比較する意味も込めて、トルマ氏宅を簡単に紹介しよう。

　トルマ氏宅は、被災したフックス旧宅と同様、社会主義時代に普及した屋根裏を大きくとる二階建て住居である。1階はトルマ夫妻、2階には結婚した長女夫妻一家

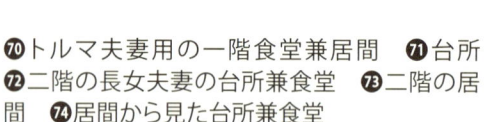

❼⓿ トルマ夫妻用の一階食堂兼居間　❼❶ 台所
❼❷ 二階の長女夫妻の台所兼食堂　❼❸ 二階の居間　❼❹ 居間から見た台所兼食堂

　（夫妻と3人の孫娘）の合計7人が暮らしている。間取りは1階が4LDKで、2階が3LDKである。一間ずつは狭く区切られているが、三世代家族の全員に、独立した空間が確保されている。
　トルマ夫妻が使う一階は伝統的な間取りで、台所と食堂も別々に分かれている。他方、娘夫婦の場合は、台所と食堂を一緒にし、さらに居間との壁も一部が丸く切り取られ、一つの空間となるように改装されている。
　先に紹介した復興住宅でも、ほとんどの場合に、台所は居間や食堂とつながる間取りになっていた。また先のフックス家では、部屋の仕切りにアーチ形を使ってい

た。開かれた明るい台所と曲線の使用が、今のハンガリーの流行であるとわかる。

　トルマ氏の話では、被災者は事故直後に、被災を免れた村民から同情されたが、復興住宅が建つと、逆に羨ましがられたそうである。確かに伝統的な様式の外観と、新しい流行の内装を備えている復興住宅は、羨望されても不思議ではない。ただし外見はともかくとして、トルマ氏宅で見るように、地方におけるごく普通の一戸建て住居も、床面積は復興住宅に比べてかなり広い。また設備なども、復興住宅のほうが格段に勝っているわけではない。

　以上で見たように、ハンガリーの復興住宅は、政府による予算の裏付け、社会各層の善意、そして地域自治体と住民が力を合わせて、被災者の生活再建を第1に考え、さらに地域文化の継承をも合わせて取り組んだ成果である。

　ハンガリーの復興住宅政策を日本の復興政策との対比で考えるさいに、最も重要な点は2つある。ひとつは復興政策全体における住宅建設の優先順位である。赤泥事故からの復興事業において、ハンガリー政府が最優先に取り組んだのは、本章から判るように、被災者の住宅問題をまず解決することだった。事故後のかなり早い段階で、1年以内に解決する方針が明示され、実際上も10カ月で決着を見た。この住宅復興における優先性と迅速性に並んで、第2の重要な要素は個別性の重視である。被災世帯それぞれの事情と要望を尊重する方針が、住宅復興の中心に据えられたのである。以上の2つの点はハンガリーにおける復興住宅政策の要と言ってよい。日本とハンガリーの復興住宅政策に関する詳しい対比は、最後の第5章で行なうことにしよう。

第 2 章

被災地の救済から地域の復興・再生へ

　本章では地域全体としての復興・再生について、赤泥事故後の施策を検証する。
　赤泥流出事故の直後に、悲惨な状況が報道を通じて国内外に映し出され、復旧・復興への様々な支援が集まった。多くのボランティアが被災地に入り、軍隊と一緒に赤泥の搬出や中和作業に携わった。こうした国民をあげての懸命な復旧作業によって、広範囲に流れ出した赤泥も、半年ほどでハンガリーアルミ社の赤泥溜池に搬び戻された。義捐金もかつてない規模で集まった。国民の団結心がこれまでなかったほどに高まったと言われる。
　他方、巨大な赤泥溜池群が存在すること、その欠陥性と危険性が明らかになり、被災地は復旧後も、危険地域として人々の脳裏に印象づけられた。この点について、デヴェチェル市長は、「赤泥事故により市全体の価値が失われた」と述べる。直接に被災した住民だけでなく、赤泥事故は地元経済にも大打撃を与えた。そのうえ、不動産の評価額も下がった。こうした意味で、赤泥に住宅が呑み込まれた個々の被災者や被災集落だけでなく、地域が全体として被災したと考えられる。
　被災地における被災実態や災害の程度は多種多様である。しかし損害を賠償するにあたって線引きが不可避であり、住民社会には補償をめぐる亀裂が生まれ始めた。ハンガリーの復興でも当初は、復興予算をめぐって、地元の住民達の間で亀裂が走った。直接の被害を受けた者と受けなかった者、また深刻な被害を受けた者とそうでなかった者という違いによって、補償のあり方が大きく異なったのである。査定に際して、直接の被災者は、政府の復興住宅建設によって新しい居住区に移転できることになる。だが、わずかな被災程度の違いで、修繕だけが認められる被災

者も少なくなかった。また、直接に被災はしなくとも、間接的な影響を被った世帯は多い。あるいは家屋に被害はないが、赤泥による大気汚染が子どもに与える影響を心配して移住した家族もあった。[*1]

　これにたいして政府と自治体は、亀裂を克服するために、復興財源のうち、義捐金として集まった額を、地域の共同目的に使える財源に振り向けた。積極的に共用の社会資本整備や自営業支援などを行ない、住民間の亀裂を埋めようとした。人々の関心を、個人的な補償問題から、地域としての再建へと大きく方向付けようとしたのである。

　自治体や国は、住民間の亀裂を拡大させてはならない。ましてや亀裂を利用するような結果を招いてはならない。齟齬と亀裂を埋めるための復興理念こそが求められる。

　ハンガリー政府は当初、赤泥事故で直接被害を受けた人々の救済を原則とする方針を立てた。しかし、被災自治体からの強い要請をうけて、復興事業には、被災世帯だけでなく、被災した3つの自治体の共同体としての再生と再建事業を加わえることになった。このような被災地支援方針の大きな転換は、2010年の11月後半に行なわれ、12月から被災地復興の具体策が動き出した。政策の転換については、次の第3章で跡づけることにしよう。本章では、被災地全体としての復興の具体的な施策を見ていく。取り上げるのは広範な被災地域の中でも、とりわけ被害が市街区に及んだ3つの自治体である。すなわち、コロンタール村、デヴェチェル市、そしてショムローヴァーシャールヘイ村である。

1　住民集会

住民集会による自治体の意思決定

　義捐金の使途を考えるとき、最も重要なのは住民集会の存在だった。なぜなら、各自治体で義捐金をどのように役立てるかは、自治体の意思に任されたが、この自治体の意思決定が、自治体の住民集会で議論することから始められたのである。政府はこの過程にほとんど干渉しなかった。

　オルバーン政権について、ハンガリー国内では、政府が国民生活の細部にまで干

デヴェチェル市文化会館
❶社会主義時代に建てられた典型的な「社会主義様式」の外観。
❷内部の講堂。ここが住民集会の場となった。

渉しすぎるという批判が強いが、赤泥事故からの復興政策では、最後まで地域の意思が尊重された。

　住民集会は非公式の集まりではない。法律に明記された、住民による直接的な地方行政参加の形式をとる。いわば直接民主主義が地方自治の意思決定過程に採用されているとみなせるのである。すなわち、「1990年第65号法：基礎自治体について*2」の第18条第2項が以下のように住民集会を規定している。

　「自治体の議会は、住民や社会組織に対する直接的な情報の提供、及び重要な決定の準備段階における、住民や社会組織の参画を実現する集会のあり方を定める（村集会、都市の政策集会、区の審議会、村の集落寄合など）。集会での決議や集会で提示された少数意見は、議会に報告されなければならない」。

　大都市での公聴会は、住民のガス抜きのための形式的な手続になりがちだといえるかもしれない。だが、赤泥事故からの復興を議論する地方自治体の住民集会では、住民による率直な意見表明が行なわれた。そして実際に、それが自治体としての意思決定に反映された。特に人口が多く、被災住民の数も多く、それだけに社会層も複雑なデヴェチェル市では、住民集会が頻繁に開催され、意見の表明や調整などにきわめて重要な役割を果たした。また事故当初は、政府と自治体と被災者の間に、必ずしも十分な意思の疎通があったわけではない。このため、直接の意見交換ができる住民集会の存在は、とりわけ重要だった。

　住民集会での意向を受けて、最終的な自治体案は、自治体の議会によって決議

された。決議された復興事業計画案は、義捐金の運営を委ねられた救済基金に回され、同救済基金の審議を経て、事業経費が自治体に交付された。

　復興計画案については後で詳しく見るが、興味深いことに、いったん救済基金の承認を受けてからも、別な事業へと修正申請されたり、支援要請額の増減が頻繁に再申請されているのである。一見して自治体レベルにおける意思決定の混乱とも受けとれる。しかし実態として、これは混乱とみなされるべきものではない。なぜなら、各自治体にとっては年間予算にも匹敵する多額の復興支援金を、どう使うべきかについて、上から「お役所的」に決めてしまわずに、住民の自由な意見交換に基づいて決めたせいなのである。つまりハンガリーでかつて経験したことのないこの方法が採用されたことにより、種々の試行錯誤を経て意思決定がなされたわけである。

　赤泥事故後の地域復興予算の策定にあたっては、2～3日ごとの頻度で、繰り返し住民集会が開かれた。そこでは、直接被災した世帯も、被災しなかった世帯も、地域コミュニティの再建に向けて議論を尽くした。いわば、被災によって、ある種の直接民主主義が、自治体の意思決定過程に出現したといえる。事業内容や事業規模の策定における「試行錯誤」は、これをむしろ健全性の証左とみるべきであろう。

救済委員会の設立

　救済基金の設立は、後述するように、オルバーン首相による上からの発案であった。しかし、実際の運営においては、下からの積み上げ方式が採用された。住民集会における被災地住民の意思決定が土台になり、それを踏まえたうえで、被災自治体は予算書を作成し、1件ごとに個別の案件として救済基金に申請した。各案件は、救済基金の下に設置された救済委員会という県レベルの組織で審査され、承認されるという手続が採られた。この救済委員会には、被災3自治体の首長が正式の委員として加わった。そのため、特定の自治体だけが優先されるような事態は生じなかった。

　以下では救済委員会の報告書に基づいて、どのような案件が提案され、採択されたのかを見てゆく。

　2010年は総額で1億5522万フォリントが救済基金から支出された。事故がおきた10月から12月にかけてのこの時期にはまだ、自治体による中・長期再建策が

提出されるには至っておらず、救済基金に提出された支援内容も緊急性の高いものが主であった。内訳としては、借上げ住宅補助、健康被害対策支援、一時避難支援、緊急食糧支援、物流支援など、すぐ対応しなければならないものばかりだった。

これに比して2011年になると、まず、自治体ごとに配分可能な予算総額が示され、それを受けて、各自治体は復興事業計画を立てた。むろんその中には短期的な支援策も含まれており、それぞれの自治体の特色に合わせた事業計画案が、救済委員会に提出された。

各自治体の復興事業予算の総枠は、自治体の被災規模に応じて按分された。デヴェチェル市、コロンタール村、ショムローヴァーシャールヘイ村おのおのに、7：2：1の割合で義捐金が割り振られた。最終的にもおおむねこの割合で予算が配分され、金額にするとそれぞれ14億4500万フォリント、4億1100万フォリント、そして2億1300万フォリントであった。支援内容は使途に応じて、①被災者への直接的救済事業、②共同目的、③それ以外、の3つに分類されたが、この分類は厳密なものではなかった。以下の表は救済委員会が作成した2010年度と2011年度の支援事業の概要である。

2012年と2013年の事業をまとめた報告書はまだ公表されていない。しかし、救済基金に寄せられた義捐金の最終総額は20億フォリントほどだった。ここから逆算すると、2012年と2013年に支出された額は、最終総額20億フォリントか

2010年と2011年の救済基金支出まとめ

2010年

支出（単位は1000フォリント）

内訳	デヴェチェル	コロンタール	ショムローヴァーシャールヘイ	合計
緊急支援	30,000	3,400	2,050	35,450
借上げ住宅補助	20,000		20,000	
健康被害対策支援	9,500	2,600	100	12,200
一時避難、緊急食糧支援	45,000	7,500		52,500
自営業者支援	30,000	1,000		31,000
物流支援	4,074		4,074	
合計	138,574	14,500	2,150	155,224

2011 年（単位は 1000 フォリント）
① 被災者への直接支援（救済基金令第 9 条 a 項、ba 項、bb 項に基づく）

	デヴェチェル	コロンタール	ショムローヴァーシャールヘイ	合計
緊急支援	27,200		2,050	29,250
借上げ住宅支援	20,000			20,000
健康被害対策支援	13,300	2,700	100	16,100
一時避難、緊急食料支援	40,950	6,600		47,550
産業復興支援	15,339	1,200		16,539
物流支援	4,074			4,074
家族自営業者支援	11,178			11,178
政令規定外事業支援	43,781			43,781
付属施設建設支援	54,000			54,000
合計	229,822	10,500	2,150	242,472

② 共同目的の支援（救済基金令第 9 条 bc 項、bd 項に基づく）

	デヴェチェル	コロンタール	ショムローヴァーシャールヘイ	合計
消防団施設の建設	5,183			5,183
運動施設の建設		11,344		11,344
ワゴン車購入支援		8,997		8,997
小・中学校整備			9,125	9,125
下水道整備支援			5,875	5,875
浄水場整備			1,625	1,625
道路整備			3,938	3,938
合計	5,183	20,341	20,563	46,087

③ その他の支援

	デヴェチェル	コロンタール	ショムローヴァーシャールヘイ	合計
診療所付属宿舎	9,600			9,600
その他の宿舎	19,000			19,000
子ども用施設	40,000			40,000
工業団地整備	80,000			80,000
案内掲示板		11,000		11,000
集落整備		1,855		1,855
調査費			10,000	10,000
付属施設建設支援			2,000	2,000
合計	148,600	12,855	12,000	173,455

ら 2010 年と 2011 年の支出計 7 億フォリントを差し引いた、残り 13 億フォリントとなる。また後半の 2 年間は、ほとんどが地域振興のための支出だった。2011 年の②共同目的および③その他の支出である 2 億フォリントを 13 億フォリントに合わせると、合計 15 億フォリントになる。したがって、救済基金に寄せられた義捐金の 4 分の 3 が地域全体としての再生に用いられたことになる。

　救済委員会のホームページには、個別の事業報告が全ての年度にわたって掲載され、義捐金の使途に関して、完全な透明性を体現している。次節以降では、公開された事業報告を基にして、2010 年から足掛け 4 年間にわたる救援事業の全体像を跡づけよう。

　具体的には、事業内容を使途目的に従って 2 つに大きく分類し、そのうえで全体としての救済基金の支援事業を明らかにする。分類の 1 つは主に被災者向けと見なせる「緊急支援と自営業の救済」であり、これを 2 で扱う。もう一つは被災地全体に対する「地域社会の復興事業」であり、これを 3 で扱う。

2　緊急支援と自営業の救済

緊急支援

　事故のあった 2010 年における救済基金の事業内容は、事故の直接的被災者に対する緊急的支援が主だった。とりわけ被災規模の大きかったデヴェチェル市に対する緊急支援事業費が多い。翌 2011 年においても、やはりデヴェチェル市は他の二自治体に比べて、格段に多くの緊急支援事業を行なっている。主要な支援事業は、先の一覧表に示したように、避難生活を支援するための住居借上げ費補助、一時生活費支給、医療費支給などであった。

　例えばコロンタール村は、一世帯当たり 15 万フォリントの緊急生活支援費を支給する案を決め、それを 2010 年 12 月 3 日開催の救済委員会に提出した[*3]。救済委員会はこの案を承認し、50 世帯分の 750 万フォリントを助成した。同種の支援申請があったデヴェチェル市に対しても、300 世帯分の 4500 万フォリントを助成した。一世帯当たり 15 万フォリントという支給額は、おおむねハンガリーにおける全国平均の世帯月収である。もともと被災自治体は事故直後から、独自に被災世帯へ

の生活費補助を行なっていた。だが、小さな自治体にとって、こうした一時金の支払いを続けることは大きな財政負担だった。このため、救済基金に支援を仰ぐことになった。

同日の救済委員会では生活費補助の他に、負傷者に対して一律に1人当たり10万フォリントの見舞金の支払いも承認している。この名目で、コロンタール村に26人分の260万フォリント、デヴェチェル市に95人分の950万フォリントを支払った。

小規模自営業者支援

2011年になると、被災者支援に関しても緊急支援や一時的支援だけでなく、生活再建のための支援項目が重要になってくる。とりわけ目を引くのは、地域の小規模自営業の再建や維持を支援するための項目である。産業復興支援、物流支援、家族自営業者支援、政令規定外事業支援といった項目がそれにあたる。それぞれの項目に対して、2011年には1654万フォリント、407万フォリント、1178万フォリント、4378万フォリントの支援金が支払われた。

これらは名目として被災者への直接的な支援となっているが、実際には間接的な被災者に対する支援も含まれている。産業復興支援、物流支援、家族自営業者支援、とりわけ政令規定外事業支援は名称自体がすでに間接的な被災への支援事業であることを明示ないし示唆している。予算額としても緊急性の高い緊急支援、借上げ住宅支援、健康被害対策支援、一時避難、緊急食料支援の総額が1億1290万フォリントであるのに比べて、間接支援の総額は、緊急支援総額の3分の2を越える7557万フォリントに達している。これらの数字から判断しても、被災自治体、とりわけデヴェチェル市が、救済基金令に規定されない範囲にまで被災支援事業を広げていたことがわかる。さらに個別の支出内容を見ていくと、いっそうこうした方向性が見えてくる。

救済基金の支援対象は、原則として、生活の再建が中心に据えられた。経営的損失は、第1章でも触れたように、一部を除いて救済の対象にならなかった。しかしデヴェチェル市は、人口規模こそ5千人程度と小さいが、明確に都市機能を備えており、店舗や職人など小規模の自営業者が数多くいる。その中には、前章で見たように、今回の赤泥事故で店舗兼作業場を兼ねた自宅を失った者もいれば、直接

的な被害を受けなかった者もいる。いずれの場合でも、自営業者として被った損害については、原料や製品を除いて、救済の対象にならなかった。しかし、自営業者が地域経済や地域社会に果たす役割は大きい。地域の再生を考える場合に、自営業者の被害にどう対応するかは、重大かつ深刻な問題だった。

　デヴェチェル市は、自営業支援や間接的被災支援において、突出した役割を果たした。事実、自営業支援と間接的被災支援のほとんどはデヴェチェル市に集中することになった。コロンタールやショムローヴァーシャールヘイが純然たる村であるのに対して、デヴェチェル市には、人口5000人規模ではあっても都市としての異なる対応が求められたのである。

　自営業支援及び間接的被災支援として、まず物流支援を取り上げよう。この名目で、すでに2010年に400万フォリントほどが支払われ、2011年も同じ名目で同額が支払われた。これは名目としては物流支援であるが、2010年度の報告書を見ると、実情について次のような説明がある。すなわち、「デヴェチェル市場に店舗を持っている地元の小営業者が、市場運営会社へ支払うべき店賃について、3カ月分を支援する。この3カ月間は市場での取引が停止状態に置かれたためである。」つまり、赤泥事故、および同事故に伴う非常事態令の発令により、物流の寸断や中断が生じて、地域の経済活動が正常に機能しなくなっていたのである。

　当然、被災地の自営業者を中心とする小営業は、農業にせよ、製造業にせよ、小売業にせよ、サービス業にせよ、赤泥事故によってその経済活動に大きな支障をきたした。大企業であれば、被災していない生産地や営業拠点で代替の経済活動を行なうことができる。しかし農業はもとより、小営業や地場産業は、代替地での経営の継続が不可能である。

　デヴェチェル市の場合、市にある市場で営業していた小営業者は、原材料や商品を入手できず、この状態が長期化すれば、店賃の未払いが続いて営業をあきらめざるを得なかった。とりわけ、2010年末から2011年当初は、流出した赤泥による土壌汚染に加えて、大気汚染が広がり、さらに別な箇所での溜池決壊の危険性も指摘されていた。赤泥事故の収束にどの程度時間がかかるのか、明確な見通しはつかなかった。デヴェチェル市では、直接的に被災したか否かに係わらず、将来を悲観した住民や、子どもの健康を考える住民の流出が起こっていた。この状況がいつ

終息するのかわからず、地域の経済は復旧のめどさえ立たない状態だった。

　先行きが不透明な状況下において、地域住民の生活を支えてきた地元市場の存続そのものが揺らぎかねない店賃の未払いは、何としても回避しなければならなかった。このために、前述の3カ月分の店賃支援措置がデヴェチェル市から提案されたのである。

　家族自営業者支援については、すでに2010年12月3日の救済委員会決議が存在する。コロンタール村とデヴェチェル市の自営業者に対する支援として、一事業者につき20万フォリントが認められているのである。2010年だけで、2つの自治体に合計3100万フォリントが自営業者支援費として支出された。さらに2011年においても、1100万フォリント以上が、家族的自営業への支援として支出された。この2年分を合わせると、4200万フォリントに上る。具体的にどのようにして自営業者への支援がなされたのかについて、デヴェチェル市の条例をみると、つぎのように詳細が定められている。以下の例は、2011年5月5日に採択された市条例第25号である。[4]

　「支援の程度は、該当する商業活動ないしサービス業を行なっている自営業者ごとに、次の分類に従って決定される。

　　1. 売り上げが10－30%低下した場合、その減少額を助成額とする。ただし、上限は10万フォリントである。
　　2. 売り上げが31－50%低下した場合、その減少額を助成額とする。ただし、上限は30万フォリントである。
　　3. 売り上げが50%以上低下した場合、その減少額を助成額とする。ただし、上限は50万フォリントである。

　　支援の財源は、救済基金から振り込まれる予算であり、支援金受取人口座名義はデヴェチェル市である」。

　総額としての4200万フォリントが何件の自営業者に配分されたのか、明確な資料はない。赤泥事故で直接被災した自営業者は43軒だったが、自営業救済の対象となったのは、デヴェチェル市役所職員の説明によれば、100軒程度とされる。デヴェチェル市の自営業者は140軒ほどなので[5]、3分の2の自営業者が支援対象となり、平均すると1軒につき約40万フォリントの助成を受けたことになる。

❸赤泥により被災したニョマ氏の作業場（写真はニョマ氏提供）

　写真❸は前章で紹介したニョマ氏の作業場にあった電動穿孔機である。自営の小営業者の場合には、これまで指摘したように、売り上げや製品あるいは原材料に受けた被害は、一定の限度内ではあるが、救済の対象となった。しかし上のような工作機械や道具類などの、固定資本に相当する資産に対しては損害補償が行なわれなかった。ニョマ氏の場合は実際に100万フォリント以上の損害があった。
　住民集会でもこうした自営業者の受けた損害について、公的な支援措置はなされないのかという質問がしばしば提起された。市はこうした自営業者の損害が、国や救済基金による復興支援の対象にならないことを説明するいっぽう、損害賠償を直接ハンガリーアルミ社に求めることができる旨を伝えた。また、損害賠償を加害企業に求めるための法的手続や、裁判所へ提訴するための経費は、裁判終了まで市が立て替える用意があることも伝えた。実際に、民事の損害賠償手続を始めた自営業者もいる。
　しかし、裁判所に訴えたとしても、賠償金がすぐに支払われるわけではない。したがって、自営業者の経営はなかなか再建が難しい。先のニョマ氏の場合は周囲の支援もあって、自力で営業を再開できた。もし営業が再開できない場合には、家計にも甚大な影響が出る。第1章でも指摘したように、自営業の再開にとって国家による復興住宅の迅速な再建は、まさに生活や生業再建への大きな一歩だった。
　小営業への支援に関連して、2011年4月20日の救済委員会決議は、裏側の実情も明らかにしている。すなわち、小営業者に対する支援が、必ずしも名目どおりの営業的な支援ではなく、事実上の生活支援となっているという実態が、吐露されて

2　緊急支援と自営業の救済　　57

いるのである。この日の救済委員会では、デヴェチェル市に対して1500万フォリントが小営業支援として承認された。しかし救済委員会報告書では、それが実際には自営業者の生活費補助であることを認めている。その上で、このような措置は今回限りである、とも言明している。

　もともと自営業はどこまでが経営で、どこからが家計かの区別はつけがたい。直接の被災世帯であれば、生活費の補助として、名目どおりに支援することが可能だった。しかし被災地の自営業が、直接の被災者とは限らない。それでも地域経済の低迷や、支援物資の支給で商店が売り上げの低下を被るなど、大きな経営的打撃を受けた。そのため営業の不振にとどまらず、生活にも困るような事例が少なくなかった。まさに、デヴェチェル市長が述べていたように、地域全体が被災したのである。直接の被災者ではなくても、明らかに事故による影響をこうむった小営業者の生活費補助が必要となった。であるならば、生活費の補助を実施することは、地域社会の維持という観点からみて合理的な判断である。さもなくば廃業を余儀なくされて、小さな市の商工業は廃れてゆくしかない。

　救済委員会の委員の大半は、被災自治体の首長や県の行政幹部であり、現地の状況を熟知している。実態として生活支援が必要な情況になっていると判断し、正直に名目と実態の違いを記したうえで、デヴェチェル市の提案を承認したのである。

　さらに踏み込んで考えれば、救済委員会の選択としては、名目と実態のずれを報告書に残さないという判断も可能だった。しかし、被災地には事故の影響を直接受けなくても、被災者と同じように深刻な影響を受けた住民がいる。これをあえて明文化し、そうすることで広く社会に現実を認識してほしいという、委員会の強い意思の表れと受けとめることもできる。事故や災害に遭うか遭わないかは、紙一重の差にすぎない場合も多い。しかし、デヴェチェル市の事例のように、直接的に事故や災害に当事者として巻き込まれなくても、被災地域の住民として深刻な影響を受けることがある。被災を地域の視点、あるいは住民共同体の視点から理解することが必要である。

　デヴェチェル市は自営業者に対してだけでなく、「被災者として認定されなかったが、赤泥で被害を被った市民の、家屋や土地の被害を補てんするため」という名目で、救済基金に4680万フォリントの支援を要請した。この要請は、救済基金令

の条文上は支援の対象外であるが、救済委員会はそのまま承認した。被災の線引きは難しいという現実を踏まえて、住民の感情と自治体からの提案を尊重する救済委員会の判断だった。

3　地域社会の復興事業①――デヴェチェル市

中・長期の復興事業の進め方の違い

　前節では地域の復興を、被災者、とりわけ自営業者に対する支援を中心に見た。本節では、自治体自身の中・長期的な復興事業を取り上げる。

　中・長期の復興事業の進め方は、3つの自治体それぞれで異なった。コロンタール村は重点的な事業分野を決めて、比較的早期に予算案を作成し、事業を遂行した。

　ショムローヴァーシャールヘイ村では、基本的な復興事業計画に途中で大幅な手直しを行なうなど、揺れが生じた。その理由の1つは、少ない村の予算枠を有効活用するために、救済基金からの助成の使途に工夫をこらしたからである。すなわち公募型公共事業に応募するためには、相応の自己資金を持っていることが条件であるために、この自己資金に相当する額を救済基金に申請したわけである。もし公募型公共事業への応募が不採択に終わった場合は、自己資金相当額として受け取ったものはいったん救済基金に返還しなくてはならなかった。このため事業計画の見直しを、何度も行なうことになったのである。

　他方、予算規模が一番大きかったデヴェチェル市では、当初はすでにみたように、緊急支援や自営業者支援に重点を置いた。これに続く中・長期的な復興事業では、大がかりな都市再生計画を作成し、それに従って市の社会資本整備や、新しい産業育成を目指した。以下、赤泥事故からの復興に、各自治体がどのように取組んだのかを見てゆく。最初に、被災した規模が大きく、復興計画も自治体全域に及んだデヴェチェル市の例を取り上げよう。

復興全体を象徴するデヴェチェル市の復興

　デヴェチェル市はアイカ郡に属していた。しかし赤泥事故後に、被害の大きい同地

域の復興を後押しする目的でデヴェチェル郡が新設され、デヴェチェル市をその郡都と定めた。コロンタール村もショムローヴァーシャールヘイ村も、この新設デヴェチェル郡に編入された。したがって、デヴェチェル市の復興とは、赤泥被災地域の復興全体を象徴する意味を持った。

　デヴェチェル市は、赤泥事故による被害が非常に大きかったこともあるが、立ち直るにあたって、復旧ではなく、むしろ再生を目指した。本節ではこの点に注目して、何をどう再生しようとしたのかを考えたい。

　日本では五千人規模の自治体が、都市としての機能を持つことはまずない。ハンガリーでは歴史的な経緯などによって、人口の多少にかかわらず、立派に都市機能を持つ小規模な自治体がある。実際、デヴェチェルには郡庁がおかれて、中世以来500年にわたって郡都の地位を占めていた。しかし社会主義時代の1971年に、郡庁がアイカに移されてアイカ市が郡都になった。中世から近世にかけてのデヴェチェルは、ハンガリー西部の中心的な城塞都市であり、対オスマン戦争の重要拠点だった。オスマン撤退後の17-18世紀になると、今度は商業や手工業で繁栄した。しかし19世紀後半以降は、近隣の新興工業都市に押されて、経済的地位が低下した。それでも1971年までは、郡都として地域の中心地としての地位を保ち続けた。したがって、デヴェチェル市が郡都になったことは偶然ではなかった。

　上の絵画❹は、デヴェチェル市図書館の入り口に掲げられた、17世紀末のデヴェチェルを描いたものである。周りを城壁に囲まれていることが分かる。デヴェチェル地域には、旧ハンガリー王国時代の名家である大貴族エステルハージ家の所領があり、デヴェチェル城内にその館が築かれた。絵画では城内の右端に見える大きな

❹300年前のデヴェチェル
❺❻今も残る歴史的な城壁(❺は城外から見た写真。城壁の内側に赤い図書館の屋根が見える。❻は城内から見た城壁である)
❼❽デヴェチェル市の中心街。官公署、商店、銀行などが並ぶ。

四角い建物が、それである。この館が今は、市の図書館となっている。

　対オスマン戦争期の城壁の一部が今も残っている。写真❺で見て分かるように、非常に堅固な城壁であり、オスマン軍も攻略できなかった。*6 この城壁は大貴族エステルハージ家がデヴェチェルを支配する前から存在した歴史遺産である。その一部分に過ぎないとはいえ、城壁をきちんと修復して残したところに、デヴェチェル市民の長い歴史意識が表れている。

　しかし社会主義時代は、近代以前の歴史遺産に対する価値を認めなかった。今は図書館として使われている美しい建物も、社会主義時代には農協倉庫として用いられ、荒れ果てていたそうだ。これを社会主義が揺らいだ時期から20年をかけて修復を始め、次頁の写真にあるような現在の姿となった。

　少し紹介をしよう。写真❾〜⓫のうち、❿は図書館の受付である。受付の奥に螺旋の階段がある。これは古くからあった階段を修復して使っているそうだ。階段に限らず、歴史的建造物の修復に際して、古い構造を新たな装いで復活させる工夫が随所に見られる。❾は読書室兼講演室だが、天井は元々の形状をそのまま残して美

3　地域社会の復興事業①——デヴェチェル市

❾図書館の内部
❿受付
⓫書架と読書室が並ぶ

しく修復した。⓫にみえる書架がならぶ部屋も、間仕切りを元のままにして再現された。図書館の書架であれば、こうした間仕切りはない方が機能的かもしれない。確かに、機能だけを重んじて古いものを壊す選択肢もあったろう。実際、歴史的建物を現代生活で活用できる施設へと改修することは、古い建物を壊して新施設を建設する以上に、企画力、時間、労力、財源を必要とする。壊して新設するより幾倍もの資金と手間を必要するが、あえてそれに挑む努力はヨーロッパによく見られる。ハンガリーの小さなこの都市でも実践されているのである。

　今回の赤泥事故からの復興事業では、すでに述べたように、個人の住宅建設においても地域の伝統的住宅様式が取り入れられている。また、この先で述べる公共施設の建設や修復においても、地域の文化的な遺産を継承して活かす工夫が最大限に払われている。とりわけ文化的遺産が数多く残るデヴェチェルでは、意欲的に継承が取り組まれている。

　デヴェチェル市は先述のごとく、長い間、郡庁が置かれていた所である。近年にデヴェチェル市が行政的郡都の地位を短期間に退いた時代においてさえ、旧デヴェチェル郡に属した30近い近隣自治体にとっては、文化的な中心地であり続けた。したがって、デヴェチェル市は図書館にしろ、文化会館にしろ、市内の住民だけで

❶❷ 市の中心街に位置していた旧市庁舎。デヴェチェル市が郡庁所在地に昇格したことを受けて同建物内に、2013年1月から郡庁が置かれた。
❸ 新しい市庁舎
❹ 新しい市長執務室。まだ調度品が揃っていない。（2013年夏の撮影）

なく、旧郡都に属した周辺自治体住民の利用をも考慮して、文化施設を整備してきた。社会主義末期に始まった図書館の再建に際しては、「郡図書館」に相応する役割を果たす施設として構想され、実際上も「郡図書館」として運営されてきた。

　デヴェチェル市の新市庁舎は、かつての郡裁判所だった建物である。デヴェチェル市は、様々な歴史的建造物を、公共施設として復活させることを通して、市民意識の再生と刷新とを同時に図ろうとめざしている。したがって、歴史遺産の復活には、デヴェチェル郡の復活とデヴェチェル市の再生が象徴されているのである。

　新しい市庁舎となった旧郡裁判所の建物は、写真❷にあるように、旧市庁舎よりも一回り大きく優雅な建物である。所在地は、市の中心街の一角を占める。

　デヴェチェル市は赤泥事故後の復興に向けて、2011年に市の再生計画方針を取りまとめた。次頁の図❺は再生計画に基づく新しい都市計画図である。

　図❺の産業団地地区と緑地帯の部分が、赤泥によって大きな被害を受けた地区である。中心街も部分的に被災したが、家屋の取り壊しに至るほどではなかった。

3　地域社会の復興事業①——デヴェチェル市　63

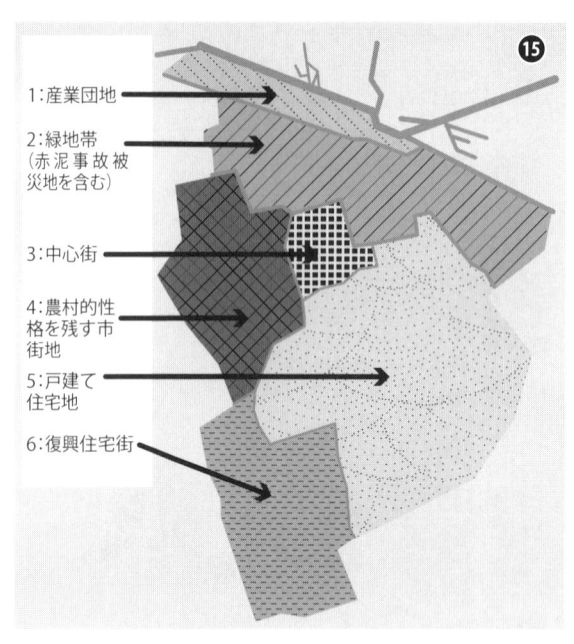

❶⑤ デヴェチェル市の復興計画都市区分図
Devecser város, integrált településfejlesztési stratégia: http://www.terport.hu/webfm_send/3932 (2013.09.10) をもとに作成。

凡例：
1：産業団地
2：緑地帯（赤泥事故被災地を含む）
3：中心街
4：農村的性格を残す市街地
5：戸建て住宅地
6：復興住宅街

　緑地帯の右半分（東側）は城址公園であり、もともと緑地帯だった。他方、緑地帯の左半分（西側）は古くからの市街区で、家屋も密集していた。つまり、デヴェチェル市の旧市街は緑地帯の左半分と中心街を合わせた区域であり、赤泥事故によりデヴェチェル市は旧市街の北半分を失ったことになる。

　図の上端を走る太い線は幹線国道であり、デヴェチェル駅もこの国道沿いにある。赤泥が流れ込んだトルナ川も幹線国道沿いを流れる。赤泥事故で消滅した地区は、旧市街の一部だっただけでなく、市の中心と駅や幹線道路を結ぶ重要な区域であった。

　取壊しの対象となった家屋のうち、43軒が自営業者であり、ここに市全体の自営業者の3分の1が集まっていた。つまり、赤泥事故で家屋が取り壊された地区は、デヴェチェル市の下町兼手工業地区だったのである。また、写真❶⑥にみられるような、比較的大きな民家が立ち並ぶ通りも存在していた。この写真の民家は現在の被災跡公園に建っている。事故当時の様子を伝える建物として保全されたのである。

　写真❶⑦の建物はロータリークラブである。現在はこの写真にあるように、被災跡公園にぽつんと寂しく建っており、周囲に民家はない。しかし事故前はこの同じ場所

❶❻被災跡公園に記念として一軒だけ残された被災住居。市中心街から駅に行く道の途中にあった。
❶❼被災跡公園とロータリークラブの建物
❶❽市の中央広場から被災地区方向に通じる道路。左手前が旧市庁舎。右手が初等学校（日本の小学校と中学校を合体した8年制の義務教育を行なう学校）。道路などがまだ修復の途中である。

にあって、中心街の中央に高くそびえ立ち、市の公会堂的役割を果たしていた。赤泥事故によって被災したクラブ周辺の家屋は撤去され、ロータリークラブ自体も大きな被害を被った。しかし特別措置で保全されることが決まり、国内外から様々な支援を受けて、立派な修復がおこなわれた。

　事故後に全面解体された住居は270戸ほどだった。そのうち集団移転を希望する89世帯が、地図にある復興住宅街に移った。被災世帯の移転先の詳細については第3章で述べるが、集団移転先は中心街からみると、旧居住地区とは正反対の位置にある。しかも中心街からは一番離れた地区である。このため、被災者の中には、遠いところへの集団移転を望まず、中心街近くに中古住宅を見つけて転居した者も少なくない。

　いずれにしても、市全体として見ると、居住区域が南の方に大きく移動したことになる。北に生じた無人空間には、産業振興地区を作る計画が進行している。ただし市にとっての旧市街の喪失は補うすべもなく、市の景観は大きく変わった。旧市庁舎の建物は、それまでは旧市街地の中心に位置していたのだが、同居住区の北側が

⑲ 未整備なままの取り壊し地区
⑳ 城址公園（緑地帯東地区）。事故前は芝生だったが、赤泥と共に芝が剥ぎとられてしまった。

壊滅したことにより、居住地域の北端に取り残されることになった。この建物には郡庁舎が入り、新しい市庁舎は中心街南の歴史的建造物である旧郡裁判所へと移転した。これは周到な計画によったのではなく半ば偶然の結果であるが、居住区域が南へ大きく移動した状況に対応する、理にかなう変更となった。

　災害史として見ると、トルナ川は19世紀までしばしば氾濫し、今回の被災地区はそのたびに大きな被害を被った。デヴェチェル市の住民は、自然災害に対して、そのつど復旧を果たしてきた。しかし、今回の赤泥災害は異なる。市史の最後はこう結ばれている。

　「2010年10月4日は根底から街を変貌させた。この日を境に、慣れ親しんできたあの街並みが消えてしまった。これまで歴史と生活を刻んできた家々や街角はもう戻ってこない[*7]」。

　やや感傷的な文章ではあるが、中心街の半分が失われたことを考えると、理解可能であろう。デヴェチェル市が赤泥事故後に、根本的な市の再生計画を打ち出すに至った背景には、赤泥事故による衝撃の大きさが働いていた。

デヴェチェル都市再生計画

　赤泥事故を受けて2011年に策定された、デヴェチェル市の示す都市再生計画概要は以下のとおりである。

　　「市の長期発展計画プロジェクトを実現させることにより、以下の目的を達成す

る。
① 赤泥災害の影響の払拭、とりわけデヴェチェル市に関する否定的風評を払拭する（デヴェチェル市には再生する力がある）。
② 地域的なアイデンティティ形成のため、ソフト面の事業計画を実現する。
③ これまで希薄だった「デヴェチェル人意識」を強化する。さらに、
④ 力強い地元意識を育てる。
⑤ 地域内の相互交流を活性化させる。
⑥ 余暇の共同利用に相応しい基礎づくりをする。
⑦ ロマ児童、及び要支援児童に対する文化事業、並びに社会的向上心の涵養につとめる。
⑧ 住民の要望に基づいて、文化活動や余暇の有効利用の充実を図る。
⑨ 諸事業間に互恵的かつ相乗的な発展を促すための総合企画を作成する。
以上によって、コミュニティ形成を促進する効果が生まれ、地域密着型の組織作り等が実現する。
また、上記の事業計画により、以下が可能になる。すなわち、
⑩ 社会問題や社会的緊張の緩和（地域に住む多くのマイノリティに関連する問題、及び住民全体に関連する問題）
⑪ 都市計画に関連する機能上の問題点（共有の場が欠如していること）を解消する施策を提示する。
総体として、デヴェチェル市に関する否定的なイメージを好転させる効果が生まれることになる」[*8]。

このようにデヴェチェル市は、赤泥災害からの復興を、都市イメージを刷新する好機として位置づけ、具体的な目標を「社会的緊張の緩和」と「共有の場の創造」に据えた。

解決を図るべき問題の冒頭にあげられた社会問題や社会的緊張とは、具体的な事業項目⑦に明示された、ロマ系及び貧困層の社会的地位向上に係わる問題のことである。

「ロマ問題」と市再生の課題

　ロマ（ジプシー）はハンガリーに限らず、ヨーロッパ全体に居住するが、東欧諸国は相対的にロマ人口が多い。ロマはもともと独自の北インド系言語を持っていたと言われるが、現在では言語的にも文化的にも居住国への同化が進んでいる。多くの場合に社会の貧困層と同一視され、差別の対象になる。しかし、東欧では社会主義後の経済自由化で、企業家として成功したロマも少なくない。そうした商才に限らず、天性の音楽的才能に恵まれていることは古来より高く評価されている。

　ハンガリーの中で西部地帯は比較的ロマ人口が少なく、全国平均のロマ人口比が2％であるのに対して、ヴェスプレーム県は0.6〜0.7％である。対するにデヴェチェル郡では全国平均と同じ2％ほどであり、県内ではロマ人口が多い地域である。[*9]この2％というのはデヴェチェル郡としての数値である。さらにデヴェチェル市に絞るならば、市の再生計画には、住民の少なくとも30％がロマ系であると記されている。赤泥事故の被災地区にも、少数だがロマ系の住民が住んでいた。

　ロマについて上記の記述でロマとロマ系を区別して書き分けた。ロマを正確に定義することは難しい。本書では「ロマ」とはロマを自称する人とし、「ロマ系」とはロマを自称する者に加えて、周囲からロマと見なされている人をも含む総合的呼称として定義する。全国の人口比などは統計上の数値であり、国民調査時における自己申告を基にしている。いっぽうロマ系の人口は、ロマ人口の2倍以上とされる。

　デヴェチェル市は赤泥事故からの再生事業を契機に、市と郡に住むロマ系住民との融合促進を図り、統一した市民意識や地元意識を醸成しようと掲げた。これはデヴェチェルの都市イメージの改善にとって、不可避なことであった。通常は目を背けがちな「ロマ問題」を、市再生の中心課題に掲げたこの姿勢は注目に値しよう。

就学前幼児教育事業

　デヴェチェル市が社会問題対策として都市再生計画に盛り込んだ事業には次の5つがある。①就学前幼児教育事業、②初等学校低学年児童に対する児童保育の義務化、[*10]③ロマ指導員制度、④職業訓練学校、⑤失業対策事業である。このうち①と④の事業費助成が救済基金に求められた。

　①の就学前幼児教育事業とは、ロマ系や貧困世帯の幼児を就学前から教育する

❷❶就学前幼児支援施設。民家を改造して作られた。先の再生計画図（64頁❶❺）の「5：戸建て住宅地」地区にある。
❷❷施設の壁に付けられた標識。公的な支援を受けて施設が設置されたことを示す。

施設の設置である。これはソロス基金との連携によるもので、イギリスで始まった「シュア・スタートSure Start」という取組みに由来する国際的な活動が背後にある。就学前の0〜6歳児がこの教育事業の対象である。早期に就学前幼児教育に取り組むことによってはじめて、義務教育開始直後から、他の児童と同じように学習を始めることができる、という理念に基づいている。ハンガリーでは「ビストシュ・ケズデト」（確かな始まり）という、英語からの直訳が通称として定着し、系列校がハンガリー国内でいくつかすでに設立されている。この就学前幼児支援組織を立ち上げるために、総額で3700万フォリントが救済基金に申請され、実際に交付された。内訳は、1700万フォリントが不動産購入、改装、設備購入の費用で、2000万フォリントが運営費に充てられた。

上の写真❷❷の標識は、これから頻繁に出てくる「新セーチェーニ計画」という社会資本整備事業を表示している。この標識を翻訳すると、

「『新セーチェーニ計画』（左上の大きなロゴマーク）
よりよい生活のために
EUとハンガリー政府による支援額：1億4974万8438フォリント
事業期間：2012年10月1日から2014年9月30日
助成申請主体：ショムロー地方多目的小規模地域共同体連合
　　マルタ慈善協会

❷❸「確かな始まり」施設内の様子

ハンガリー地域振興局　『ハンガリーは生まれ変わる』（右端中断のロゴマーク）この事業はEUの支援により、EU構造基金が資金助成に加わり、実現されます」。

　セーチェーニは19世紀のハンガリーを代表する政治家セーチェーニ・イシュトヴァーンを指す。彼は開明貴族の指導者として、ハンガリーを封建的な社会から近代的な社会へと変革する先頭に立った。彼の名にちなんだ「新セーチェーニ計画」とは、ハンガリー政府が2010年から始めた社会資本整備事業で、EUのハンガリー向け予算枠を活用して実施されている。赤泥事故からの復興事業も多くが、この社会資本整備事業から公的資金援助を受けた。

　「確かな始まり」の開設では、救済基金からの支援の他に、「新セーチェーニ計画」から約1億5000万フォリントの援助が交付された。

　「確かな始まり」幼児支援施設の特徴は、母と子が一緒にこの施設で時間を過ごすことである。幼児教育の資格を持ち特別研修を受けた3名の職員が運営にあたり、地元のボランティアも運営に参加している。制度として教育の対象者は0～6歳児の就学前幼児だが、「確かな始まり」が重視するのはむしろ母親の役割である。上の写真❷❸はボランティアの女性（中央）が幼児を連れてきた母親（左）に、簡単な切り絵を教えているところである。家庭でも行なえる子どものための幼児教育を、母親と一緒に実践している。こうした母子教育以外にも、食事の前に手を洗う、紙ナプキンを使う、丁寧な言葉遣いをする、整理整頓をする、といった日常的な生活習慣を、母と子が一緒に身に着けることで教育効果が高くなるとの説明を受けた。この施設には母子合わせて20～30名ほどが通っている。登園するかしないかを

EU 構造基金について

　構造基金はEUの地域政策を実現する予算枠であり、EU予算の3分の1程度を占める。農業基金に次ぐEU第2の重点政策分野である。狙いは加盟国における地域格差を是正することにある。1人当たりの国内総生産が、EU平均の75%を下回る地域が構造基金の政策対象となる。

　地域は国ごとではなく、EUリージョンと呼ばれる人口100万人規模の行政区が基礎単位となる。したがって、人口が少ない市町村は、広域行政区（県や州など）単位でEUリージョンになる。東欧諸国は伝統的な広域行政区として県を有するが、EUリージョン規模の下限である80万人に満たないため、EU加盟に際してEUリージョンの規模に合わせた新たな行政区の設定を求められた。このため、必ずしも伝統的な地域割りと一致しない新しい広域行政区が誕生した。結果として、ハンガリーの場合は、20ほどあった県が7つの地方に再編された。ハンガリーの場合は、首都圏であるハンガリー中央リージョンを除くすべての地方がEU平均の75%を下回り、構造基金政策の対象地域となっている。政策目標として、競争力の向上、雇用創出、地域間協力、人材育成、交通・環境インフラ整備などがある。

　EUの構造基金は2007～2013年の合計で、およそ3500億ユーロであり、ハンガリーはこのうち253億ユーロの割り当てを受けた。構造基金の配分では672億ユーロのポーランドが突出している。次がスペインの352億ユーロであり、ハンガリーはイタリア、チェコ、ドイツに次いで6番目の額である。

　構造基金への申請主体はEUリージョンであるが、各EUリージョンの申請は中央政府によって取りまとめられる。このため、中央政府の意向を無視することは難しい。またEU加盟時にEUリージョンを設置したさい、首都を除くすべてのEUリージョンがEU平均の75%以下になるよう、区割りを人為的に操作した。このためハンガリーに限らず、東欧のEUリージョンは地方自治の伝統の強化に貢献したとは言いがたい面がある。

含め、全ては母親の自由意志なので、日によって登園する母子の数は変わるとのことである。

　ハンガリーで「確かな始まり」を中心となって運営しているのは、マルタ慈善協会である。マルタ慈善協会はキリスト教系の社会団体で、赤泥事故の直後から食品や衣類などの緊急支援で、先頭に立って救援活動をした。その後に同協会は、被災地での社会教育活動に重心を移し、デヴェチェル市ではこの「確かな始まり」だけでなく、次に紹介する職業教育にも力を注いでいる。

　ソロス基金は赤泥救済基金の運営において特別な役割を演じた。つまり、ソロス基金は救済基金に1億フォリントの寄付を申し出たのである。ただし条件として、ソロス基金が救済基金の運営に加わることを求めた。具体的には救済基金の運営を担う救済委員会に、1名の委員をソロス基金から派遣することである。この申し出は諒承され、ソロス基金から委員が派遣された。ただしソロス基金は、このことによって特別な運営方針を救済基金に対して課す事実はなかったそうである。ただし唯一の例外として、「確かな始まり」に関しては、その設立に際して積極的に関与したという。

職業訓練学校

　デヴェチェル市が救済基金から助成を受けたもう1つの教育施設が、職業訓練学校である。これもマルタ慈善協会との連携事業である。救済基金はこの職業訓練学校の設立と運営のための資金として、1113万フォリントを支援した。

　この職業学校では成人向けの講座が開講されている。写真㉕はそのうちの一つで、小規模農業講座の授業風景である。この講座は実習も含めて週3〜4日の頻度で1年間継続され、修了証が交付される。興味深いのは、名目的には職業訓練を謳っているが、中身を見ると、農業というよりも、小規模菜園づくりの実践教育である。農業専門家や農業技術者の育成が目的ではない。つまり、第1章でみたダンチ家が実践しているような、家庭菜園の造り方と栽培方法を、分かりやすく解説しているのである。講座を担当している教師も、農業というよりも、自家菜園作りをまず実践できるようにすることが目的だと話していた。

　地方都市の貧困層は、敷地は小さくても、庭付きの家に住んでいる場合が多い。

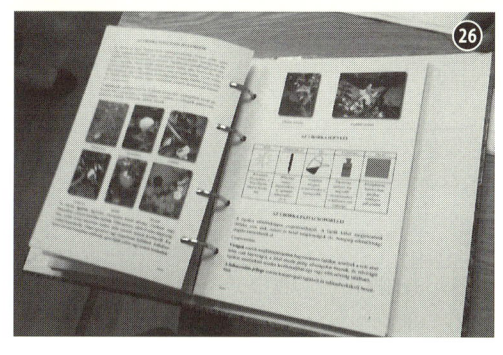

㉔「ハンガリーマルタ慈善協会、デヴェチェル職業学校」と壁面に書かれてある。
㉕自家菜園講座の授業風景。㉖小規模農業講座の教科書。教科書の表紙(㉗)にも、先に見た「新セーチェーニ計画」のロゴが入っている。

　大都市の失業者に対する職業訓練では、再就職のための専門知識の習得が主に目指される。しかし地方都市の場合は、そうした一般的な再就職支援によってすぐに就職先が見つかるわけではない。したがって、この講座では、自分の家の庭を活用すれば、野菜や果物を自給できて家計が助かるばかりでなく、生産物を販売して現金収入を得ることもできると教えている。コロンタール村やショムローヴァーシャールヘイ村ならば、ほとんどの世帯がすでに日常的に実践していることなので、自家菜園講座は不要だが、都市であるデヴェチェル市では事情が異なる。実際にこの自家菜園講座は2クラスが成立して、合わせて30名ほどが受講している。この職業学校の設立も、ソロス基金が強く後援したといわれる。

失業対策事業

　職業訓練での自家菜園講座に関連して、先の社会問題対策事業のうち、⑤失業対策事業について触れておこう。というのも、この失業対策事業が、いま見た自家菜園講座と直結しているからである。すなわち、デヴェチェル市の再生計画書によると、失業対策事業で「約100名の失業者を雇用する。その大半は未熟練労働者である。作業は主に農作業である。目的は、食糧生産の基礎を学び、自宅で家族の食糧自給に役立てることである」と定めている。つまり、先の講座を受講するだけでなく、合わせて市の失業対策事業に雇用されることにより、知識としても、収入としても、市民生活の基礎を築くことができるというわけである。

　さらに失業対策事業では、自家菜園だけでなく、バイオマスエネルギー事業に使える植物を栽培して、それを共同事業として発展させてゆく構想も描かれている。産業振興策を紹介するときにも触れるが、デヴェチェル市は労働力と農地の活用を重点施策として位置づけ、バイオマス植物、果樹園、野菜栽培を職業訓練及び失業対策事業と結びつけて、市の新産業として発展させる構想なのである。

　職業訓練学校の話題に戻ると、2013年の9月から新たに若年層を対象とする講座として、介護職と溶接技術職が開設された。介護職講座を開設するのは、ハンガリーでも高齢化が進んでおり、デヴェチェル市にも介護施設が増える見込みだからである。溶接技術職講座は専門技能職育成の一環であるが、その背景には、デヴェチェル郡が北西ハンガリー地方（ジェール県とヴェスプレーム県）で唯一、起業特区指定を受けたことがある。郡としては、制度的な優遇措置に止まらず、積極的な人材育成を行なって、企業誘致活動を進める条件を整えようという狙いがある。デヴェチェル市は、郡全体の教育水準の底上げを図る施策と、経済振興策の一環として、職業訓練学校を位置づけている。

　救済基金の助成対象ではないが、市の再生計画には含まれている③ロマ指導員制度について少し説明しておこう。これは、市内や地域で指導力のあるロマの女性を学校指導員（メンター）として雇用し、学校の中だけでなく、家庭生活においてもロマ系児童の指導にあたってもらう制度である。

❷❽デヴェチェル市の中心広場
に建てられた標識

「共有の場」創造

　次に、デヴェチェル市の再生計画における第2の目標である「共有の場」創造に係わる施策を見てみよう。「共有の場」というのはやや堅苦しい言い方であり、EU基金への申請を意識しての命名だと分かる。平たく言えば、市民が気楽に日常生活の中で行き来し、集うことのできる場所を作ることである。「共有の場」が増えることによって、住民どうしが日々触れ合う機会が生まれ、顔が見える市民関係の醸成や強化を図れる、というのが施策の意図である。この事業目的については①中心街の多機能化、②公共交通施設の改善、③余暇利用施設の整備が重点項目とされる。

　「中心街の多機能化」事業とは、市の中心にあるペテェーフィ広場周辺の再開発である。そこには2つの目的が込められている。第1は、社会主義時代の都市計画が、住宅建設と経済関連施設建設に偏していたことを是正しようとする目的である。第2は、ペテェーフィ広場を単なるバス停から、市民の「共有の場」に転換しようとする目的である。第2の目的は、後述する公共交通施設の改善と結びついている。つまり、本来は市の中心であり、市民が自然に時間を共有できる場であったはずのペテェーフィ広場が、バス乗り場にされてしまっていらい、広場としての機能が失われていたのである。ペテェーフィ広場の中央には教会があり、まわりを旧市庁舎、商店街、学校、図書館など、多様な公共施設が囲んでいる。だが頻繁なバスの出入りや乗降客の流れによって、住民の自由な往来が分断されていた。バス停を他に移すことで、ペテェーフィ広場が開放され、住民がゆっくりと行き来できるようになり、しかも、同広場が周囲の様々な施設をつないで「多機能な共有の場」に生まれ変

3　地域社会の復興事業①──デヴェチェル市　75

わるというのである。

　赤泥事故ではペテーフィ広場にまで赤泥が押し寄せた。市はペテーフィ広場の復興にあたって、旧状を回復してバス停を再建するのではなく、市民が自由に集う共有の場として再生することを目指した。写真❷の標識は、先に「確かな始まり」施設のところで見た標識と同種のものである。これがペテーフィ広場に立っている。先の標識と重複する部分をのぞいて、次のことが書かれている。

　「デヴェチェル市中心街の機能復旧改善事業。7243万5415フォリントがEUとハンガリー政府によって支援された」。[*13]

　救済基金からの支援と合わせて、EU資金の獲得をめざす戦略を立て、功を奏する結果となった。救済基金からは、ペテーフィ広場とそれに面する公共的建物の修復に1億2600万フォリント、中心街の街路灯の整備に2500万フォリント、その他の中心街復旧整備に3700万フォリントが助成された。また、ペテーフィ広場に面する初等学校の建物が赤泥事故の被害を受け、その改修工事費として2900万フォリントの援助を救済委員会に求めた。だが現実には学校改修費は大幅に膨れ上がり、最終的に工事費が3729万フォリントにまでなった。救済委員会は増額を認めて、全額が支援された。またデヴェチェル市は、中心街にある初等学校や保育園などの公共施設に対して、温熱や温水を送る集中温熱センターを建設する計画を立て、その用地買収費2600万フォリントも救済基金に申請した。

　中心街の多機能化に関連する救済基金支援としては、先に見た文化会館を改修するための費用4000万フォリントも申請され、実際に交付された。文化会館においても多種多様な市民講座や職業教育講座を開講している。救済基金からの支援を、このように地域における文化的水準の向上や、あるいは教育水準の底上げに活用しているのである。先に見た社会統合政策と連携し、地域住民の「共有の場」の創造とならんで、文化会館にも「共有の場」機能の強化をめざしているわけだ。

　「共有の場」創造事業の2番目の柱は交通インフラの改善である。デヴェチェル市では、まず、歩道整備を行なった。対象は赤泥事故の被害が軽度のため、住宅の取壊しは行なわれなかった地区である。さらには被災地区に加えて、隣接地域の歩道も改修することにし、7888万フォリントの支援を救済基金に申請した。被災しな

㉙改築工事中のバス待合施設。中庭に建設資材が置いてある。将来は多目的催事場になる。

　かった地区まで含めたのは、赤泥災害補償で生まれた住民間の亀裂を、少しでも埋めようという意図からである。
　市民全体に係わる交通インフラ改善事業の焦点は、市民の足であるバス関連施設を刷新することだった。この方面での最大の投資は、先に指摘したペテーフィ広場に代わる新たなバス発着所の建設である。場所として選ばれたのは、図書館と文化会館に挟まれた中心街の一角である。またバスの発着所の建設と合わせて、長年にわたり放置されてきた歴史的建造物を修復利用して、バス待合施設の建設も行なわれることになった。バス発着所を整備するためには、1億4650万フォリントが救済基金からの支援として投入されることになった。バス待合施設用に改修される古い建物は、かつてのエステルハージ家の農場関連施設である。これを買い取り、修復する費用として、デヴェチェル市は9573万フォリントを追加的に救済基金に申請した。また中央バス停とは別に、200万フォリントをかけて、市内2カ所にバス停留所施設を新設することにした。合計すると2億5千万フォリントの大投資となった。
　ハンガリーでも自家用車は一家に一台を持つ程度にまで普及している。しかし年金生活者にとっては、自家用車の価格が年金1年分以上の額になり、手が届かない。物価高により、ただでさえ少ない年金は目減りしている。高齢化が進む地方社会にとって、公共の足は必需品である。たとえばデヴェチェル市に診療所はあるが、専門医や精密検査を受診するには、アイカなどの地方中核都市にまで行かなければならない。老人が安心して使えるバス乗り場の整備が切望されていた。他の被災自治体でも、高齢者に交通手段を確保することが共通の課題だった。
　写真㉙は工事中のバス待合施設である。飲食店や商店も雑居して、小さなショッ

3　地域社会の復興事業①——デヴェチェル市　77

❸⓿バス待合施設の内側。内装の改修も進んでいる。❸❶新しいバス乗降場工事現場。表通りの一本裏の通りになる。写真中央部全体がバス発着所となる。手前右の平屋が改装中のバス待合施設である。それに接する奥の少し高い建物が、文化施設として修復される予定の旧倉庫兼製粉所である。突き当りに城壁跡と図書館の屋根が見える。

ピングセンターになる。将来的には、次頁の写真❸❶の奥に見える建物も文化施設として修復する計画だという。この建物も、かつてのエステルハージ家の農場施設で、穀物倉庫兼製粉所だった。いずれも18世紀に由来する200年以上の歴史を持つ建物である。

　バスの待合施設と旧倉庫兼製粉所の間の中庭は、多目的の催事場として整備される予定である。産業振興については後述するが、産業振興策の目玉の1つになる果樹・野菜栽培事業で生産される産品が、この催事場で販売されることになる。今の日本で言えば、さしずめ「道の駅」のような機能を果たすであろう。

　新バス発着所関連施設の整備は多面的な意義を持つ。第1には、すでに述べたように、旧バス発着所のあったペテーフィ広場を開放し、ここを本来の「共有の場」として再生することである。第2には、新バス発着所および待合施設とその周辺が多機能を持つことで、これも新しい「共有の場」になるという効果である。第3には、放置されてきた廃屋を歴史的建造物として見直し、住民の誰でもが使える新しい機能を持たせることで、歴史を現在のデヴェチェル市民の生きた共有財産に転換できることである。

　「共有の場」創造に関する第3の事業は、余暇の活用に関するものである。市の再生計画では①城址公園の修復、②赤泥被災跡公園の建設とロータリークラブの

❷修復されたロータリークラブの建物。❸ロータリークラブの壁に掲げられた修復記念の標識板。「デヴェチェル市民の精神的、文化的発展のために、ヴェスプレームロータリークラブは、下記の支援者の協力を得て、建物の修復再建を行なった。国際ソロプチミスト－オーストリアロータリクラブ、デヴェチェル市自治体。(支援者一覧：ドイツ・ロータリークラブ、スイス・ロータリークラブ、ハンガリー・マクソン自動車会社、ハンガリー・ナッシュ磁気会社、ペッペル・フックス社、ハンガリー・フンツマン社、ハンガリー・ハリボ社、キニジ銀行、ハンガリー・ヴァレオ自動車電機会社、バコニュ化学工業会社、デルタグループ、モションマジャルオーヴァール市ライオンズクラブ、マンアットワーク社、ラカトシュ・アンタル、レイトルド・ラースロー、コレコム SI 社＝ソコメック UPS、ノヴァーク石材店) 赤泥の被災から一周年の 2011 年 10 月 4 日に。ヴェスプレームロータリークラブ」

修復、③観光・スポーツ施設の建設、④サッカー場の整備を挙げている。

　デヴェチェル市はこのうち、ロータリークラブの修復とサッカー場の整備に必要な費用を救済基金に求めた。ロータリークラブの建物は先に見たように、被災地区にあって大きな被害を受けた。この建物は市有物ではないが、デヴェチェル市旧市街の中心に位置して、戦前から市民の文化活動に欠かせない「共有の場」を提供してきた。先に見た職業訓練学校の開校式もここで行なわれるなど、事実上、地域の公会堂的な役割を果たしている。赤泥事故でロータリークラブの建物と隣接する市警察が被害にあった。この2つの建物を修復することが、市民の賛同と救済基金の支援によって実現した。ロータリークラブの建物の再建には、救済基金からの支援だけでなく、むしろ、写真❸にあるように、国内外から寄せられた多様な支援が重要だった。

スポーツは「共有の場」における余暇利用として、また社会統合にも役立つ文化事業として重要であり、サッカー場の整備には救済基金から1億1100万フォリントが投じられた。
　以上の他に、デヴェチェル市は中心街の全面的な再開発プロジェクト案を作成する経費として3100万フォリントを救済基金に申請し、承認された。申請経費だけでも3000万フォリント余を費やす大規模な再開発事業計画が、実現するかどうかは、実のところまだ分からない。しかし、今のデヴェチェル市にとって一番重要なのは、赤泥事故後に被災者補償をめぐって生じた住民間の亀裂を修復し、住民全体が市民としての意識を共有する方向に向かうことである。再生計画に盛り込まれた「デヴェチェル人意識」や「地元意識」の醸成である。「共有の場」創造事業や、

ＥＵ助成申請代行書士会社

▶プロジェクト申請書の作成になぜ数千万フォリントも必要なのか、疑問に思うかもしれない。EUの助成事業に申請するためには「ブリュッセル語」と言われる独特な専門用語を駆使した英作文が不可欠とされる。「ブリュッセル語」を習得して自分で申請書を作成することも可能であるが、英語力不足の障壁もあり、通常はEU助成申請を専門とする西側の会社に依頼する。日本で言えば司法書士に近い存在である。

▶ハンガリーの場合はウイーンに事務所を構えるEU書士会社に依頼することが多い。依頼された会社は高額の作成代行料を請求するが、専門の書士が作成した申請書は、実際に採択される可能性が高いと言われる。採択された場合は、成功報酬として一割近い手数料が支払われるのが慣例で、書士会社としては成功報酬の方が中心的な収入である。事情通の話では、政府レベルでの巨額に上るEU資金への申請でも、この種の会社を通すことが多いそうだ。何兆円にもなるEU予算規模を考えると、EU助成申請代行業は大きな市場である。

❸❹デヴェチェル市が計画する工業団地用地　❸❺産業振興支援施設

次に見る産業振興事業は、この目的に向けて市民を統合する大きな役割を果たしている。

新産業の創生

　デヴェチェル市が再生計画事業として挙げる最後の重点項目は、新産業の創生である。具体的には、①工業団地の拡大、②バイオマス産業育成、③果樹園創設、④野菜栽培の四事業である。このうち①と②のための用地買収ならびに共用施設の建設を行なうべく、総額で3億6500万フォリントの助成を救済基金に求めた。用地買収の対象としたのは、赤泥で汚染された土地100ヘクタールほどである。先に掲げた都市計画図では産業団地地区部分にあたる。この地区は、計画図からもわかるように、幹線道路及び鉄道駅の近くに位置し、産業立地条件に恵まれている。このため、すでに赤泥事故以前から、同地区では工業団地化が始まっていた。

　赤泥事故後に半年ほどかけて赤泥は全て撤去され、赤泥と一緒に汚染された表土も除去された。赤泥汚染区域の再利用に関しては、風評被害を懸念して、食糧生産は行なわないこととし、産業団地とバイオマス植物栽培地として再生させることにした。産業団地用の公共インフラ（水道、電気、ガスなど）の整備準備費、共用施設の建設、第三セクター方式による産業支援施設（倉庫と事務所施設）の建設、バイオマス産業育成準備などが、計3億6500万フォリントに上る事業費の内訳である。現在、こうした事業が一つずつ実行に移されている。

　バイオマス事業はまず試験的に10ヘクタールの土地で行なわれ、3年で収穫可

能な灌木を植える予定である。事業の初年度は植樹など多くの人手を要するために、雇用創出効果も大きい。③の果樹園創設は市有農地 16 ヘクタールを果樹園に転換する計画である。果物栽培は農業の中でも特に労働集約的であり、とりわけ植えつけや収穫作業などには、バイオマスと同様に、多くの雇用を創出する。しかし、デヴェチェル市では単なる失業対策という視点からではなく、「有機リンゴ」や新品種など、付加価値が高くて従来の果実と差別化できる市場を開拓しようという方針を立てた。④の野菜栽培も雇用の創出をもたらすが、デヴェチェル地域では長い間衰退していた地元の野菜作りを再生させる試みである。しかも、遠くの大都市市場向けではなく、新しいバス発着所建設で触れたように、地元での販売を目指している。まずは公共施設や学校などへの農産物供給から始めようという考えである。

以上の果樹菜園振興策は、先に見た社会政策における職業訓練学校での小規模農業講座及び失業対策事業と表裏一体をなす政策である。地方都市としての利点を生かしつつ、雇用問題の解決を図り、かつ、エネルギー供給にも貢献しようという、相乗的で意欲的な施策である。

救済基金からの助成金は、国家予算とは異なり、使途が自由であるという利点を上手に生かした、総合的な地域再生事業だともいえる。

地域の将来を展望する中で、デヴェチェル市は職業訓練学校の設置に続いて、中等教育、つまり日本でいう高校の設立を目指している。職業訓練を受けた専門職だけでなく、普通高校の設立によって、地域のリーダーを地元で育てるという考えである。図書館も伝統的に、近隣町村住民の利用を前提として従来から運営されてきたが、さらにデヴェチェル市が郡都となることで、名実ともに中核図書館としての役割が求められるようになった。

同様に、地域医療という面でも、郡都となったことにより、デヴェチェル市の医療機関はデヴェチェル市民だけでなく、郡内住民の診療も受け付けることになった。すでにデヴェチェル市には2つの診療所が存在していたが、さらに第3の医療施設が必要となり、それは復興住宅街に作られることになった。もちろん人口規模からみて、専門医を置く中核的な病院を設置する可能性はなく、日常的な健康管理をになう診療所の設置である。しかしこの3番目の診療所に勤務する医師を確保することは容易でなかった。日本と同様に、田舎町に赴任してくれる医師を探し出すことは至

難の業といえる。地方都市は慢性的に医師不足なのである。

　ハンガリーでも医師の絶対数が足りないわけではない。大都市に比べ、地方都市では、医師の収入が格段に低い。このため、よい医師を招くためには、大都市にない住環境を整えることが必須だった。デヴェチェル市は、当初の都市再生計画では市の職員住宅を整備する事業を掲げて、救済基金に9000万フォリントの資金援助を仰いだ。しかし、救済委員会の承認が出た後に、方針を転換し、診療所に医師住居を併設する資金（6800万フォリント）へ充当することにした。それが第1章の写真（33頁）にある診療所脇の医師住宅である。

　復興予算の使途について、このように大きな変更は例外的だったが、細かな事業ではいくつかの変更が行なわれている。自由にできる予算枠をどう地域発展に用いるのか、様々な住民の要望と自治体としての方針の間で、優先順位の調整をどのように図るのか、等々の真剣な議論が住民の間で、そして自治体と住民の間で行なわれた。その結果、いったん決められた方針に前述のような変更がなされることもあった。これは住民自治としての必要な試行と錯誤であったと言えよう。

　総じて、デヴェチェル市の復興事業は、地域のなかでこれまで埋もれていた、あるいは活用されていなかった人材や資源を再評価し、価値を引き出し、さらにそれを高めることによって地域社会の再生を目指すものと言える。教育と社会事業を通してロマ系住民を地域社会の重要な構成員として取り込むこと、潜在力ある第一次産業を掘り起こして付加価値を生み出す地場産業に育て上げること、廃墟同然だった歴史的建造物を公共施設として改造し市民的な価値を付与することなど、いずれも地域に内在した発想に基づくものである。

　地域に内在しての市再生計画は、頻繁に開催された住民集会での議論に基づいて策定されたが、住民集会の議論を具体的な事業計画として立案したのは、市長をはじめとする自治体の行政幹部だった。

　2013年の夏に筆者がデヴェチェル市を訪れたとき、ちょうど新庁舎の改装が終わり、旧庁舎からの引越の最中だった。慌ただしい中にも、市役所職員の様子には、どこか楽しげなところさえあった。それは単に庁舎が新しく、かつ大きくなるという理由によるのではなかった。赤泥事故からの復興を単なる復旧事業としてとらえるのではなく、また、社会主義時代に失った郡都の地位を取り戻すというだけでもなかっ

❸❻高台から見た
コロンタール村

た。都市景観としても、地域社会としても、また産業の刷新としても、赤泥事故からの復興を機に、長期的な地域の再生を、自分たちが担っていくという意気込みの現れであった。

　以上のように救済基金の助成は、デヴェチェル市の再生計画における3つの重点項目の背骨にあたる施策を、予算的に担保する役割を果たした。繰り返しになるが、公的予算はその使途に縛りが大きいのにたいし、救済基金の支援は、地元住民や自治体の必要と構想に合わせて、柔軟に活用することができた。すなわち、市の再生事業にたいし、効果的に活用できる資金となったのである。この点は、後述する予算の透明性と合わせて、災害復興事業費のあり方を考えるうえで示唆に富むといえよう。

4　地域社会の復興事業②
　　　──コロンタール村とショムローヴァーシャールヘイ村

　これから述べるコロンタール村とショムローヴァーシャールヘイ村の復興事業は、デヴェチェル市の場合と比べて、おのずと異なるものとなった。まず、自治体として赤泥事故で被った損害の程度が異なる。コロンタール村は死者の数は多かったが、村の中心集落は高台にあって被災を免れた。ショムローヴァーシャールヘイ村でも、取り壊し対象となった被災住宅は2軒だけだった。救済基金から配分された支援予算の規模は、被害の大きに比例している。したがって、デヴェチェル市が突出してい

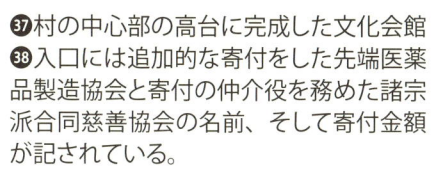

㊲村の中心部の高台に完成した文化会館
㊳入口には追加的な寄付をした先端医薬品製造協会と寄付の仲介役を務めた諸宗派合同慈善協会の名前、そして寄付金額が記されている。

る。
　市と村の最も重要な違いは、住民の構成である。デヴェチェル市では、住民の3割に達する多くのロマ系住民を貧困層として抱えており、マイノリティとの融和や共通の市民意識の醸成を図らなければならなかった。これに対して、2つの村は住民構成が比較的均質だったために、自治体の再生に際してあえて社会統合を目標に掲げる必要がなかった。コロンタール村は第1章で見たように、ドイツ系の出自であるという意識が、村民としてのアイデンティティの支柱となっている。またショムローヴァーシャールヘイ村には、ショムロー地方の中心地として、ブドウ栽培とワイン醸造で育まれた地域的な紐帯が存在する。
　他方、地域住民の「共有の場」を創出する施策については、デヴェチェル市のように体系的、かつ大規模にではないが、2村ともに、これを重要な復興事業として位置づけた。しかしデヴェチェル市のような包括的計画書を作成したわけではない。そのため、2村の復興事業を系統だって跡づけることはできない。そこで以下では、それぞれの村での「共有の場」を創造する施策、あるいは強化する施策を軸として、どのような事業が行なわれたのかを具体的に見ながら考えてゆこう。

❸❾運動場として修復された初等学校の校庭　❹⓪サッカー場兼運動場の更衣施設

コロンタール村の復興事業

　コロンタール村が救済基金に支援を求めた事業は、大きく分けて①文化施設の修復、②スポーツ施設の整備、③水利と下水道の刷新であった。最大のものは①に含まれる文化会館の改修である。当初は3000万フォリントの改修予算を見積もって、救済基金に支援を求めた。申請は承認されたが、改修は次第に大がかりなものとなった。先端医薬品製造協会から2350万フォリントの支援も加わり、救済基金から総額で1億500万フォリントの助成を受けて、最終的に完成した。

　コロンタール村が救済基金に申請した他の文化関連事業は、赤泥事故によって被害を受けた初等学校の校庭を小運動場へと改修する工事、および村営のサッカー場兼運動場の更衣施設を建設する事業である。前者には1200万フォリントが、後者には5200万フォリントがそれぞれ費やされた。

　コロンタール村の社交場といえば、村のバス停近くに居酒屋が1軒あるだけだ。また村民が交流できる場所は老朽化した公民館だけだった。デヴェチェル市でも「共有の場」の欠如を解消することが都市再生計画の重要課題だったが、ここコロンタール村でも村人どうしが共に時間を過ごせる施設や空間が必要だった。文化会館は名前こそ文化会館だが、村で唯一の、住民が寄りつどうことのできる集会場である。改修に最大の経費を投入したのも道理である。

　小さな運動場は村役場の裏にあり、村民が気軽に使える運動施設である。サッカー場兼運動場の脇に造られた更衣室も単なる更衣室ではない。スポーツ仲間があつまり、競技の前後に仲間とつどえる社交の場でもある。

❹❶完成間近のコロンタール村下水処理施設　❹❷下水道が「新セーチェーニ計画」によって実現したことをしめす標識で、事業内容として、「コロンタール村の下水道網と汚水処理施設建設事業。助成額は2億1978万4935フォリント」と記されている。

　コロンタール村が取り組んだ3つ目の施策は、水道や水環境に関する社会資本の整備である。ここでとりあげる第1の事業は下水道の刷新である。コロンタール村は「新セーチェーニ計画」に対して、赤泥事故の直前である10月1日に下水道の全面的改修を目的とする申請を提出していた。コロンタール村では社会主義時代に建設された下水道が老朽化していた。このため、現村長が就任時から、村として設備を更新する長期計画を立て、2002年から村民自身による積立を行なっていた。その積立が公的助成を申請するために必要な自己負担分の額に達したのである。ところがそこへ赤泥事故が起こり、下水施設が被害を受けた。このため積立金に代えて、下水施設改修のための自己負担金3900万フォリントの拠出を救済基金に請求したところ、救済委員会はこれを承認した。結果として、救済基金からの助成を自己負担金に充当して下水道改修の申請は採択された。

　村長によれば、下水道更新の申請は競争が激しく、採択されるかどうか楽観はできなかった。しかし、赤泥事故で9名もの人命が失われたことが考慮されて、採択されたのではないかと推測しているそうだ。村民から集めた積立金は各戸に返金され、下水道建設に係わる戸別負担金、つまり、下水道の幹線と各戸をつなぐ支線の工事費に充当されることとなった。また今回の下水道整備事業に入らなかった地区については、公共インフラを整備するための2560万フォリントが救済基金に申請

❹❸コロンタール村に建てられた「新セーチェーニ計画」助成を公表する標識

され、承認された。救済基金の恩恵が村全体に行き渡るようにという配慮が働いているのである。

　第2の水利事業は、デヴェチェル市と共同して「新セーチェーニ計画」に公的助成申請をした地域的水環境整備である。地域全体の水利と水質を向上させるためには、大規模な投資が必要だった。この事業を実現するために、公的助成を申請するにあたって必要な自己資金分3119万フォリントを救済基金に申請して認められた。この救済基金からの自己資金相当額をもとに申請した、公的共同水利事業も採択されて、約14億フォリントの建設予算が交付された。写真❸はコロンタール村に建てられた標識で、水利事業が「新セーチェーニ計画」の援助で実施されていることを示している。標識の背景には、遠くかすかにではあるが、赤泥溜池の細長い擁壁が見える。

　写真❸にある標識には、以下のように事業概要が記されている。
　　「コロンタールとデヴェチェルにおける地域水環境整備事業
　　EUとハンガリー政府の支援額は14億230万8236フォリント
　　事業期間　2013年3月1日から2013年12月31日
　　助成申請主体：デヴェチェル市自治体
　　共同申請者：コロンタール村自治体」

　現在使われているハンガリーの主な公共インフラは、社会主義時代に整備されたものが多い。しかし、体制転換後には、首都の一部を別にして、抜本的なインフラ

❹❹救済基金の支援で購入した大型ワゴン者と村長。2012年から1年間で1万キロを走ったそうだ。村役場の裏庭に車庫がある。

の刷新は遅れている。地方の都市では応急修理で間に合わせる状態が続いている。また今回の被災地区のような郡部の小自治体においては、そもそも下水道が社会主義時代においてさえ完備しなかったところもある。改修するにしても新設するにしても、コロンタール村の例で見たように、まずは公的資金助成を申請するための自己負担分を用意しなければならない。自治体予算は逼迫しているし、公的予算は当初の目的と異なる使途に使うことはできない。したがって、住民による積み立て方式しか残らないが、どこでもこの方式が可能なわけではない。コロンタール村は人口が少なく、村民構成が比較的均質で、そのうえドイツ系としての自負心も混じった住民の団結心が強く、村内の意志統一が図りやすかった。

　このように地方社会にとって公共インフラの整備は、お役所任せの事業ではなく、自分たちの自治の問題なのである。今回の赤泥事故や救済基金による支援は、偶然にもたらされた災害の結果であり、降ってわいた予算ではある。それを一時的な目的や短期的な使途に使うこともできたかもしれない。しかしコロンタール村では、将来に残す共有の資産として、下水道の整備や水資源の改善に振り向けた。その根底には、地方社会は自分たちで作り上げるという意識がある。デヴェチェル市の再生計画で盛り込まれた「共有の場」創造と同じ発想に基づく復興が、コロンタール村でも行なわれた。

　以上がコロンタール村における主な復興事業だが、追加として、ワゴン車の購入に触れておく。デヴェチェル市では交通インフラ整備が多様な意味を持ち、そのなかには高齢者のための足の確保があると述べた。コロンタール村でも高齢者のために

❹⑤ショムローヴァーシャールヘイ村中心部

　公共の足を確保することが優先課題の一つだった。しかし700名という人口規模から考えても、また幹線道路から外れているという事情を考慮しても、既存バス路線の拡充あるいはバス停の整備に予算を費やすのは合理的ではない。このため、路線バスの拡充を目指さず、大型ワゴン車の購入が提案され、個別的に村民の需要に応える方式が選択された。機動性や機能性の高いワゴン車があれば、障害者の移動や高齢者の通院などの社会福祉目的で、公共交通機関の便数不足を補うことができる。また、災害時などの緊急時に必要な村民の足を確保することもできる。ワゴン車の購入資金は1台900万フォリントであり、この購入資金を救済基金に求めて購入できた。ワゴン車の運転手は今のところ、村長自身である。

ショムローヴァーシャールヘイ村の復興事業

　ショムローヴァーシャールヘイ村の復興事業も、おおむねコロンタール村と同じで①文化教育関係、②交通インフラ整備、③水利関連事業に分類できる。①の文化・教育関係では、コロンタール村の文化会館のような大きな投資は行なわれなかったが、様々な名目で文化教育施設の改修や整備が行なわれた。初等学校については、赤泥事故との関連はないのだが、同校の差し迫った問題として、校舎の屋根を修繕する必要があった。2棟ある校舎のうち一棟しか使えず、1・2年生はすぐ横の敷地にある保育園の2階に間借りする状態が続いていた。このため、まず屋根の修繕に必要な1589万フォリントの支援を救済基金に求めた。この申請は承認されたが、その後、屋根の修繕資金は他の公的な資金から賄えることとなったため、屋根の修繕費申請を取り下げた。この屋根修繕費に代えて、初等学校の一般的修理

㊻ショムローヴァーシャールヘイ村の初等学校。屋根が改修されたのは右の校舎。左の校舎も壁の塗り替えが行なわれ、内装も修復されて、新築のようにきれいになった。㊼保育園。初等学校の横に隣接している。㊽尖塔の改修が行なわれた村の教会。

営繕費として助成金を申請し直して、救済委員会はこれを承認した。

　一般的修理営繕費の他に、学校運営で整備が遅れていた設備改善費として900万フォリント、水回り施設の建て替えに500万フォリント、ハンドボールコートの整備に1455万フォリントが救済基金に申請され承認された。

　次に保育園については、増築費として1810万フォリントの助成、また老朽化していた暖房施設の更新に492万フォリントの助成が救済基金に求められた。さらに長期的な保育園の施設発展計画を策定するため、プロジェクト申請書作成費として229万フォリントが救済基金に申請され、いずれも認められた。

　初等学校と保育園は敷地が隣りあわせである。双方をつなぐ連絡網が必要とされていた。このため2つの施設をつなぐ拡声装置を設置することになり、60万フォリントの支援が救済基金に求められ承認された。災害時のことを考えると、これは教育関連というよりも、防災設備の整備といった方が良いかもしれない。

㊾村の主要か所に設置された監視カメラは村長室にあるモニターでチェックされる。個人情報を含むので、村長以外はモニターにアクセスできない。犯罪発生時にのみ、警察に映像が提供されるそうだ。㊿救済基金の支援で購入した大型ワゴン車。まだ購入してひと月だが、これから村民の通院や健康診断などの足となる。コロンタール村と相談し、同じ型にしたそうだ。㉛ガラス張りの村中央バス停。4方をふさいで雨風をしのげるつくりになっている。待合所と一緒に周辺の歩道も改修された。

　文化関係では、教会に隣接していた旧修道院の建物を修復して、村の博物館にする構想が提起され、まず屋根など痛みの激しい部分を修復することになった。そのための改修費として、合計で1310万フォリントが救済基金に申請されている。

　文化・教育とは少しずれるが、「共有の場」づくりに関連して、いくつかの事業にも触れておこう。1つは老朽化が激しかったカトリック教会の尖塔を修繕することであり、そのための費用232万フォリントが救済基金に申請され承認された。ショムローヴァーシャールヘイ村には教会が1つしかなく、教会は村民にとっての公共の文化的、社会的な財産である。したがって広い意味で村民の「共有の場」が保全されたといえる。もしこれが正規の自治体予算に申請したのだったら実現はしなかったかもしれない。

❺❷救済基金で舗装された道路。この道路には診療所や保育園、サッカー場など、村の主要な施設が集まっている。❺❸救済基金で改修された村の診療所。隣村と合同で医師を雇用し、週3回診療日がある。

　この他に、ショムローヴァーシャールヘイ村が救済基金に仰いだ支援事業として、公共施設の照明や電力事情を改善する事業（1300万フォリント）、診療所の改修（1000万フォリント）、村内の要所にビデオ監視装置を設置する事業（231万フォリント）などがある。

　交通インフラについては、まずコロンタール村と同様に900万フォリントの救済基金支援を得て、大型ワゴン車を購入した。やはり村民の足の確保と福祉が目的であり、当面は村長が運転手を務めている。ただし、ショムローヴァーシャールヘイ村は、幹線道路に面しているので、路線バスの利用者も比較的多い。そのため、バス停を雨風除けのついた設備へと改善することにして、村の中央にあるバス停と周辺の歩道整備、および3カ所のバス待合施設の改善に、総額で1600万フォリントの助成を救済基金に申請し認められた。

　さらにショムローヴァーシャールヘイ村では村道の改修や舗装のためにも、数回に分けて支援が申請され、全体として2300万フォリントが救済基金から交付された。これにより村内の2つの主要な通りがアスファルトで舗装された。また村が自力で村道を補修するため、および冬の除雪を行なうことを考慮して、小型のトラクターと関連機器を購入した。その費用として、550万フォリントの助成を救済基金に求め交付された。将来的には、先に見たワゴン車の運転手を兼ねるトラクター操縦専門職員を雇う予定だとのことである。

❺❹「新セーチェーニ計画」助成の標識を持つ村長。❺❺水質改善事業概要を知らせるチラシ。「欧州連合財源による飲料水の水質改善。『赤泥災害』によって被災したショムローヴァーシャールヘイ村とショムローイエネー村の水道施設の刷新事業が、2012年9月10日に始まった。事業の主たる目的は飲料用水質の改善である。これは欧州連合の環境とエネルギーに関するオペレーションプログラムの一環として実施される」と説明されている。

　ショムローヴァーシャールヘイ村では、事故前にまだ下水道が完備していなかったため、赤泥からの復興事業では、下水道建設の要望が強くだされた。しかし救済基金の財源枠では、建設費を十分に賄えない。そこでコロンタール村と同様に、「新セーチェーニ計画」に申請するために必要とされる自己資金負担分に充当しようと、救済基金に4900万フォリントを申請した。また、上水道を隣村のショムローイエネー村と共同で刷新するために、公的資金申請にかかる事務経費80万フォリントも救済基金に申請した。さらに水源を確保する準備費として、163万フォリントの支援も救済基金に求めた。結果として下水道の申請は採択されなかった。そのため事業計画の一部を組み直す必要が生じた。他方、上水道の刷新については、公的資金助成を受けることになった。合計で5640万フォリントの支援を受けて、上水道の刷新工事が行なわれる。写真❺❹は、工事完成のあかつきに、上水道施設に掲示される標識を手にもつ村長である。標識には次のように記されている。

❺ ショムローのブドウ・ワイン組合事務局長
❺ ショムロー山と山腹に並ぶワイン農家

「ショムローヴァーシャールヘイとショムローイエネーの水質改善
EU とハンガリー政府の支援額は 5641 万 2000 フォリント
事業期間　2012 年 8 月 22 日から 2013 年 5 月 15 日
助成申請主体：ショムローヴァーシャールヘイ村自治体」

地域のブドウ栽培農家やワイン農家の支援

　最後に紹介するのは、ブドウ産地としてのショムロー地方に係わる、救済基金による助成事業である。ショムロー地方はハンガリーを代表するワイン産地の一つである。赤泥事故の直後に、事故の影響がブドウ栽培やワイン造りにも及んでいるのではないかという風評が流れた。現実としては、赤泥がショムロー山麓のブドウ畑にまで及ぶことはなかった。しかしショムローヴァーシャールヘイ村長は、ショムロー産ワインの売り上げが落ちているという話を聞きつけると、風評被害の拡大を防ぐため

に、ブドウ栽培に対する赤泥の環境影響評価を行なうことにした。影響がないことを積極的に証明して、地域のブドウ栽培農家やワイン農家を支援しようという趣旨だった。専門的な調査を実施するために、1000万フォリントが必要だったが、救済基金に助成を受けて行なった調査の結果として、影響は全く認められなかった。

　この調査について、ショムロー山麓のワイン農家を束ねるブドウ・ワイン組合の事務局長を訪問し事情を尋ねた。次のような答えが返ってきた。すなわち、ショムロー山のワイン農家のほとんどは、赤泥事故がブドウ栽培やワインづくり、さらにワイン販売の実績に影響を与えるとは考えていなかった。確かにワインの売り上げは近年、減少傾向をみせている。だがそれは、赤泥事故に由来することではなく、事故の前から、全体としてのワイン消費量が落ちているというのである。それはそれとして、ショムロー産ワインが赤泥によって汚染されたという風説が流布していることは耳にしていた。このため、何も影響はないことを実証してもらう目的で、調査に同意したということである。

試行錯誤の地域社会再生

　以上のように、3つの被災自治体は救済基金によって配分された義捐金を、それぞれの自治体の特色に応じて様々な復興事業に割り当てた。中には試行錯誤もあり、揺れも生じた。また、限られた予算を生かすために、救済基金の助成を、ハンガリー政府やEUの様々な公募型公共事業募集枠に応募条件として要求される自己資金に充てることも行なわれた。EU資金の申請にあたっては、おりしもハンガリー政府が「新セーチェーニ計画」という、大規模なEU資金を活用する社会資本整備事業を打ち出していたことが幸いした。このセーチェーニ計画によって救済基金だけでは賄うことができないような、規模の大きい復興事業も実現した。さらに、デヴェチェル郡が新設されたことによって、EU基金申請のためのさまざまな優遇措置が与えられ、赤泥事故被災からの復興事業を後押しすることになった。

　以上でみた復興事業の中には、ショムローヴァーシャールヘイ村初等学校の屋根修繕のように、本来は国や自治体の通常予算で行なわれてしかるべきものが入っている。社会主義時代は、地方の有力な農業協同組合や国営企業が支援をして、曲がりなりにも地域の公共施設の建設や営繕が行なわれていた。しかし体制転換後

❺❽首都ブダペシュトの中心街ヴァーツ通り。❺❾ブダペシュト中心街の再開発。

は、そうした地方のパトロンとも言うべき存在が、民営化で消滅したり弱体化してしまった。第1章で見たレフマン家のシャーンドル氏が語るには、アイカのアルミ企業も社会主義時代には雇用だけでなく、今で言うところの企業による地域貢献事業を行なっていた。しかし民営化後は、赤泥溜池の設備改善を怠ったように、企業の目的が利益追求一辺倒に変わってしまった。

現在の地方自治体予算にはゆとりがない。社会主義時代から引きずった国家財政赤字は解消されておらず、昨今では、ハンガリーはまるで第2のギリシャやスペインだといわれるほどである。それでも首都や大都市では、国が威信をかけて表通りの修復やインフラの整備を行なっており、体制転換の恩恵が、具体的に目に見える形となって現われている。ブダペシュトの目抜き通りや中心街は、装いも新たに、垢抜けた街並みへと変身を続けている。

上の写真にあるように、首都ブダペシュトの中心街に並ぶ店や商品は、いまや世界の大都市と変わるところはなく、値段も同じか、それ以上である。

写真❺❾は首都ブダペシュトの中心にあるフランシスコ会広場である。「新セーチェーニ計画」の大きな標識が立っている。「首都中心街通りの整備：第2期：フランシスコ会広場及周辺の修復、35億8244万9158フォリント、EU構造基金との共同出資」と記されている。この地区は体制転換後に一度整備された地区である。それが今回、再び手厚く整備されつつある。

体制転換後の首都の様変わりには、目を見張るものがある。それに引き替え、地

方小都市は、ほぼ社会主義時代と変わらない景観のままである。失業率は首都の２倍、もしくはそれ以上に達し、10％を越えることが通常である。賃金も、先のフックス家のヤーノシュ氏やコヴァーチ・モニカさんが言っていたように、首都の半分どころか、10分の１ほどである。正規雇用の場合には、最低賃金制度によって、手取りで10万フォリントが保証される。しかし地方では、高い失業率を背景に、法定賃金以下でも働かざるをえない。構造的な非正規雇用が広がっている。公共施設の老朽化も目立つ。こうした現実の中で、親戚や地域の人々の相互扶助、比較的安い物価、わけても自家菜園などの自給的生活のお蔭で、地方は踏ん張って生きている。

　赤泥事故は地域住民にとって青天の霹靂であり、とりわけ住居を失った被災者たちは、社会主義からの体制転換後の苦しさを想いだしたという。どこからも支援の手など来るはずはないと悲観し、いったい自分たちの明日の暮らしはどうなるのかと、途方に暮れていた。しかし幸いにも、政府と社会の助けで、住宅は再建された。だが、住宅が再建されても、地域社会が再生しなければ、再建住宅の価値は目減りするいっぽうであろう。それどころか若者が去ってしまえば、何のための住宅再建かすらわからなくなってしまう。

　これまで見てきた復興事業は、屋根の修繕など、通常の自治体予算で対処すべきだと映るものもあるが、それができていない理由には、今のハンガリーの地方社会が置かれた苦しい財政事情がある。この現実を踏まえた上で、今回の復興事業の意味を考えることが必要である。つまり義捐金は使途を制約しない財源であるため、これを用いて初めて実現できた事業が多かった。実際その一つ一つが住民の生活に直結するものであり、地に足のついた地道な地域社会再生の施策だったというべきなのである。

　デヴェチェル市長やコロンタール村長の話では、住民集会では、救済基金に寄せられた義捐金は、すべて現金で住民に配分すべきだという意見も出されたそうである。もちろんそのような提案が救済基金に提出されたとしても、承認されたとは思えないし、住民集会でのそのような意見はごく少数であった。大半の人々は、限られた救済基金のお金を、一時的な目的に使うのではなく、地域の将来のために使うべきであるという方針で意見が一致したそうだ。東日本大震災や原発事故の被災者へ

の義捐金や復興財源が、一番必要なところに届いていないという日本の現実を考える時、ハンガリーの小さな自治体が実践している、地域社会再生の試行錯誤は、おおいに参照に値するのではないだろうか。

次の第3章では、以上で見た復興住宅政策や地域再生事業政策が、どのような経緯で政策として打ち出され、確定したのかを、2010年10月4日に遡って検証する。第3章に進むに先立ち、短い節を設けて、ハンガリーの自然・産業災害史上最大と言われる義捐金が、どこから寄せられたのかを述べよう。加えて、かつてない規模になったと言われるボランティア活動についても、簡単に触れておきたい。

5　国民的な救援活動

赤泥事故後のハンガリーでは、「被災からの復興にあたって、ハンガリー国民がみせた連帯は、かつてないほどのものだった」とよく言われる[*15]。救済基金に寄せられ

2010～2011年度の救済基金内訳

	2010年		2011年	
国内	1,648,694,956	97.3%	138,478,231	39.8%
個人の寄付	807,235,245	47.6%	12,253,551	3.5%
国内の個人	377,197,348			
郵便・電話振込	430,037,897			
法人及び団体	720,728,801	42.5%	124,227,870	35.7%
自治体	120,730,910	7.2%	1,996,810	0.6%
外国	46,717,678	2.7%	209,517,438	60.2%
個人	27,536,685	1.6%	637,259	0.2%
法人及び団体	19,180,993	1.1%	208,880,179	60.0%
合計	1,695,412,634	100%	347,995,669	100%
利子	5,756,251		98,401,951	
所得税振替*			434,148	
現物寄付			9,335,984**	
総計	1,701,168,885		456,167,752	

*　ハンガリーでは所得税の納入先を納税者自身が選択でき、寄付行為にも充当できる。
**　この寄付はハンガリー・サムスン電気会社による。

❻⓪デヴェチェル市でのボランティア　❻①郵便局の支援ポスター

たハンガリー国内外からの義捐金は、20億フォリントを越えた。社会主義時代は、そもそも自然災害や産業災害に対して義捐金を集めるという社会体制ではなかったため、過去との比較は困難である。しかし、今回はハンガリーの自然・産業災害史上、最大の義捐金が集まったと判断してよいであろう。

　事故が起こった2010年の義捐金額をみると、個人から8億フォリント、法人や団体から7億2千万フォリント、自治体から1億2千万フォリント、外国から5千万フォリントだった。わずか3カ月足らずの期間に集まった額である。2011年に入ると、個人からの寄付は減るが、代わって海外の法人や団体からの義捐金が増えた。前頁の表がその概要である。[*16]

　義捐金や義捐物資の他にも多種多様な支援が行なわれた。まず事故直後から、赤泥を除去するために、多くの若いボランティアが被災地入りした。写真❻⓪は、ボランティアが赤泥の中和作業中に休息しているところである。

　郵便局は赤泥被災者への募金を集める独自の方策として、義捐金付切手を発売することにし、上のポスター（写真❻①）を国内の郵便局に貼り出した。ポスターには

「救いの手をあなたも
赤泥事故被災地区の被災者へ。
義捐金つき切手を貼れば、手紙を出すたびに
被災者の復興が支援されます。」

100　第2章　被災地の救済から地域の復興・再生へ

❷復興記念の碑「再生堂」
❸「再生堂」の内部

と書いてある。例示された切手には、定価70フォリントに対して、50フォリントの義捐金が加えられている。

　復興事業に係わった、社会団体による組織的支援も重要だった。例えば、復興住宅の設計がある。第1章でデヴェチェル市の復興住宅の例として、ダンチ夫人の家を取り上げたが、彼女の家の前は復興を記念する公園となり、「マコヴェツ公園」と名づけられている。公園の中央には復興記念の碑があり、「再生堂」と呼ばれている（写真❷）。小さな礼拝堂を想起させる様式で、内部には幻想的な森の世界が再現されている（写真❸）。

　「再生堂」の名づけ親は「再生堂」の設計者マコヴェツ・イムレである。公園の名も、このマコヴェツを記念して命名された。マコヴェツは、現代ハンガリーを代表する建築家の一人であり、仲間の建築家30名ほどを率いて、復興住宅の設計にあたった。

　マコヴェツは「コーシュ・カーロイ建築家協会」という、革新的な建築様式を目指す団体の会員である。1992年のスペイン・セヴィリア万博では、マコヴェツがハンガリー館の設計にあたった。ここ「再生堂」においても、またセヴィリア万博においても、尖塔と丸屋根、そして木造りがマコヴェツの特徴である。

　今回の復興住宅建設で、マコヴェツは、無償で設計を引き受けたいと名乗りを上

5　国民的な救援活動　　101

げ、仲間と共に基本設計と個別設計に取り組んだ。19の基本型を作り、「コーシュ1型、2型、3型……」のように名づけた。住宅の設計にあたり、建築家たちは被災地に出向いて、個別に被災者が納得するまで話し合った。このようにして、間取りから用いる素材に至るまで、細かな要望を取り入れたのである。

　モルナール家で見た建設計画書の表紙には KÁROLY KOS SZÜL EGYES の印が入っていた。これはコーシュ・カーロイ建築家協会認定の家であることを示している。

　マコヴェツはガンとの闘病生活を長年にわたって続けていたが、復興住宅が完成してまもない2011年の9月27日に他界した。享年75歳だった。広場名の由来には、住民と建築家による復興への思いが込められている。

　協力を申し出たのは建築設計家だけではない。復興住宅用の家具についても、ハンガリー家具製造協会が利益なしで提供を申し入れた。コロンタール村の赤泥被災跡公園に置かれた記念鐘楼は、トランシルバニア地方出身の木彫家の作品である。トランシルバニアはルーマニアの西部地域だが、第一次世界大戦まではハンガリー領だったために、ハンガリー系の住民が多いのである。この木彫家がデザインした鐘は鋳造業界の寄付によって制作された。救済基金に集まった義捐金だけでなく、こうした有形無形の様々な支援が、国内外から集まったのである。コロンタール村長やデヴェチェル市長は、住民集会で救済基金からの支援をどう復興に役立てるかを議論するに際して、支援が国内外から寄せられた善意であることを確認し、個人的な要望にではなく、地域の復興に役立てることが求められている旨を強調したのだと語る。

第3章

政府の事故対応から地域の復興政策へ

　前章までは、復興住宅の具体例と被災地の地域的再建の取組みを見てきた。本章では、赤泥の事故後に、どのように復興政策が策定されていったのかを検討する。そのためには、時間的に事故の発生にまで立ち返ろう。そして、そこから順を追って、政府や自治体の対応を見てゆくことにしたい。

　事故直後には緊急避難や避難準備の指示が出され、一時はデヴェチェル市の全住民避難という最悪の事態すら想定された。こうした緊迫した状況の中で、早くも「生活の再建を優先する」という基本原則がオルバーン首相によって打ち出された。この原則が政府の方針として具体的な政令となり、さらに、政府と被災地との間で基本原則に係わる議論や交渉が行なわれ、事故から1カ月経った2010年11月末には、最終的な復興支援策が確定された。この経緯を以下で跡づけていく。

　なお、本章から最終章までには災害関係の官署がいくつか登場する。ここで簡単に説明をしておこう。最も重要な官署は中央防災総局である。これは内務省管轄下の外局である。消防局はこの中央防災総局の元に置かれている。市民防災局も中央防災総局の下にある。消防局と市民防災局はもともと独立した官署だったが、2000年初頭に統合され、中央防災総局となった。中央防災総局は県ごとに支局があり、さらに県下の主要都市には支局の分署が置かれている。本書に関係するヴェスプレーム県ではアイカ市とパーパ市に分署がある。県防護委員会は県防災支局、県庁、県議会、軍部隊など、県レベルでの防災及び防衛関係機関によって構成される組織である。衛生局は厚生省の管轄下にある官署であり、県に支局が置かれ、県の下に郡分署が配置されている。各レベルに医務官が任命されており、災害時に

103

被災地の衛生問題を担当する。政府特使は災害発生時に首相によって任命される大臣格の役職であり、個別省庁の権限の上に立って指揮する全権を与えられる。[*1] 赤泥で任命された政府特使は中央防災総局の長官だった。

1 緊急避難

赤泥擁壁決壊

　コロンタール村のティリ村長は、もともとアルミ工業関連の技師だった。2002年以降からはコロンタール村長の地位にある。そのティリ村長でさえ、すぐ横にある溜池で貯蔵されている赤泥のpH（水素イオン指数）値が、13度以上の高アルカリ状態であることを知らなかった。また許可された貯蔵限度の3倍もの量の赤泥が貯蔵されていたことも知らなかったし、知らされてもいなかった。赤泥が有害な物質として認定されていれば、このような放置は起こりえなかったはずである。しかしEUでは、赤泥は無害だと法律で規定している。もちろん、法規定がどのようであれ、実際に人体や環境に有害な物質を放置することは許されない。しかし、ハンガリーアルミ社は、事故前も事故後も一貫して、赤泥は無害であると主張し続けている。同社の認識に従えば、無害なものなら行政に届け出る必要がないし、溢れるほど貯蔵しても大きな問題ではない、ということになる。

　第4章で、赤泥とは何かという問題を取り上げるので、ここでは以下のティリ村長の見解を記すにとどめる。すなわち、

　「もし有害物質が溜池の中にあることがわかっていれば、有事の際に警報を鳴らして住民を避難させる体制を敷くことができた。溜池の監視体制が整ってさえいれば、警報システムを使って今回のような犠牲者を出さずに済んだはずだ。9人もの村人がいっぺんに亡くなった。村の人口の1％以上が、一日で亡くなるなんて」と慚愧の念をこめて語るのである。

　事故発生当時、ティリ村長は自宅で昼食をとっていた。そこに赤泥擁壁決壊を最初に知らせてきたのは、ハンガリーアルミ社ではなく、同社で働く知人だった。村長はすぐに擁壁の決壊をアイカ市の防災署に伝えたが、防災署にとっても擁壁決壊は寝耳に水だった。ハンガリーアルミ社から何も情報が届いていなかったのである。

❶コロンタール村のトルナ川にかかる橋に設置された顕彰碑。「赤泥災害時に被災者を救おうとして自らの命を捧げたパドシュ・ジョルトさんを追悼する」と書かれてある。

　事故直後には、被災者以外はほとんど誰も事態の深刻さに気づいていなかった。事故の知らせを受けて現場に急行した救急隊員も、何が溜池から流出しているのかさえ分からなかった。防災署も事態を把握できていなかったし、消防隊員が事故を起こしたハンガリーアルミ社に問い合わせをしても、返ってきた返事は「赤色をした液体にすぎません」というものであった。*2 このため、現場に到着した救急隊は、防護服を用意しておらず、手の出しようがなかった。

　ティリ村長は防災署に事故の通報をした後に、村役場に戻ったが、その間にも赤泥はトルナ川沿いの集落を呑み込み、さらに村役場にまで到達していた。村役場はトルナ川から少し離れており、小高いところにあったために、わずかな被害で済んだ。

　ティリ村長は、流れ込んできた赤い液状の物質を自分の目で見た時に、アルミ工業の技師として、流出物が赤泥であり、その様子からpH値が高いことに気づいた。しかし、激しい勢いで流れる赤泥を前にして、手の施しようがなかった。

　コロンタール村の犠牲者は全部で9人である。今回の赤泥事故の全犠牲者が10名だったので、犠牲者はこのコロンタール村に集中したことになる。自然災害であるならば、ある程度は事前の予測や対策を講じることができよう。しかし、以上の状況から分かるように、今回は全くの無防備だった。ティリ村長が悔しがるのもそのためである。

　最初の犠牲者は、車でトルナ川の向こう岸にいる被災者を救助に行こうとした若者パドシュ・ジョルト氏である。彼はトルナ川の橋を渡ろうとして、車ごと川に転落した。そこに存在するはずだった橋が赤泥で崩れ落ちていたのである。

中央防災総局が事故状況を把握したのは事故後20分以上が過ぎてからだった。それもハンガリーアルミ社からの通知によるものではなく、決壊現場近くに急行した消防隊員が、やはり現場に駆け付けたハンガリーアルミ社の社員に問いただした結果だった。すなわち、消防隊員が「これは一体何が流出しているのか」と質問したのに対し、「非常に強いアルカリ性物質で、目に入ったり、皮膚にかからないように注意する必要があります」という返事が返ってきたのである。この答えを聞いて初めて、赤泥が有害物質だと消防隊員が認識したのである。このときの社員とのやりとりで、ゴム製品なら赤泥のアルカリ性に侵されないこともわかった。[*3]

最大級の緊急出動

　この後に中央防災総局は、最大級の緊急出動が必要だと判断し、コロンタール村やデヴェチェル市などの被災地域にむけ、警察と軍隊を緊急派遣するよう政府に要請した。同時に、事態の掌握と対応に努め、午後4時には中央防災総局の所轄大臣が総括責任者として現地入りした。被災者には、緊急の避難先として、アイカ市の体育館などに、数百台の簡易ベッドが用意された。他にも、複数の施設に臨時の宿泊場所が確保された。ただし被災者の大半は、親戚などの家に身を寄せたため、臨時宿泊施設を利用したのは僅か30名ほどだった。[*4]

　中央防災総局は、被災者の救援や行方不明者の捜索にあたると同時に、赤泥が川づたいに流れ続けて、ドナウ川本流に流入するのを阻止しなければならなかった。もしそのまま赤泥がドナウ川に流れ込めば、被害はドナウ川下流域に大きく広がり、国際的な環境汚染に発展する。事故発生を知った欧州各国はハンガリー政府の事故対策を、固唾を飲んで見守った。

　赤泥はトルナ川を下って、マルツァル川へと流れ込んだ。その100キロメートルほど先に、ドナウ川の本流がある。支流であるトルナ川にしてもマルツァル川にしても、数メートルほどの川幅しかなく、数十万立方メートルもの赤泥を希釈できる水量がなかった。赤泥が通過した後のトルナ川やマルツァル川は、川沿いの緑が赤茶色に焼け焦げた様相を呈した。すさまじい破壊力をもつ赤泥がドナウ川本流に到達する前に、赤泥の強アルカリ性を中和させる必要があった。この事故対応については、第4章（155頁以下）で詳しく述べよう。

❷緊急事態令下のデヴェチェル市検問所

オルバーン首相の現地入り

　オルバーン首相が現地に乗り込んだ10月7日は、河川での赤泥の中和作業は最終局面に入っており、住民の避難準備について最も厳しい決断を迫られる状況になっていた。

　この緊迫した状況の中で、オルバーン首相がまず被災地で口にしたのは、被災者支援の方針だった。それと同時にオルバーン首相が強調したのは、事故を起こした企業への責任追及の姿勢だった。首相は、赤泥事故が人為的な過失によることは明白であり、責任を明確にして人々を救済しなければならないと述べた。そして、「人々をこのような状況に追い詰めた者は法の規定に従って、罰を受けなければならない。この問題の調査と処分には、最も厳しい態度で臨もう。もしこの事故が夜に起こっていたなら、皆さん全員が犠牲者になっていた。何という無責任なことか」と語気を強めた。

　さらにオルバーン首相は続けた。外国からの支援の声も伝えられているし、EUにはこうした事態への支援制度がある。しかし、「ハンガリーにはこのような大災害をも自力で克服できる国力がある。必要なのは外国からの金銭的支援ではなく、被害を克服するために役立つ経験知である」と。[*5]

　首相が現地入りした翌日の10月8日、中央防災総局とブダペシュト工科大学の専門家は、決壊した赤泥溜池擁壁の細部にわたる実地調査結果を発表し、裂け目が広がっていることなど、新たな亀裂の実態を公表した。結論として、擁壁が再度

1　緊急避難　　107

❸赤泥流の爪跡（デヴェチェル市）❹家屋内にまで流入した赤泥（デヴェチェル市）

崩壊する差し迫った危険性があるという判断が調査団から提出された。この調査結果をもとに10月8日の深夜、関係閣僚会議が現地で開かれた。出席者はオルバーン・ヴィクトル首相、ピンテール・シャーンドル内相、ヘンデ・チャバ国防省、ハタラ・ヨージェフ国家公安委員会委員長、バコンディ・ジェルジ赤泥事故担当政府特使、コヴァーチ・ゾルターン内閣報道官だった。

この会議で「最悪の事態に備えること」が了承され、赤泥溜池に隣接する自治体の全面避難が決定された。同時に、再決壊に備えて、四重の防護壁を溜池とコロンタール村との間に、48時間で築くよう命令も下された。

コロンタール村の全村避難

こうして、防護壁建設作業がすぐに始まり、10月9日の早朝6時に、まず、貯蔵溜池から最も近いコロンタール村の全村避難が始まった。村民715名を避難させるため、村内放送で避難が村民に告げられた。また警察が各戸を回り、村の中央に集まるよう促した。集合場所では、村民はアイカ市の体育館ないし学校に避難するか、それとも親戚などに身を寄せるのかと、避難先を自己申告した。また村民には、避難に先立ち、3日分の必要品を携えるようにという指示も与えられた。こうして、事故から5日目の10月9日の朝7時半に、アイカ行きのバスが出発した。

アイカ市は事故を起こしたハンガリーアルミ社の企業城下町であり、決壊した赤泥溜池を挟んで、コロンタール村の反対側に位置する。

❺避難用バス（フックス家の写真集より）

　中央防災総局はアイカ・ヴォラーン交通のバスを避難用に手配し、広い体育館には300台ほどのベッドを用意した。この体育館には入浴や食事面の配慮だけでなく、衛生や心理面の専門家も配置された。しかし実際に避難施設を利用したのは48名だけだった。食事の無料配給を利用したのも100名程度だった。つまり、コロンタール村民の大半は家屋に被害が出て住めなくなった場合でも、また、避難指示で村を離れた避難者でも、近隣地域に住む親戚ないし知人や友人の家に避難先を見つけたのである。しかも体育館に避難した人々も、長期に留まる場合は少なく、ほとんどが早晩、親戚や知人・友人のもとへと移り住んでいった。

　突発的な広域災害が生じた時に、ハンガリーでまず防災当局が緊急に準備したのは、日本と同様に、学校や体育館などの公共施設の確保、寝具、食事である。同時に心理学の専門家もすぐに避難所に配置された。日本でも被災者に対する心のケアは浸透しつつあるが、避難所に心理的ケアの専門家をこれほど即時に配する体制はまだ整っていない。また日本と大きく異なるのは、ハンガリーでは避難者が、公共施設への避難をできるだけ避け、少数の例外を除いて、ほとんどが近親者のところへ身を寄せたことである。国民性や災害の規模など、いろいろな要因が考えられるが、ハンガリーの場合は、地方社会に親密な人間関係が今も強く残っていることが背景にある。

オルバーン首相の臨時国際記者会見

　ともあれコロンタール村の住民が、親戚宅やアイカ市の避難所に移動を終えたこ

❻デヴェチェル市中心街も被災した　❼デヴェチェル市の被災地区

ろ、オルバーン首相はアイカ市の消防署で、臨時の国際記者会見を開いた。会見でオルバーン首相は記者団に、最悪の事態を想定して、コロンタールは全村避難にしたこと、またデヴェチェル市は擁壁の再決壊に備えて、避難準備態勢に入ったことを伝えた。

　オルバーン首相は以上に加えて、事故原因の究明を速やかに行なうと改めて言明した。実際、中央検察庁がすでに大がかりな捜査を始めていた。オルバーン首相は「こうした事故の原因究明は、従来ならうやむやにされるのが常だったが、今回は違う」と述べた。[*6]

　再決壊の恐れで全村避難となったコロンタール村では、防犯のために、そして村に残された家畜や番犬などを世話するために、村民が自主的に見回り隊を結成し、5名ずつで1日2回の巡視を始めた。

避難準備態勢に置かれたデヴェチェル市

　他方、避難準備態勢下に置かれたデヴェチェル市では、国防軍から319名の兵士と127台の輸送車両が配備され、さらに5両の鉄道車両も配置された。こうして、避難指示が出れば、1時間以内で全市の避難が可能な態勢が整った。言わば、臨戦態勢である。

　デヴェチェル市の人口は当時5466名だった。全面避難となった場合に、これだけの人口をどこに移すべきなのか。デヴェチェル市が属するヴェスプレーム県の県都

❽除染作業員の列と市民　❾除染地区を交通規制する警察官
（いずれもデヴェチェル市内）

　ヴェスプレーム市は、事故現場から30キロほどのところに位置する。ヴェスプレーム市は人口6万余りで、一度に5000人を越える避難者を受け入れる能力はない。このため北に100キロほど離れたジェール市が、避難先に指定された。ジェールは人口13万人で、ヴェスプレーム県北隣のジェール県の県庁所在地である。それと同時に、ジェールは西部ハンガリー最大の都市でもある。またジェール市は、赤泥が流れ込んだマルツァル川がドナウ川と合流する地点に位置するという地理的な意味あいでも、事故とのつながりがあった。10月9日前後はちょうど赤泥がジェール市近くまで到達しており、ジェール市民にとっても赤泥流出事故は眼前の出来事となっていた。このためジェール市民の間にも緊張が走った。結果的に、ジェール市の瀬戸際にまで到達していた赤泥は、懸命の中和作業によってpH値が正常に戻った。

　避難準備が発令されたデヴェチェル市では上の写真にあるように、汚染地区の中和作業を進める一方で、市民に対して、再度の赤泥溜池決壊に備えるように指示が出されていた。避難先は政府が用意したジェール市でもよいし、親戚などへの避難も可能であると告げられた。そのうえで、全市民に次の指示が出された。

「・テレビやラジオ、及び街頭放送などで伝えられる情報に注意すること。
　・固定電話は救急用の回線を開けておくために、緊急以外に使わないこと。
　・避難の場合は家族が一緒に行動すること。
　・学校や保育園にいる生徒や園児は、施設関係者が責任をもって、避難集合

場所に送り届け、生徒や園児の名簿を避難集合場所に提出すること。
・各家庭で必需品を入れた防災バック（両手が自由になる背嚢式か肩掛式、中身は註を参照）を一人に一つずつ用意すること。
・避難時には水、ガス、電気を止めること。
・窓を閉め、玄関は施錠すること。
・暖炉などの火元を消すこと。
・指示された集合場所には決められた経路で、できるだけ徒歩で集まること。
・移動は助け合えるように、集団的に行なうこと。
・噂に惑わされないこと、また噂を広めないこと。
・子ども、年配者、病人には特に注意を払うこと。集合場所では障害者の届けを出すこと。障害者は救急車で移送される。決して置き去りにしてはならない。
・家財を守ろうとして危険を冒かさないこと。残された不動産や家財の保全は警察、市民防衛団、見回り隊が行なう。

註：避難バッグ：必需品を入れた持ち運び可能な軽量のバッグ。最大20キロまでで、持ち主の氏名を見やすいところに明記のこと。
　広報により避難の指示があった場合は、3～6時間以内に自宅を離れ、上記の指針に従い、水（夏の場合は1人1リットル）と常用している薬だけを入れた避難バッグを持って避難すること。避難バッグには、乳児がいる場合は牛乳1本ないし粉ミルクを、幼児がいる場合は、お気に入りの玩具一つ（お守り＝縫いぐるみ、遊具、本など）を携帯可。

避難が数日間に及ぶ場合は、以下のものも避難バッグに入れること。
・身分証明書、貴金属、現金、クレジットカード
・非常食
・1人当たり1リットル以上の水
・季節に応じた衣服とシーツ
・洗面用具

❿飲料水への赤泥の影響が心配され、給水車が配備された。被災地区では、赤泥を除去し、その後にアルカリを中和する薬品が散布された。⓫事故後10日ほどが経ったころだが、中庭にまだ大量の赤泥が残っている。

- 常用薬、救急用品
- 毛布（もしあれば寝袋やマット）
- 携帯ラジオ（もしあれば）
- 子どものお気に入りの玩具や本（子どもを落ち着かせる目的で）」

　1週間後の10月15日にはデヴェチェル市に発令されていた避難準備指示も解除され、ジェールへの避難は実行されなかった。こうしてデヴェチェル市の場合は幸いなことに、全市避難は準備だけでおわった。しかし、事前に周到な指示が住民に徹底されていたので、デヴェチェル市民は万が一の場合に備えることができた。

　市民が避難準備を進めている一方で、軍が赤泥の中和・除去作業に動員され、多数のボランティアも加わって、集落内での赤泥撤去作業が急ピッチで進められていた。次頁の写真⓬にあるように、作業従事者はボランティアも含めて、防護服に防護マスクという物々しいいでたちだった。作業ボランティアだけでなく、宗教関係の支援団体が、救援物資を被災者に直接届ける活動を展開した。

　国、県、自治体、ボランティアが一体となった懸命の赤泥撤去作業の結果、およそ1カ月で、被災地集落内に限ってではあるが、赤泥の撤去と中和作業は終了した。

⓬被災者救援物資の配給。カトリックの支援ボランティア団体ハンガリーカリタス会が直接被災者に手渡している。⓭建物の入り口に掲げた標識には「ハンガリーカリタス会：災害支援活動中」と記されている。

危機的な状況から脱する

　いっぽう全村で避難していたコロンタール村民も、防護壁が完成して赤泥の流出が収まったと判断されたため、避難指示は1週間で解除された。同じころにデヴェチェル市の避難準備も解かれた。このように避難生活を体験した人びと、あるいは避難準備を続けた人びとは、臨戦態勢に置かれていた。実際は住宅に被害がなかった住民も含めて、地域全体で災害を共有したのである。

　避難指示が解除されても周囲の700ヘクタールを越す農地や森林が一面に赤泥で被われていた。総量で40万立方メートルと推測される残留赤泥を中和し、除去する作業が残った。赤泥の撤去作業が完了するまでの半年間、赤泥の乾燥に伴う有害物質の飛沫化が問題視された。ハンガリー衛生局及び世界保健機構は、飛沫化した赤泥粉塵を吸うと呼吸器に健康被害を起こす恐れがあると警告し、住民にマスクの着用を重ねて促した。[*7]被災地に臨時の大気観測点が設けられ、逐次、インターネット上で観測結果が公表された。[*8]

　汚染地域全体で赤泥の飛沫化が進行すれば、付近の住民1万人、とりわけ児童の健康が危険にさらされる。被災地の主任医務官などによると、粉塵は0.01ミリ前後の大きさで、これを防ぐには高品質のマスクが必要であり、しかもマスクは使い捨てにしなければならない。[*9]つまり飛沫化が収束するまでの数か月間、最低でも毎日1個のマスクが1万人に対して必要となった。これには日本も含めて、世界中の

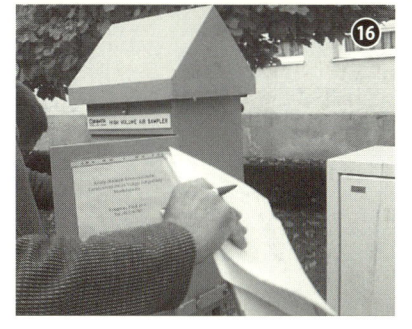

❶❹農地も広範に汚染された。　❶❺遠景はショムロー山　❶❻デヴェチェル市内の大気観測計　❶❼決壊した赤泥溜池から舞い上がるガス（2012年3月撮影）

民間団体などから緊急支援が行なわれた。被災地と世界がつながっていることを人びとは実感した。

　全体としてみると、農地の赤泥除去や復興住宅の建設も含めて、1年足らずでハンガリーは危機的な状況から脱した。政府と社会、そして被災地が一体となって復旧に努めた結果だった。

　しかし、老朽化した赤泥溜池がすぐ隣に存在するという現実は今も変わらない。擁壁に監視員もなく放置され、誰でも自由に近づけるという事故前のようなずさんな管理ではなくなった。しかし、擁壁が老朽化しているという事実に変わりはない。また事故後も天候によっては、写真❶❼のように、有害物質を含むガスや煙が赤泥溜池から巻き上がり、大気の汚染源となっている。

⓳デヴェチェル市役所に置かれた現地対策本部事務室

2 首相演説と救済基金

オルバーン首相の「生活の再建」原則提示

　すでに見たように、オルバーン首相が「生活の再建」原則を提示したのは、赤泥擁壁の再決壊もありうるという緊迫した情勢下においてであった。

　赤泥事故が起きた2010年は春に総選挙があり、オルバーン率いるフィデス党が8年ぶりに政権に返り咲いていた。2010年は大雨の年でもあった。このために新政権は、就任早々から洪水被害への対応で追われた。秋になって、洪水後の復興対策がやっと一段落したという矢先に、この赤泥事故が起きたのである。

　オルバーン首相は10月7日に被災地を訪問すると、まず住民に対して「生活の再建に向けた支援」を約束した。ついで復興のために救済基金を設立すると宣言した。[*10] まだ事故から3日目であり、先に触れたように、事故処理のめどさえ立っていなかった時である。被災地は赤泥で汚れたがれきの中にあり、行方不明者を捜索していた時であった。

　緊急を迫られる対策だけでも、問題は山積だった。決壊した擁壁をどう修復するのか。赤泥が再び溜池から流出した場合の対策はどうするのか。また擁壁の別の個所が崩れるかもしれないという、破滅的な状況さえ危惧された。加えて、赤泥の気化ガスによる健康被害をどう防ぐのか。住民の避難をどこまで広げるのか、など、現地対策本部は緊急対応で張りつめた空気の中にあった。おまけにマスメディアは、赤泥が放射性核種を含んでいるかもしれない、という情報を流していた。

❶オルバーン首相の事故直後の現地視察（2010年10月）
http://hvg.hu/itthon/20101126_iszapomles_elso_adasveteli_szerzodesek (2013.09.15).

　そうしたなかでオルバーン首相は、赤泥溜池から一番近い、多くの死者や負傷者をだしたコロンタール村に赴いた。村では、全村避難するかどうかが最大の争点となっていた。しかし現地で開催された住民集会で、オルバーン首相が最初に訴えたのは次のことだった。[*11]
　「被災した住宅に住み続けるのは不可能です。村の中に新開地を作り、新しい集落をつくる必要があるでしょう。被災した地区は全体として、記念公園にした方がよいかもしれません」と。
　更にこう続けた。
　「被災者ひとりひとりの、要望を知ることが最も大事です。被災した地に留まって、住み続けたいのか。それとも、被災した場所にはもう住みたくないのか。どちらを選ぶのかということです。いまの場所に住み続けたくない場合には、移転先を村内に見つけるのか、それとも村には残らないのか、どちらにするのかを考えることが必要です。村を出ていく場合には、移住先で新しい生活を始められるよう支援することが大切です。なんと言っても、この事故はハンガリー史上、類のない大災害なのですから」[*12]（中央防災総局広報）。
　オルバーン首相は事故現場を見た瞬間に、被災家屋の損害が激しく、修繕や現地での建て替えによる復興は無理だと判断した。このため、被災地区をまるごと集

2　首相演説と救済基金　　117

団的に移住させる新集落の建設を口にした。それと同時に、どこへ、どのように移転するかについては、個別的な事情と要望を尊重する、という方針をも付け加えた。[*13]さらにこの同じ日に、内外から寄せられた義捐金をもとに、復興のための被災者救済基金を創設することも約束した。

この時のオルバーン首相の脳裏に、どこまで具体的な復興住宅案が形成されていたのかはわからない。しかし、全村避難するかどうかという緊急対策でみんなの頭がいっぱいだった時に、オルバーン首相はその先にある復旧、復興のことを考えていた。

大きく分かれるオルバーン首相の評価

政治家としてのオルバーンの評価は、ハンガリー人の間で大きく分かれる。独断専行だとする批判的な見方と、ハンガリー国民の利益をよく代表しているとする肯定的な見方が拮抗している。それでもおおむね一致するのが、オルバーンには、一歩先を読んで、それを言葉にして発言する力があるという評価である。

今をさかのぼること四半世紀まえの1988年3月、共産党政権がまだ表面上は安泰に見えた時期である。もちろん共産党以外の政党の存在は認められていなかった。当時、ブダペシュトで学生生活を送っていたオルバーンは、学生仲間とともに政党「青年民主連盟（フィデス党と通称）」を結成した。これがハンガリーにおける民主化運動で最初の野党であり、以後、続々と新政党が名乗りを上げた。これ以来25年にわたって、オルバーンは一貫してフィデス党の先頭に立ち続けている。フィデス党は若者が作った政党だったこともあり、結成当初の指導部の顔触れは今もあまり変わっていない。中でも、オルバーンの存在感は突出している。

今回の事故対応でも、結果から見ると、復興住宅はもちろんのこと、被災地跡の記念公園建設も含めて、オルバーンの10月7日演説はそのまま実現したことになる。

承認された復興住宅原則

事故から約1週間後の10月12日、政府は臨時閣議を、現地対策本部の置かれたデヴェチェル市文化会館で開催した。

この臨時閣議でオルバーン首相の復興住宅原則が正式に承認され、公表され

❷⓪現地での実質的な対策本部となったデヴェチェル市庁舎入口。被災直後のため、関係者が防護服で行き交い、緊急連絡が、所狭しと扉に貼られている。

た。その内容は以下の通りだった。

「（オルバーン首相は）改めて被災住民の損害を緩和するための諸原則を明示した。すなわち、新規住宅の建設、同じ自治体内での中古住宅への移転、そして他の自治体での中古住宅への移転である。また、政府は県の人材を動員して、6名からなる再建案作成作業班を設置し、復興に向けた課題の設定、住民の要望の調査などを命じた。こうして翌日から内務省の専門家による被害規模の調査が開始した。また、10月12日から10月18日まで、被災者の復興に関する要望を、予備的に聞き取る調査も行なわれた。その結果、デヴェチェル市での調査対象270世帯のうち、70世帯が新築住宅を希望した。また、50世帯が市内での中古住宅移転を、70世帯が他の自治体での中古住宅移転を希望した。金銭での補償を求めたのが47世帯あった。新築か中古かは未定のままに市内での継続的居住を希望した者が23世帯あった。その他の希望が5世帯だった」。[*14]

最終的にこの数は新築希望が89世帯、中古住宅希望が119世帯、そして金銭補償が62世帯となった。

コロンタール村でも、53世帯の調査が行われたが、ここでは当初から村内での新築希望や被災住宅の修復希望が多く、それぞれ新築希望の23世帯と修復希望の15世帯だった。村外での中古住宅購入希望は9世帯、金銭補償の希望が6世帯であった。最終的には、修繕となった場合を除いて、新築希望が21世帯、村外での中古住宅購入が9世帯、そして金銭補償を求めたのが10世帯となった。したがって、コロンタール村はデヴェチェル市に比べて、はじめから村内での集団移

住を希望する者の割合が多く、実際上もそのような結果となった。

　村ごとの違いはあれ、予備調査の結果によって、政府の復興方針が被災した住民の要望を満足させうるものであることが確認され、復興予算の算定も始まった。

救済基金令の発布

　被災直後の政府による復興政策案の提示と住民の意見聴取をうけて、10月21日に、「ハンガリー救済基金について」と名づけられた政令（以下、救済基金令）が発布された。[*15]

　救済基金令の概要は次のとおりである。

　　政府は憲法第35条第2項に定められた立法権限に基づき、また同1項i文に定められた活動範囲に則り、以下を定める。

第1条　2010年10月4日にアイカ地方で起きた赤泥流出事故は、非常事態を引き起こし、ハンガリーの生態系に史上最悪の災害をもたらした。この災害の被災者に対して国内外から広範に連帯が表明され、支援が寄せられた。ハンガリー政府はこうした支援に応えるため、「ハンガリー救済基金」を設立した。基金の歳入、活動、そして救済活動は本政令の定めるところによって律せられる。

第2条（基金）
　　第1項　本基金は法人格を有する
　　第2項　基金の本部はヴェスプレーム県庁舎内に置かれる。
　　第3項及び第4項　（略）

第3条　第1項　基金の最高意思決定組織は救済委員会である
　　　　第2項　委員会の構成員は以下のとおりである。
　　　　　a) 委員会委員長はヴェスプレーム県防護委員会委員長が務める。
　　　　　b) ヴェスプレーム県議会主席書記
　　　　　c) 内務大臣が任命する防災局の職員
　　　　　d) コロンタール、デヴェチェル、ショムローヴァーシャールヘイの各自治体首長

　　　　第3項　委員長はヴェスプレーム県国会議員小選挙区第1区選出の国
　　　　　　　会議員に救済委員会への参加を要請し、要請が受諾された場
　　　　　　　合、その国会議員は救済委員会の正規の構成員となる。
　　　　第4項　委員会は5名以上の出席で成立し、議事は過半数で決する。
　　　　第5項　（略）
　　　　第6項　委員会の出席は本人によるものとし、代理は認められない。
　　　　第7項　副委員長を互選で選出する。
　　　　第8項　委員としての活動は無報酬で、経費も支給されない。
第4条　基金は救済委員長によって代表される。
第5条　第1項　基金の財源は以下のとおりである。
　　　　　　a) 国内外の個人及び法人、あるいは法人格を持たない組織から寄せ
　　　　　　　られた自発的な振込、及び義捐金
　　　　　　b) 他国及び国際組織からの支援
　　　　第2項、第3項、第4項　（略）
第6条　資金の使途、救援の形態と金額は委員会が決する。
第7条　監査委員会の設置（詳細は略）
第8条　基金事務はヴェスプレーム県防護委員会事務局が行なう。（詳細は略）
第9条　基金の資金は以下の目的に使用することができる。
　　　　　　a) 被災者の生活の基本的条件を整える。ただし、被災前の現状に従
　　　　　　　うものとする。その中には可能な限りにおいてではあるが、家財道
　　　　　　　具類の補償も含まれる。
　　　　　　b) 第a項による補償とは別に、
　　　　　　ba) 被災者の臨時収容先、生活必要物資の確保
　　　　　　bb) 災害の影響による健康被害の予防対策
　　　　　　bc) 災害によって被害を受けた公共施設や公道の復旧
　　　　　　bd) 災害によって影響を受けた地域の再活性化
第10条　第1項　基金からの支援を請求できるのは被災したコロンタール、デヴ
　　　　　　　ェチェル、ショムローヴァーシャールヘイの各自治体である。[*16]
　　　　第2項　第9条第a項に定められた目的に対して基金が支援を実行す

るのは、各自治体が被災緩和の方法、被災緩和の申請条件、及び被災緩和の手続について条例を定めた時に限る。

　　　第3項　支援額が保険金、加害者からの損害賠償、あるいはその他の義捐金によって賄いうる見込みがあるときは、返還義務を明記したうえで、基金から各自治体に支援を実施しなければならない。

　　　第4項　基金の資金は第9条に定められた事項にのみ支出できる。基金の活動、事務経費、調査費、人件費などの経費には、部分的にせよ、充当してはならない。

第11条　（略）

第12条　委員会は基金の会計をホームページなどで常に公示する義務を有する（詳細は略）

第13条　（略）

第14条　基金は2012年12月31日をもって解散する。（詳細は略）

第15条　基金の監督官庁は政府監督庁とする。

第16条　本政令は発令の日から効力を有する。

　救済基金は、国際的に大きな反響を呼んだ赤泥事故からの復興に際して、国内外から寄せられた様々な義捐金の受け皿として作られた公益の組織である。このため、義捐金の使途に透明性をもたせることが、何にもまして重要だとされ、条文にもその点が明確に盛り込まれた。全国、そして全世界から寄せられた義捐金をどう配分するのか、基金の運営と収支において公明正大であることが必要だった。このため、救済基金令は第9条で使途を限定したうえ、再度、念を押すかのように、第10条第4項において、「基金の資金は第9条に定められた事項にのみ支出できる。基金の活動、事務経費、調査費、人件費などの経費には、部分的にせよ、充当してはならない」と記し、厳しく流用を禁じた。

　事務経費も調査費も、更には人件費や活動費も認めないということは、非常に厳しい条件である。さらに、第3条第8項は、「委員としての活動は無報酬で、経費も支給されない」と規定している。これも、救済基金の透明性を補強する重要な規定である。救済委員会は各被災自治体から提案される事業案件を審議し、自治体に

支援金を支給することだけに専念せよ、というのが救済基金令の意図するところだった。実際にも前章で見たように、救済委員会は自治体が提示した助成案件の審議に専念した。政令の趣旨は確かに遵守され、救済委員会が自治体における復興事業案の策定や実施に介入することはなかった。唯一の例外がソロス基金による「確かな始まり」の設置だった。

そうした例外的事例を含めて、基金の運営を担う救済委員会の活動と助成対象案件はネット上で公開され、いつ、だれに、どのような、そしてどの程度の支援が行なわれたかが、逐次明らかにされた。公開と透明性の原則も、厳格に遵守された。[*17]

では、救済基金令の本旨である被災者救済に関する原則はどのようであったのか。それは、第9条及び第10条に明記された。まず、第9条第a項は「被災者の生活の基本的条件を整える」ことを掲げている。つまり被災者支援の目的が金銭補償ではなく、「生活の基本的条件」を再建することにあることが謳われたのである。そして再建される「生活の基本的条件」とは「被災前の現状」であるとされた。また「生活の基本的条件」のなかには、「家財道具類」も含まれるとした。ただし、その限度は「被災前の現状に従う」のではなく、「可能な限りにおいて」であるとされた。

上記以外に救済基金令が認めた支援の対象は2項目あり、それも第9条によって明記された。1つは第9条ba)とbb)に記された被災者個人に対する緊急支援である。これに対して、第9条bc)とbd)は被災者個人向けではなく、被災地域に対する復旧・復興支援である。このうち、bc)は直接的な被害を受けた施設などの復旧を名目とする被災地域への支援である。これは直接的な被害を対象としているので、分かりやすい。他方、bd)項の「災害によって影響を受けた地域の再活性化」は、やや抽象的な規定になっている。bc)項が復旧だったのに対し、「地域の再活性化」は、助成対象を広義に解釈できる条項である。実際にも、前章で見たように、救済委員会レベルでの運用により柔軟に解釈された。さらに政令が規定していない事項に対しても、救済委員会の判断で助成が可能とされた実例も前章で見た。

以上のように、救済基金令は被災者個人の救済だけでなく、被災地域の復興も支援の対象としていたことが確認できる。しかし、全体として見れば、救済基金令

2　首相演説と救済基金

制定時において基本的な救済対象とされたのは、被災者個人のほうだった。被災者が救済事業の主たる対象にすえられており、「地域全体が被災した」という考え方は必ずしも明確ではない。地域は、政令の条文上、あくまで二次的な助成対象だった。

しかし第2章で指摘したように、救済基金令の主たる支援事業対象は、時間がたってからは、被災者個人から被災地域ないし被災自治体へと変更される。この変更が重要な意味を持ったことは前章で指摘した。

もっとも、救済基金令は当初から救済事業案件の申請主体を個人ではなく、自治体としていた。この点は興味深い。申請主体として被災者個人を認めることもありえたはずだが、自治体だけが申請主体となったのである。第10条第1項が明確に、「基金からの支援を請求できるのは被災したコロンタール、デヴェチェル、ショムローヴァーシャールヘイの各自治体である」と規定しているのである。この規定は、支援の中身は被災自治体に事実上、委ねるという方針を示すものだった。この意味で、「自治体による支援申請」は「被災者の生活再建」及び「地域復興支援」と並ぶ救済事業の第三原則だった。結果的に救済策の中身について変更が生じたときも、第三原則が存在したことにより、救済基金の事業はあくまで被災者個人ではなく地域が主体で行なうことが可能となった。

3　被災自治体と復興令

救済基金令の見直し

以上のように、救済基金令の三原則、ないし透明性原則を加えた四原則は、復興事業のあり方を方向づけるものであり、極めて重要だった。しかし、救済事業の具体的な中身は救済基金令に盛り込まれなかった。このため被災者や被災地域の住民にとって、現実に何がどこまで支援されるのか、また、さしあたっての緊急救済策がどうなるのかは、必ずしも明瞭ではなかった。このため被災地では、避難生活がいつまで続くのか、そもそも政府による復興という約束は実現するのか等々、先々への不安の声が上がった。そればかりでなく、救済対象に係わる方針に対しても、被災地から種々の見直しの要望が出されるようになった。

被災地では住民集会が頻繁に開催されるようになっていた。赤泥事故からの復旧と復興を議論する住民集会では、住民の率直な意見表明がなされた。つまり政府方針や自治体政策を、上から住民へ伝達する一方的な集会ではなかったのである。しかも当初、政府と自治体と被災者の間には、必ずしも十分な意思の疎通があったわけではなく、それだけに住民集会が重要な意見調整の場となった。

　たとえば政府側の認識によれば、救済基金令が発布された当初には、デヴェチェル市において市長の方針と助役の方針が不統一だったため、「自治体自身が矛盾した情報や誤解に基づく情報を住民に流した」[18]。このため、被災者は自治体に要望を提出するのではなく、個別に政府の窓口に提出する事態がしばしば生じた、というのである。他方、デヴェチェル市長によれば、確かに当初において混乱はあったが、それは中央政府の指針と住民の間の齟齬であり、市はその中間に入って調整役を務めたという認識だった[19]。

　政府は事故からわずか10日ほどで、政府主導の被災者救済原則を定め、さらに2週間あまりで救済基金令を発布するなど、その対応は迅速だった。しかし、被災者の立場から救済基金令を見ると、具体性に乏しかった。10月7日のオルバーン首相発言では、自治体内での集団移転や自治体外への個別移転という具体的な選択肢にまで踏み込んだ内容が示されている。これに比べると、救済基金令は抽象的な表現にとどまり、政府の姿勢が一歩後退したかのように、被災者には見えた。すなわち、具体的に何をもって被災前と同じ程度の「生活の基本的条件」とするのかが、必ずしも明確でなかった。救済基金令は「生活の基本的条件」に動産を含めることは明記したが、住宅については何も言及していない。

　このため、被災地では政府が本当に復興住宅や代替住宅を補償してくれるのかと、不信や不安の声が上がった。こうした中で、10月25日にデヴェチェル市で開催された住民集会の席上、市長はまず、次のように被災者の声を代弁した[20]。

　「被災者は、生活可能な環境がはたして整うのかどうかわからないという心理状態で、将来が左右される決定を待たなければならない。このため、35世帯が金銭補償を求めてきている。被災者は被害の完全な賠償を待っている。無条件の賠償である」。

　市長はさらに続けた。

「地場産業も瞬時に崩壊し、雇用機会もなくなった。赤泥の被害にあわなかった家屋も資産価値を失ったため、新しい長期政策が必要となった。国際的な専門家の意見やEUプログラムを取り入れて、経済の再出発を図らなければならない」。

つまり、デヴェチェル市長は、政府の復興住宅案が具体性に欠けることを指摘し、当てにならない復興住宅よりも、現実的な金銭的賠償を求める声が上がっていると指摘したのである。さらに重要なことは、救済基金令の原則にかかわる見直しを求めている点である。すなわち、救済基金令では直接被災した個人の財産しか補償の対象に含めなかったが、デヴェチェル市長は、それでは不十分だと述べた。個々の住民が被災しただけでなく、地域全体としても大きな損失を被ったのであり、直接的な被害者だけでなく、それ以外の住民への配慮が必要であると主張したのである。さらに国際的な専門家の意見やEUからの支援にも言及することで、ハンガリー政府に対する牽制とも受け取れる態度を示した。

政府の再建調整センター

被災地から救済基金令に対して示された不満や不信に対して、政府は対応を迫られた。このため政府はまず再建調整センターを設置し、被災額の確定と復興に必要な予算の算定を急いだ。その一方で地元自治体と協力して、被災状況の詳しい調査を実施した。これを基に各自治体は、被災家屋のうち取り壊しの対象となる家を確定させた。さらに各自治体は民間の損害査定会社に委託して、世帯ごとの被害総額の本格的な査定を行なった。これに合わせて内務省は、被災住民に法律の専門家を介して被災申請書を提出させる作業を開始した。中央防災総局に対しては、全国の中古住宅物件について情報を集めるよう指示した。デヴェチェル市では113の物件情報が集まり、そのうち60%が必要な条件を満たしていることがわかった。

以上の準備段階を踏まえて、11月4日に再建調整センターは4つの作業班、すなわち作戦指揮班、法支援班、再建支援班、後方支援班をセンター内に設置した。そして復興事業終了のめどを、非常事態令解除日に指定された2011年6月30日と定めた。救済基金令が復興事業の完了期限を明示していなかったのに比べると、これは大きな前進だった。もっとも、救済基金令も基金の存続期限を2012年末と定めていたわけで、政府としては、最長2年間で復興事業を完了するつもりで

はあった。それが1年以上も早い、2011年6月末に繰り上げられたのである。これは大きな決断だった。

　政府が復興事業の完成時期を大幅に前倒ししたのは、復興予算の確保に見通しが立ったことに関係していると思われる。上記のような政府内部や現地との調整を行なうなかで、政府は救済基金令を補完して、実質的に大幅修正する復興令を11月4日に発布した。

復興令の発布

　復興令は正式には、1221／2010号政令「2010年10月6日に発令した非常事態において生じた被害の緩和及び復興について」である[*21]。政府は復興令によって、救済基金令が具体策を提示していない住宅問題の解決を図ろうとした。政府はこの復興令で、赤泥事故復興予算を2011年度予算に計上することを謳い、各省庁に具体的な政策課題を提示した。つまり、義捐金によって復興住宅問題に対処するのではなく、復興住宅に国家予算を投入することを決定したのである。

　復興令の概要は以下のとおりである（但し、「」を付した部分以外は要約である）。

1)　内務省に対する指示
　　a)　被災家屋の調査及び住居を失った家族の避難先の確保。
　　b)　被災自治体内での復興住宅建設の可能性の有無。
　　c)　被災者救援に関する慈善団体との協議。
　　d)　防災関連の法令に基づく予算の確保。
2)　関係自治体に対する要請：復興住宅用地の確保。
3)-4)　国土省、地方振興省、国家資源省に対し、交通インフラの損害状況調査、災害復旧課題の策定、畜産・飼料の被害と現物支援策、汚染土壌調査と代替地の検討を要請する。
5)　被災自治体（デヴェチェル、コロンタール、ショムローヴァーシャールヘイ）の防災・復旧予算の不足額は救済基金から拠出する。
6)　「赤泥により被災した居住地域の損害に対する支援は、加害者の責任問題と切り離して行なう。支援の形態は新規個人所有住宅の建設、被災住宅の修

復、中古住宅の購入のいずれかである。」
7) 公的資金の会計を公開し、透明性を確保する。情報の公開を行なう。
8) 復興住宅関連の公共事業により雇用を創出する支援を行なう（経済省）。
9) 義捐金会計の公開性、民間団体との連携を促進する市民人権調整センターの設立を行なう（内務省）。
10) 復興事業を2011年6月30日までに完了する、
11) 復旧・復興関連予算の決算書を2011年11月30日までに作成する。
12) EU財源の見直しによる損害救済財源の掘り起こしを行なう。
13) 復興住宅取得に係わる税の免除。
14) 復興事業とハンガリーアルミ社の監督を担当する政府委員の権限と義務
15) 加害者との関係
    a) 「この政令で供与される支援は加害者の責任を代替するものではない。被災者の基礎的居住条件に対する可及的すみやかな整備のみを目的とする」
    b-c) 加害者であるハンガリーアルミ社への賠償請求のため、法務省は必要な措置をとる。
16) 被災自治体は義捐金の使途を公開し、完全な透明性を確保する。
17) 被災自治体の首長及び少数者自治体の議員は、被害規模の査定、復興、住民への情報提供に協力すること。[*22]

以上が、復興令の概要である。

　救済基金令と比較すると、まず共通点として、救済事業内容の透明性を繰り返し強調している点が目を引く。第2章で見たように、救済基金による支援は透明性を厳格に順守していた。透明性の確保が、政府として最優先の原則であったことを確認できる。

　他方、EU予算の掘り起こしについては、救済基金令では全く言及されていなかった。現実には、第2章で見たように「新セーチェーニ計画」というEU財源に基づく公的復興事業が数多く実施された。政府としても義捐金や自前の財源だけでは復興事業に限界が生じると認識していたことが、復興令からうかがわれる。

加害者の責任問題と被災者の救済とを切り離す条項

　救済基金令になく、復興令で明記されたもう一つの重要な点は、加害者との関係である。自然災害なら加害者は問題にならない。しかし今回の赤泥流出事故では、ハンガリーアルミ社が加害者であることは自明だった。それにもかかわらず第4章で詳しく見るように、ハンガリーアルミ社は赤泥が無害な物質であると主張し、加害者責任を否定した。このため被災者にとって、損害が誰によって、どの程度、そしていつまでに補償されるのか、全く見通しが立たなかった。通常なら、裁判で争わなければならないことは明らかであり、実際に刑事責任の追及が始まっていた。しかし、刑事裁判の判決や民事での賠償請求訴訟結果を待っていたのでは、被災者の早期救済は不可能である。これが「被災の緩和」政策の出発点でもあった。

　政府は既存の法的な枠組みにとらわれずに早期救済を実現するため、加害者の責任問題と被災者の救済とを切り離す条項を入れた。すなわち「この政令で供与される支援は加害者の責任を代替するものではない」と明言し、加害者の責任を追及することを条文に盛り込んだ。そして、「被災者の基礎的居住条件に対する可及的すみやかな整備のみを目的とする」という政令の趣旨を再度確認する一文も加えられた。

復興住宅の建設支援を打ち出した復興令

　肝心の支援策の内容であるが、救済基金令が具体性を欠いたのに対して、復興令は明確に復興住宅の建設支援を打ち出した。10月7日のオルバーン首相の演説からほぼひと月の時間を要して、被災者支援の具体策が復興令で示された。その基本方針は次のようにまとめることができる。

① 被災住宅の個別補償：政府が国家予算で被災者個人に対し、個人所有住宅の再建ないし補償を行なう。
② 不動産以外の被災者への補償：救済基金が民間団体と連携して実施する。
③ 被災者の緊急的救済：自治体の提案に基づき、救済基金が実施する。

以上である。

　先の救済基金令と大きく異なるのは、①である。すなわち、復興令は被災者への

住宅供与を、義捐金を主たる財源とする救済基金に任せるのではなく、国家事業として位置づけたのである。被災者がどのような選択肢を選ぶにせよ、住宅供与を全面的に支援するのであれば、救済基金だけでは予算的に不可能であるという現実に政府は直面した。この現実に対して、政府は被災者への住宅供与に全面的な国費の投与を決めたのである。これは救済基金令からの大きな転換だった。

他方、住宅供与の実務手続を救済基金経由で行なうのか、それとも政府が直接管轄するのか、どちらにするかは復興令の制定時点では、明瞭に決定されていない。さらに地域復興事業支援をどうするかという大きな問題についても、復興令は「被災自治体の防災・復旧予算の不足額は救済基金から拠出する」とだけ規定し、明確な指針を与えなかった。これらの問題については、後で再度取り上げる。

ともあれ、復興令は住宅支援を明文化した。そして、住宅復興支援の詳しい条件が復興令の付属文書で規定された。その中身は以下の通りだった。

「付属文書
1）支援に際しての遵守事項
① 復興住宅の床面積は被災前の住居の床面積以下であること
② 選択肢は次の三つのいずれかである[*23]
　a）被災自治体内の新居住区における新築家屋建設
　b）国内の自治体における中古住宅
　c）被災住宅の修繕に対する支援
③ ②の c)は修繕が妥当と認められた場合に限る、
④ 復興住宅（不動産）は被災者の個人資産となる、
⑤ 無償援助で得た資産の公開義務、他の補償を受けた場合の相当額返還義務、復興住宅（不動産）の 10 年間転売禁止。
⑥ 被災家屋の専門家による査定。
⑦ 復興住宅（不動産）支援は1人につき1軒に限る。居住用以外の不動産に支援は適用されない。」

住宅支援策の実施

復興令によって復興住宅支援策が明らかになったが、その後もデヴェチェル市で

は住民のあいだで政府にたいする批判が収まらなかった。デヴェチェル市の被災家屋数は291戸だった[24]。このうち取り壊し対象となったのは270戸である[25]。つまり、20世帯ほどが被災したにもかかわらず、被害が軽微であると判断され、全壊家屋指定から外された。また被災額の査定が低い、査定の内容が不透明である等の、不満も表明された。全壊家屋に該当した場合でも、復興住宅の10年間転売禁止条項は多くの被災者に不評だった[26]。

コロンタール村とショムローヴァーシャールヘイ村では政府の方針に対する不満の声は報告されていないが[27]、デヴェチェル市では政府不信が解消されず、復興令でかえって批判が強まった[28]。11月16日、デヴェチェル市の被災住民は政府に対して抗議行動を起こすことを決め、国道でのデモ行進を警察に申請した。しかし警察は非常事態令が敷かれていることを理由に、不許可とした。それでもデモ組織者はデモの敢行を呼びかけ、首相の被災地訪問を訴え続けた。

結局、デモは回避された[29]。11月19日に内相の談話として、「住民の物的損害は全て補償される」という声明が出され、不動産や農地の補償も政令に盛り込まれることになったため、住民の不満は一応収まった。

ただし、11月末に行われたデヴェチェル市での復興住宅に関する意見調査によると、村内での集団移転や中古住宅を選択する世帯が減少し、再査定を求める声が増えていた[30]。つまり、政府の査定結果に対する不信感や不満は解消されていなかったのである。デヴェチェル市長によれば政府による再度の査定額でも合意ができず、3回目の査定を行なった例もある[31]。

マスメディアでも被災地と政府の齟齬が取り上げられ、政府の復興姿勢に批判的な論調が強まっていた。例えば、『週刊世界経済』誌(2010年10月22日の記事)は以下のように述べている[32]。「状況は誰にとっても明るいというわけではない。デヴェチェル市の住民は予告していたデモを延期した。デモ実施が許可されなかったという事情もあるが、ともかく、延期した代わりに、オルバーン・ヴィクトル首相のデヴェチェル訪問を政府に求めた。そして、この件で政府が1週間以内に回答することも求めた。もし首相が現地を訪問すれば、当然のこととして、首相が以前に自ら表明したことの実施を求められるだろう」。

政府と被災者の間の緊張が高まる中で、11月26日に政府関係者を招いた住民

集会がデヴェチェル市で開催されることになった。いわば、住民が主導権を発揮して、直接的に首相と政府に回答を迫る場が設定されたのである。この意味で、11月26日の住民集会は自治体と住民の意見調整というより、住民と政府との間の交渉が眼目となった。

11月26日の住民集会に現れたのは、住民が求めたオルバーン首相ではなく、政府特使だった。政府特使は政府を代表する権限を持っており、政府としては首相の代わりがつとまる人物の派遣だった。政府特使を務めていたのは中央防災総局長官のバコンディ・ジェルジであり、被災地の実情に精通していた。したがって、首相は出席しなかったが、住民にとって信頼できる人物であり、実際もこの住民集会が大きな転機となって、政府への不信感や不満が解消へと向かっていった。

中央防災総局の説明によれば、11月26日におけるデヴェチェル文化会館での住民集会は驚くほど和やかな雰囲気だった。集会の最初にバコンディ・ジェルジ政府特使から、不動産購入支援補助の契約書がシュタドレル・ジェルジ夫妻に授与される儀式が執り行われた。この後に、集会に集まった住民は最も関心のある問題について細かい説明を受けた。バコンディ政府特使は、

「政府として完全な賠償を請けあうことはできない、なぜなら政府は非物権的な被害の補償はできないことになっているからである。被災の緩和をできる限り完全にするためには、被災者の協力が必要である。例えば、希望する選択肢をできる限り早く伝えてもらうことである。12月初めにはデヴェチェル市の住宅政策を刷新し、まず水道ガス電気などのインフラ整備を行ない、次いで2月には新しい住宅用地の造成を始める必要があるからである」と述べた。とりわけ政府特使は、全員の要望が明らかになって初めて計画が実行に移せることを強調した。

政府特使はさらに、2001年のベレグ洪水の例をひき、45の集落の再建に触れた。この再建には国の援助と義捐金が充てられたが、政府特使は、

「デヴェチェル市とコロンタール村でも同じことが可能である。もし被災者がベレグを見学すれば、決定を下しやすくなるのではないか」と述べた。

また政府特使補のトッラル・ティボル博士は、ハンガリーの家具製造連合会の提案に触れ、家具注文について専門家が助言してくれることを伝えた。自国産の家具を被災者が選択するのは重要なことであり、その場合は、利益抜きかそれに近い価

㉑写真㉒にある地方様式を取り入れたベレグ地方の復興住宅
㉒ベレグ地方様式の民家（ベレグ野外博物館）

格で提供されることを告げた。

　冒頭の一節に「驚くほど和やかな雰囲気だった」とあるのは、政府側の率直な安堵の気持ちを表明している。政府側出席者は、事前のデモ中止命令を受けて、住民集会が険悪な雰囲気になることを危惧していた。デヴェチェル市長もこの時期が一つの転機だったと回顧し、転換の理由のひとつとして、ベレグへの視察をあげる。実際に被災者たちは12月に、自治体が仕立てたバスに乗って、ベレグ地方の復興住宅を見学に行き、自分たち自身の復興住宅について具体的なイメージを持てるようになった。ベレグの先例はハンガリーの復興モデルを考えるうえで重要なため、第5章で改めて論じる。

　被災者だけに限らず、自治体の住民全体が、この時期に認識や態度を転換し始める。それは上記の11月26日の住民集会だけが転機ではない。転換の重要な背景には、地域としての復興事業政策が11月末に明確化したこともある。それについては5で見る。
*33

4　復興住宅建設の開始

住宅支援における3つの選択肢

　次頁の表は中央防災総局がまとめた自治体ごとの住宅支援の内容である。*34

　中央防災総局の専門家によると、3つの選択肢のどれを選んだかについて、以下のような傾向を指摘できるとのことである。

赤泥被災者の住宅補償一覧

成約時期	新築 K	新築 D	新築 S	中古 K	中古 D	中古 S	金銭 K	金銭 D	金銭 S
2011年1月	19	48	0	6	43	0	0	0	0
2月	2	31	0	2	42	0	3	15	0
3月	0	8	1	0	19	1	6	38	0
4月	0	2	0	1	8	0	1	3	0
5月	0	0	0	0	3	0	0	2	0
6月	0	0	0	0	0	0	0	2	0
7月	0	0	0	0	1	0	0	0	0
8月	0	0	0	0	1	0	0	0	0
9月	0	0	0	0	2	0	0	2	0
小計	21	89	1	9	119	1	10	62	0
合計	111			129			72		

K：コロンタール、D：デヴェチェル、S：ショムローヴァーシャールヘイ
改修棟数：コロンタール 12 戸、デヴェチェル 21 戸、ショムローヴァーシャールヘイ 20 戸

- 自宅の庭で小家畜（豚ないし家禽）を飼っていた世帯は、同じような家畜小屋のある中古住宅を購入する傾向があった。
- 若い世帯は新築住宅を選ぶか、金銭補償を選択する傾向があった。
- もともと住宅の売却を考えていた世帯は金銭補償を望んだ。
- 地域の再生は不可能だと考えた世帯は金銭補償で他所に移った。
- 地域で自営したり、事業を行なっていた者は地元に残った。被災した自営業者は 43 件あった。
- 被災家屋に複数世帯が住んでいた場合は、財産関係が不明瞭のことが多く、世帯ごとに分かれて、地元あるいは近隣自治体で中古住宅を買い求めることが多かった。これはデヴェチェルだけに該当し、その数は 9 世帯であり、上記の表には含まれていない。
- 上記の表に含まれない特殊な例として、敷地の補償だけを求めたケースが 1 件あった。

・以上の全てを合計すると、375件になる。

　コロンタール村に限ってみると、ティリ村長の話によれば、3つの選択肢のいずれを選んだかは、出身地と年代によって分かれたそうだ。コロンタール村では被災した世帯のうち、一家全員が犠牲になったのは4軒だった。村に残って村内に集団移転したのは21軒だったが、集団移転を選択したのは地元の出身者が多く、年齢層では、比較的高齢の世代が多かった。村から離れることを選択したのは、村外にいる子どものところに同居するためか、若い世代で、もともと他所から移って来た人が多かったとのことである。

復興住宅建設は本当に実現できるのか

　コロンタール村では、村内で集団移住する選択肢を選ぶ被災者が当初から多かった。他方、デヴェチェル市では復興住宅建設が本当に実現するのか、あるいは実現しても、信頼できるような住宅なのか、半信半疑の人が多かった。
　デヴェチェル市長や中央防災総局の関係者が証言するように、12月にベレグ地方に行って、被災者が直接に復興住宅の実例を見たことは大きな転機だった。これにより被災者は国家の復興住宅案を受け入れるようになった。また、住宅建設が先行しているコロンタール村の事例を、デヴェチェル市の被災者が実際に見て、最終的に政府の復興住宅を受け入れたという場合もある。いずれにしてもデヴェチェル市では2011年の2月に、多くの被災者が市内での集団移転を受け入れ、デヴェチェルの住宅建設が開始した。
　住宅設計の相談会は、先に見たレフマン家のイレーヌさんが回顧したごとく、きわめて丁寧なものだった。週末や午後の時間帯にボランティアで現地に来た建築家のもとを、各被災家庭が入れ替わり訪れ、外観の形状、内装、間取りなどを、通常の注文住宅のように、基本方針をたて、細部にいたるまでを決めていった。もちろん、バコニュ様式という基本設計と19種類のモデル設計の枠内ではあったが、第1章で見たように、かなり自由に間取りや内装を決めることができた。
　政府は被災者の意向をなるべく早く知り、2011年の1月にはすべての住宅建設を始めたかった。しかし、被災者にはそれぞれいろいろな考えや想いがあるので、足

並みをそろえるのは難しかった。何よりも、被災者が国の建設する住宅を安心して受け入れるために時間を要した。

　社会主義時代は20年以上前に終わっていたが、人々の脳裏にはいまも複雑な思いが残る。社会主義時代の福祉政策は良かったという反面で、日常生活に係わる製品の質について「社会主義的」と言えば、当時から画一的で、デザインが悪く、手抜きがあって長持ちしないというマイナスのイメージが強かった。多くの場合に、それが事実でもあった。そして「社会主義的」は国や政府というイメージと結びついており、今回も、国による新築住宅建設の話が出た時に、人々は国による施工や建設は信用できないとまず思った。とりわけ地方においてこの不信感は強い。

　先に第1章でコロンタール村のレフマン夫妻が、毎日住宅建設の工事現場に通い、その中でどう家を作るのか確かめ、やっと政府の約束を実感したという話を書いた。毎日現場に通ったのは、政府の約束を実感したいためだけでなく、社会主義時代からひきずった国や政府に対する不信感を払拭するためでもあったといえる。

　デヴェチェル市は、被災者の不安を払拭しようと、建設が始まってから、毎日写真を撮って被災者に報告したそうである。基礎の造りや、断熱工法も上質のものを使っているというような説明がなされた。また、建設単価は1平方メートル当たり23万フォリントであり、被災住宅の評価額が1平方メートルあたり平均して12万フォリントだったのに比べると、2倍近くになるという説明もなされた。[*35] こうした自治体による情報伝達の努力もあり、人々は復興住宅の価値が査定額以上になることを理解するようになった。

　デヴェチェル市長によれば、被災者の中には最後まで住民集会で国のやり方を批判し、政府の約束は信じられない、国が上質の住宅を提供することなどありえないと言って、金銭補償を要求し、補償金を受け取って町を出て行った者もいたそうだ。確かに、社会主義時代の公営住宅は即製の組み立て工法で、壁も薄かった。だから人々は自力で戸建ての家を建てようとしたのである。最初に見たフックス家の例にあるように、1970年代から1980年代にかけて、一戸建て住宅の建築ブームが起こった。これはハンガリーに限らない現象だった。この時期に社会主義諸国では消費生活が向上し、私的生活での個人主義が強まった。筆者が1970年代末にハンガリーに留学していたとき、友人の自宅建設を手伝った記憶がある。仕事を終えて

夜に家の建設現場に行き、照明をつけて、業者から購入したレンガをひとつひとつ手で積み上げたものである。友人が冗談半分に「我々はこうして社会主義を作っているのだ」と言ったことを鮮明に思い出す。それは生コンを家の基礎に流し込んでいた時の話である。その生コンは、通りを走っているコンクリートミキサー車を止め、運転手にお金を渡して直接「購入」したものである。生コンが注がれていくのを見ながら、「我々の社会主義」という言葉が友人の口から発せられ、その場に居合わせた一同は大笑いだった。筆者もつい笑ってしまったが、本来なら笑って済ませられる話ではない。なぜなら、「購入」とは名ばかりで、生コンの運転手からみれば、それは「横流し」だったからである。しかしそれが「現実の社会主義」だった。友人の説明では、生コンは個人では購入できないため、自力で家を建てるにはこれしか手に入れる道がないとのことだった。また、コンクリートミキサー車の運転手によれば、この程度の量なら、職場には何とでも言い訳が立つし、日常茶飯のことだという。運転手にとって、個人への「販売」は深夜の副業であり、罪悪感どころか市民の住宅建設を助けているといわんばかりの意識だった。

あれから40年近く経つ。いまも社会主義時代の住宅にまつわる思い出が、中高年のハンガリー人にとってのトラウマになって残っているように見える。それと同時に、今回の復興住宅建設はハンガリー人にとって、政府との新しい関係が生まれるきっかけになるとも考えることができよう。

5　地域復興支援政策の確定

地域復興支援はどうなったか

　救済基金令で補助的ながら第2の原則として掲げられた「地域復興支援」については、復興令の条文を読む限りほとんど触れられていない。しかし、忘れ去られていたわけではない。むしろ、先に見た10月末におけるデヴェチェル市長の発言にあったように、復興政策の基本に係わる問題だった。すなわち、被災したのは赤泥によって家を失った人たちだけはなく、地域の住民全体が被災者であるという地域的な被災の認識が、被災地の側から提起されていたのである。以下では、被災地の復興という視点から、復興政策に関する議論を見てゆく。

2010年11月末に、オルバーン首相は被災3自治体の首長を初めとする救済委員会の委員をブダペシュトの首相府に呼んだ。2つの懸案があった。第1は、被災者救済の中心である住宅問題の扱いについてである。この問題では、政府が国庫により代替住宅を確保するか、ないし相当額で金銭補償する、と既に確定していた。しかし数百億フォリントに上る住宅補償事業を、救済基金に委任するのか、それとも自治体に委任するのか、あるいは政府の直轄事業として行なうかで、合意形成が必要だった。もし政府の直轄事業になれば、住宅問題は自治体の関与を離れて、国と被災者の間で直接交渉されることになる。

　もう一つの協議事項は、地域復興政策支援を、どのような資金的枠組みで、誰が実施するのかという問題である。この問題については、具体像が全く決まっていなかった。[*36] 10月末にデヴェチェル市長がこの問題の重要性を指摘したにもかかわらず、11月初めの復興令では、個人の被災に係わる問題にだけ施策が集中した。そこで地域としての再生について、政府と被災地が話し合いを行なうことが不可欠だった。

　11月の中旬には、先に見たように、デヴェチェル市において、政府の復興政策に対する疑問や批判の声が強まり、マスメディアも政府の復興姿勢について批判的な論調を強めていた。被災した地元も、マスメディアも、11月26日のデヴェチェル市住民集会にオルバーン首相が現れるのかどうかに、注目した。前節で述べたとおり、この集会に首相自身は出席しなかった。その代り後日に、首相は被災自治体の首長3名を含む救済委員会メンバーを首都に呼び出し、事態を打開する会合を開いたというしだいである。

　会談の詳細は不明だが、政府と救済委員会との会合で次のような提案がオルバーン首相から提示された。すなわち ①住宅問題は救済基金から切り離し、政府が事務処理を含めて全ての責任を持って遂行する。 ②それ以外の救済策は、地域復興政策を含めて、救済委員会の判断に委ねることにする。この2点である。

　①の住宅問題を現実的に考えれば、職員数が極めて限られている3つの小さな自治体にとって、引き受ける余地はなかった。したがって、政府の提案を受け入れるほかなかった。他方、②の地域復興に係わる問題については、オルバーン首相の提案によって、大きな前進を見た。すなわち、住宅問題への対応が政府によって全面

的に担われるなら、救済基金に寄せられた義捐金は住宅補償に当てる必要がなくなったのである。この結果として、義捐金の大半を地域の復興政策に振り向けることが可能になった。また、住宅問題以外の救済策が救済委員会に付託されたことにより、救済策の策定は救済基金令に記されたとおり、自治体主導の原則によって行なわれることになった。

　推測になるが、この場で「新セーチェーニ計画」による補完的な支援の話も出たのではないかと思われる。オルバーン政府はちょうど2010年に赤泥事故の前から「新セーチェーニ計画」を始めていた。第2章で見たように、被災3自治体の地域復興政策では、救済基金の財源だけを当てにするのではなく、救済基金からの補助金を自己資金分に充当して「新セーチェーニ計画」に申請するという手段がしばしば用いられた。赤泥被災地である事情が、公募公共事業である新セーチェーニ計画の審査段階でどこまで考慮されたかは分からない。コロンタール村の下水道更新の申請は採択されたし、ショムローヴァーシャールヘイ村の下水道建設案は不採択だったごとくである。

復興政策の2つの大きな転換

　ともあれ、11月末の政府と現地自治体との話し合いは、それまでの復興政策を2つの点で大きく転換させた。1つ目は、住宅問題を救済基金から切り離し、政府が直轄すること、2つ目は、地域復興政策を救済基金の主たる目的とすることである。この転換を踏まえて、救済委員会の2010年報告書は以下のように次年度の方針を説明した。

　「救済委員会は救済基金が有する約18億フォリントを、被災者の利益を念頭に置きつつ、各被災自治体の住民全体が共有できる目的に振り向けることにした。その理由は、この度の災害は、直接に被災した世帯だけでなく、自治体の住民の全て、そして自治体のインフラ全体、さらには地域経済の基盤にも、負の影響を及ぼしたからである。次年度は当該自治体の歳入に顕著な減少が生じるものと思われる。無数の経営が倒産し、悲劇を味わった家族が転出しているからである。とりわけデヴェチェル市にこれが起きている。現在、各自治体の生活と雇用環境を建て直すために、共同の目的に沿う発展戦略計画を策定中である。今後2年間は、この計

㉓デヴェチェル市長トルディ・タマーシュ氏
㉔コロンタール村長ティリ・カーロイ氏
㉕ショムローヴァーシャールヘイ村長マールトン・ラースロー氏

画の実施と、地域の再活性化支援に対する資金援助が、救済基金にとって重要な課題となる」。

大きかった地元自治体首長たちの役割

　被災住宅をめぐる被災者個人への救済案が具体化すればするほど、直接的な被災者とそれ以外の被災地住民とのあいだに溝が深まっていく可能性があった。実際、デヴェチェル市長とコロンタール村長は、口をそろえてこの傾向が強まっていたと証言している。これまで見たように、緊急避難や避難準備は地域の全住民が一体となって経験した。またデヴェチェル市長が主張したように、赤泥事故は地域の全体に深刻な影響を及ぼした。他方、個別的な被害補償は、賠償であるにせよ被災の緩和であるにせよ、いかに公正を期して行なおうとしても、線引きは避けられない。そこに個別的補償の限界がある。住民の間で補償のあり方をめぐって亀裂が生

じたり、対立さえ起こりかねず、それは実際に進行していた。

　自治体の中に生まれ始めた個別補償をめぐるや溝や亀裂を克服するためには、地域としての共同の復興事業を推進し、その中で新たに住民意識の統合を計ることが必要だった。とりわけデヴェチェル市の場合がそうだった。第2章に述べた地域再生事業は、住民の意識を復興や再生に向けて統合するうえで大きな役割を果たした。地域再生事業は、被災地の住民ひとりひとりが等しく日常生活の中で恩恵を実感できるものであり、長期的な生活の質の向上にもつながるものだからである。

　この意味で、11月末における首相と現地首長たちとの協議は非常に重要だった。この時の合意によって、被災自治体が地域住民全体に係る復興政策を自主的に行なうための財源が確保されたからである。通常の自治体予算ではできない柔軟な発想によって、地元住民の意向に基づいた、地域密着型の再生事業が可能となった。さらに、救済基金によって確保された財源を元に、より大きな規模の事業を実施する展望も開けた。その具体例は第2章で検証している。

　2011年11月末から12月初めにかけて被災者の政府に対する態度が変わり始め、政府の復興住宅案が受け入れられるようになったと述べたが、単に被災者と政府の関係だけでなく、本節で見た復興支援政策全体の転換によって、被災地と政府の関係もこの時期に大きく転換している。この転換を押し進めるうえで地元自治体の首長たちが果たした役割は大きかった。

第4章

赤泥は無害か有害か?
——国際基準より厳しい国内基準の制定[*1]

赤泥をめぐる議論

　本章では、赤泥流出事故による被災者救済と地域復興という問題からいったん離れて、赤泥は有害な物質か、それとも無害な物質かをめぐる議論の紹介を行なう。

　これは復興問題と直接に係わらないかに見えるが、背景として理解しておくことが不可欠である。原発事故の場合も、世界的に、放射能による汚染がどの程度なら危険で、どの程度なら無害なのかという議論が行なわれている。また放射線の許容量についても、平時は年間1ミリシーベルトが上限である。ところが、事故が起きると、20倍の20ミリシーベルトにまで許容量が増える。つまり、20分の1に安全基準が緩められるのである。これが世界の常識であるから、その基準に従うべきなのだという論理は、誰にも理解のできないものであろうが、まかり通っている。日本の福島原発事故後においても、この論理に従って許容量が引き上げられた。

　30年近く前にソ連で起きたチェルノブイリ事故の時には、年間5ミリシーベルトが避難の目安、つまり許容量の上限とされた。これが当時のソ連政府の打ち出した安全についての認識だった。原発事故における避難に関してこの前例があったにもかかわらず、今回の福島原発事故では、許容量が年間20ミリシーベルトに大幅に引き上げられた。このような許容基準の恣意的な変更が常態化したら、市民の健康はどうやって守られるのか。実に深刻な問題だといえる。

　赤泥事故の場合も、事故を起こした企業が、赤泥は有害物質ではないという声明を出した。これまでの本書の紹介で明らかなように、赤泥事故で10名もの犠牲者が出た。また、命を落とさなかったとはいえ、第1章で挙げたレフマン・シャーン

ドル氏のように、1カ月間入院して3度も手術をしなければならなかったような被災者が数多く出た。それにもかかわらず、赤泥は無害であるとする企業の言い分はどこから来るのか。この問題を避けて被災者の救済はあり得ない。なぜなら、このような言い分が認められるのであれば、事故の責任を問うことができなくなる。国費を使った政府の救援策も、加害企業の責任逃れを肩代わりしただけになってしまうからである。

　本章で見る国際的な産業廃棄物規制条約は、いずれも赤泥を有害物質指定から除外するか、あるいは明確に無害だとさえ規定している。放射能の場合も、原発事故がおきれば放射性核種は県境を越え、国境を越え、海を越えて世界中に拡散する。しかし不思議なことに、放射能汚染を規制し処罰する、国内法も国際法も存在しない。赤泥と放射能、この2つの産業廃棄物にはほかにも類似点が多い。

　以下では、いったん舞台をハンガリーから離れて欧州全体、そして世界、また日本へと移す。放射能はもちろんのこと、赤泥も私たちの日常に深く関連する問題なのである。

産業廃棄物としての赤泥と放射能

　赤泥は産業廃棄物として放射能とよく似ている。アルミニウムも電気も、この数十年間で急速に需要と生産が拡大した。しかしいずれの場合も、廃棄物処理の方法が原始的である。

　次頁のグラフから分かるように、この半世紀で世界のアルミニウム生産量はうなぎのぼりである。アルミニウムの素材であるアルミナを精錬するときに、アルミナの2倍の廃棄物、つまり赤泥が生じる。たとえば、近年における世界のアルミナ生産量は年間で3500万トンほどであるが、3500万トンのアルミナを生産するために、毎年7000万トンに上る赤泥が生まれ、投棄されている。年間投棄量を1億2000万トンだとする推計もある。しかもアルミナからアルミニウムを精錬する際には電気分解という方法が用いられるため、アルミニウム産業は膨大な量の電力を消費する。1トンのアルミニウムを作るため13000〜15000キロワット／時の電力が必要である。例えば日本では最盛期に100万トンのアルミニウムを毎年生産していたが、そのために130〜150億キロワット／時の電力が費やされた計算になる。1980年前後の

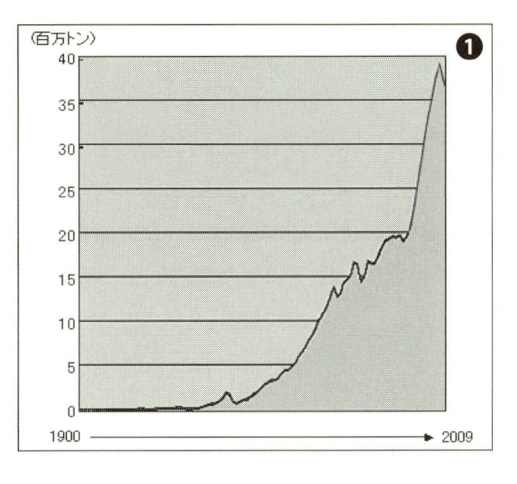

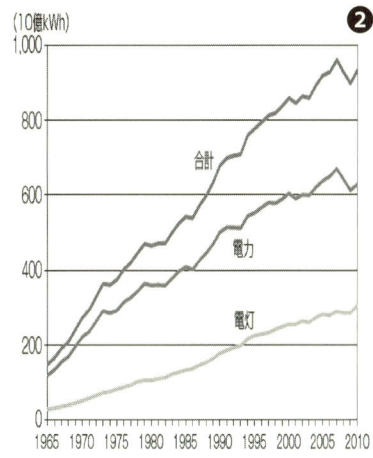

❶世界全体のアルミニウム生産量 (1900-2009 年)
　http://www.aluminum.or.jp/basic/worldindustry.html (2014.01.10)
❷日本の電力使用量 (1965-2010 年)
　http://www.enecho.meti.go.jp/topics/hakusho/2011energyhtml/2-1-4.html (2014.01.10)

　日本全体の電力消費は 3 〜 4000 億キロワット／時だったので、アルミニウム製造業はその 3 〜 5 ％ほどを消費していたことになる。つまりアルミニウム産業と電力業の発展は密接な関係にあった。
　アルミニウム産業と原子力発電はエネルギー効率という意味でもよく似ている。原子力発電は発熱したエネルギーの 3 分の 1 しか活用できないことがよく知られている。つまり、原子力発電所で生み出された熱は、その 3 分の 1 が電気エネルギーに変わるだけで、残り 3 分の 2 は自然界に廃棄される。アルミナ精錬でも、精錬後に生成される物質の僅か 3 分の 1 がアルミナであり、残り 3 分の 2 の赤泥は自然界に廃棄される。赤泥の再利用を阻んでいる理由の 1 つが、微量ながら赤泥に含有される放射性核種であることも、両者のつながりの 1 つといえる。
　アルミニウム製造も原子力発電も、廃棄物ないし廃棄エネルギーの処理方法は原始的であり、環境にそのまま排出するしかない。原子力では、熱エネルギーの廃棄を、海や空気中への放出という手段に頼っている。日本のように海水で冷却している場合は、海水の汚染と温度上昇という結果をもたらす。さらに、使用済み核燃料は

隔離したうえで、何万年も管理しなければならない。

　他方、赤泥の場合も、放射性廃棄物ほど長くはかからないが、完全に無害化するまでに数十年間は隔離し、安全に管理しなければならない。さらに赤泥は廃棄量が膨大なため、管理場所の確保が難しい。とくに陸上管理の場合は、アイカ市のアルミ工場のように、巨大な溜池を建設しなければならず、用地の確保と管理に膨大な資金が必要となる。海洋処理の場合には用地の確保は必要ないが、赤泥をパイプで流して海底に廃棄するか、船に積んで外洋で投棄するため、海洋環境への負荷が発生する。

　日本は1980年代まで、年間100〜200万トンのアルミナと、100万トン前後のアルミニウム地金を生産し、世界的に重要なアルミニウム生産国だった。しかし1980年代以降は、アルミニウム地金生産から撤退しつつある。1つは日本の電気料金が高いためである。もう1つの理由は、海洋投棄がもたらす環境への影響である。2番目に挙げた理由は本章で論じる赤泥の無害・有害問題に係わるため、順を追って赤泥をめぐる国際条約の定義を見ていこう。

1　国際基準では無害

ロンドン条約

　国際的に産業廃棄物の海洋投棄を規制する重要な法規は、ロンドン条約（1972年締結）である。ロンドン条約は原則として産業廃棄物の海洋投棄を可能であるとし、そのうえで、投棄を禁止する廃棄物を特定した。これによって赤泥は、投棄を禁止する有害廃棄物の中の、例外として位置づけられた。つまり赤泥は「汚染されていない不活性な地質学的物質であり、その化学的構成物質が海洋環境に放出されるおそれのないもの」に該当するとみなされ、海洋投棄が認められたのである。[*4]

　赤泥処理における海洋への投棄は、1960年代まで、世界的に見ても重要な処分方法であった。赤泥の海洋投棄を全面的に禁止したならば、産業界に与える影響は極めて大きい。しかし1970年代以降になると、世界における赤泥処理の主流は、圧倒的に陸上溜池方式となり、海洋投棄に依存する割合は大きく減少した。ただし今日でも、海洋投棄は継続され、世界の各地で行なわれてはいる。[*5]

1990 年代に入ると、海洋環境の保全を求める国際世論が高まり、1993 年のロンドン条約締約国会議で条約の見直しが行なわれ、産業廃棄物の海洋投棄は原則として禁止となった。さらに 1996 年の締約国特別会合で、いっそうの規制強化が目指され、1972 年の条約に代わるものとして議定書が作成された。ただし同議定書が発効したのは 2006 年である。

　廃棄物の海洋投棄を原則禁止した 1996 年議定書では、赤泥をどう位置付けたのか。議定書は海洋投棄を原則禁止とする一方で、原則を免れうる抜け道も用意した。それが「海洋投棄を検討できる廃棄物」という条項である。この条項に基づく廃棄物の中には、1972 年条約にも存在した「不活性な地質学的物質」（議定書付属書Ｉ）が含まれる。こうして赤泥は引き続き海洋投棄によって処理される余地が生まれたのである。

　日本は赤泥の主要な海洋投棄国の 1 つであり、日本政府はこの条項に基づき、赤泥を海洋投棄できる廃棄物として認定し、1996 年以降も海洋投棄を継続している。日本は赤泥に限らず、世界で有数の廃棄物海洋投棄国であり、年間総量で 390 万トンを海洋に投棄している（2002 年実績）。赤泥はこのうちの半ば近い 170 万トンほどを占めた。

　EU は産業廃棄物規定において、赤泥を無害だとしている。しかし、1996 年のロンドン条約議定書の解釈において、日本と比べると厳密な立場を主張した。すなわち EU 加盟諸国は、赤泥を「不活性な地質学的物質」には該当しないとする立場に立ったのである。例えばイギリスは、赤泥は産業廃棄物であり、地質学的物質に比べて、「海洋環境へ及ぼすインパクトは大きく異なっている」と論じた。ドイツも同様な立場に立ち、「ボーキサイト残滓は産業廃棄物とみなされ、（中略）海中にボーキサイト残滓が長時間残留することへの憂慮」を表明した。また「もし（赤泥の）長期残留が環境評価で確認されたあかつきには、それは海洋投棄が深刻な悪影響をもたらしていることを意味する」とした。

　日本政府は日本の産業界が赤泥を海洋投棄し続けている事実を背景に、赤泥を「不活性な地質学的物質」であるとする立場を堅持してきた。しかし、近年は予防原則の立場を取り入れ、赤泥の海洋投棄を見直す方向に変化しつつある。日本のアルミナ製造企業も 2015 年までに、海洋投棄を全面的に中止する方向をうちだ

している。つまり日本の企業は事実上アルミナ生産からの全面撤退を決めたのである[14]。その代り、ベトナムやブラジルなどで合弁事業を立ち上げ、そこを通してアルミナの安定供給を確保しようとしている。

　以上、ロンドン条約は一貫して赤泥を無害とするか、無害と見なしうる余地を残して海洋投棄を容認してきた。ただし 1996 年のロンドン条約議定書締結以降は、次第に予防原則の立場が強くなり、海洋投棄しにくい状況が生まれている。

バーゼル条約

　国際的な有害廃棄物の取り決めとしてもう 1 つ重要なのは、1989 年に採択されたバーゼル条約、すなわち「有害廃棄物の国境を越える移動及びその処分の規制に関するバーゼル条約」である。この条約は国境を越えて有害廃棄物が人や環境に悪影響を及ぼすことを防ぐために制定されたものである。何が有害廃棄物であるかの定義は付属書で示されている。その中で付属書 IX–B 表が掲げる廃棄物は、「第 1 条 1(a)に規定する廃棄物に該当しない」[15]として、有害規定から除外されている。付属書 IX–B 表が掲げる適用除外は次の 4 種類である。

　　B 1「金属の廃棄物及び金属を含有する廃棄物」
　　B 2「無機物を主成分とし、金属及び有機物を含む可能性を有する廃棄物」
　　B 3「有機物を主成分とし、金属及び無機物を含む可能性を有する廃棄物」
　　B 4「無機物又は有機物のいずれかを成分として含む可能性を有する廃棄物」
　以上の中で、赤泥は 2 番目の分類（B2）で登場し、

　　B2110「ボーキサイトの残滓（「赤泥」）（水素イオン濃度指数が 11.5 未満に
　　　調整されたもの）」

のように具体に赤泥という名称が挙げられている。

　このように赤泥は、付帯条件が付いているものの、バーゼル条約でも特別扱いされている。しかも特別扱いの説明と除外の仕方は、先に見たロンドン条約ときわめて類似している。

EUの廃棄物規定

　ハンガリーは他の東欧諸国とともに 2004 年に EU 加盟を果たしたが、その際、

国民生活のあらゆる分野に「EU基準」の受け入れを求められた。EU加盟交渉とは「EU基準」に合わせて国内法を整備してゆく過程である。加盟交渉で最も難航したのは農業補助金など、いわゆる「敏感な産業分野」に係る利害の調整だった。また環境分野については、厳しいEU基準を即時導入することは、環境対策で立ち遅れている東欧諸国には困難であろうとの判断から、さまざまな猶予措置がとられた。

　赤泥を含む産業廃棄物について、ハンガリーは2004年のEU加盟時にEU基準を受け入れた。2010年の赤泥流出事故に際して、事故を起こしたハンガリーアルミ社がこのEU基準を持ち出して、赤泥は無害だと主張したことそれ自体は法律的に間違ってはいない。何故なら、確かにEUは赤泥を無害としているからである。

　ここで問題となるのは、赤泥に関する、および危険廃棄物に関するEU基準が、EU加盟前のハンガリーにおける基準よりも、実は、格段に低かったことなのである。つまりハンガリーは、国内法として非常に厳しい廃棄物規制法を従来から持っていたのだ。

　現在も進行中のEU東方拡大とは、いうまでもなく、西欧で始まったEUとい地域統合の境界が東に移動してゆくことである。それはEUの政治的、経済的な影響力の拡大であるが、しばしば規範帝国[*16]と呼ばれる。実態として、EUが内部的に作り上げた様々な規範が、EU加盟交渉を通じて欧州全域に拡大している。EUの東方拡大に対してハンガリーや東欧の人々が期待したのは、かつての社会主義に代わって、市場経済原則や西欧的な価値基準が導入され、それによって経済的、社会的、政治的な安定と繁栄がもたらされることだった。ところが今回の赤泥事故は、期待とは逆の事態が生じていたことを白日のもとに晒した。まさにそれがハンガリーアルミ社幹部による「赤泥はEU基準に照らせば、有害物質ではない」という発言だった。むろん、ハンガリーアルミ社のずさんな赤泥管理が、EUの規範に沿うものだったかどうかは、大いに疑問が残る。

　ハンガリーアルミ社が根拠とする、EUの産業廃棄物基準に基づく赤泥とは、いったいどんな物質なのだろうか。EUは1994年に「有害廃棄物リスト」を作成したが、現在有効なのは1994年リストを大幅に拡充した2000年の「欧州廃棄物カタログ及び有害廃棄物リスト」（以下、「欧州廃棄物リスト」とする）の改訂版である

2002 年リストである。2002 年リストに基づくと、赤泥が含まれる鉱山業廃棄物は以下のような分類構成になっている。[*17][*18]

　　01：鉱山業廃棄物
　　0101：鉱物の採掘から生じる廃棄物
　　0103：金属鉱物の物理的・化学的処理から生ずる廃棄物
　　010304-010306：特定危険廃棄物
　　010307：有害物質を含むその他の廃棄物
　　010308：010307 に該当しない物質で、粉塵類の廃棄物
　　010309：010307 に該当しない物質で、アルミナ生産から生まれる赤泥

　欧州廃棄物リストによると、赤泥は 010309 という分類番号をもつ産業廃棄物である。この分類番号は最初の2桁が大分類、次の2桁が中分類、そして最後の2桁が細目を表す。大分類の 01 は鉱山業廃棄物であり、中分類 0103 はその中で「金属鉱物の物理的・化学的処理から生ずる廃棄物」を指す。この 0103 廃棄物の細目として最初に挙げられているのは、「硫化鉱石の製錬残滓で酸を生じる廃棄物」（010304）である。この他 0103 には2つの細目があり、それらは性質の特定できる有害廃棄物である（010304 及び 010306）。0103 に属する細目には以上の他に、「金属鉱物の物理的・化学的製錬から生ずる廃棄物のうち、有害物質を含むその他の廃棄物」があり、それに 010307 という番号が当てられている。つまり、金属鉱物関連の廃棄物で有害なもののうち、有害成分が特定できない場合は全て 010307 と分類される仕組みになっている。

　ところがこの 0103 のリストに挙げられておりながら、細目の項には無害物質と記載されている、2つの廃棄物がある。1つは「粉塵類の廃棄物」であり、もう1つが「アルミナ生産から生まれる赤泥」である。つまり EU の産業廃棄物規制でも、赤泥は有害物質の中の例外として、無害扱いにされているのである。[*19]

　以上、廃棄物に関する代表的な国際条約を見てきた。世界の産業廃棄物基準は一様に、赤泥を有害物質から除外しうる物質として分類し、無害ないしは無害とみなしうると規定している。

「クリーン開発と気候に関するアジア太平洋パートナーシップ」バンクーバー国際会議

　アジア太平洋地域ではアルミナ生産が近年急速に拡大し、赤泥対策が地域共通の課題となっている。2005年に官民共同で設立された「クリーン開発と気候に関するアジア太平洋パートナーシップ」のアルミニウム関連部会でも、赤泥対策が重要な議題のひとつである。この部会による赤泥の定義は、ロンドン条約やバーゼル条約と異なる。すなわち「ボーキサイト残渣（赤泥）はアルミナ生産量1トン当たり約1.5〜2.5トン発生し、高アルカリ性であり、少量または微量の重金属と放射性核種に関連した環境リスクを有する」[20]と規定している。つまりアジア太平洋地域では、赤泥は明らかに有害な物質として認識され、しかも放射性物質を含む可能性も含めて、「環境リスク」が存在すると規定しているのである。この「環境リスク」認識をうけて、アジア太平洋地域の主要アルミナ生産国は、安全管理のため、さらには赤泥を再利用する研究開発促進のため、独自の検討部会を立ち上げた。[21]

　しかし2010年に至り、アジア太平洋地域でも赤泥の危険性を強調しない傾向が生まれたように思われる。先の引用は日本の経済産業省が2010年の「クリーン開発と気候に関するアジア太平洋パートナーシップ」バンクーバー国際会議の要約として広報した文章である。この要約文に対応する英語版の文書は2008年の会議で採択されたものである。この2008年版に対して、2010年の会議後に作成された新版の広報はかなり異なる。すなわち2010年の新版では「高アルカリ性」、「重金属」、「放射性」、「環境リスク」という言葉が背後に隠れ、その代わりに「環境的に問題となる物質」[22]、英語では an environmentally problematic substance というごく簡単な文言だけで、有害性の説明が終わっているのである。[23]「クリーン開発と気候に関するアジア太平洋パートナーシップ」は2005年の設立当初は、赤泥を「環境リスク」を伴うものとして厳格に規定したが、ここでも意図的と思われる「認識の転換」が始まったようだ。この転換の直後にハンガリーで赤泥事故が起きた。[24]

2　ハンガリー基準では有害

　赤泥は今回のハンガリーにおける流出事故で明らかになったように、実態として有

害物質である。しかし、国際条約は先に見てきたように、赤泥を無害としてきた。このため海洋投棄が容認された。1990年代に入って予防原則が確立し、やっと近年になって、国際的な規制が加えられるようになったのである。

　ハンガリーはこうした状況の中で、赤泥をどのようなものとして規定してきたのであろうか。本節では、赤泥を有害だとするハンガリー国内法、そして赤泥を無害だとするEU法との狭間にあって、ハンガリーの専門家が赤泥事故後において、どのような対処をみせたのかを検証する。

赤泥とは何か

　赤泥はアルミナ製造過程で生れる産業廃棄物であり、今回流出した赤泥は事故直後のpH（水素イオン指数）測定によると、pH上限値14に迫り、極めて危険な強アルカリ性を示した。[*25] この強アルカリ性は赤泥が含む水酸化ナトリウムに由来する。

　アルミナの製造工程を略述すると、まず原材料のボーキサイトから有機不純物を取り除く。これに水酸化ナトリウムを加えると、アルミニウム分がアルミン酸ソーダとなって溶解する。この混合溶解液からアルミン酸ソーダを取り出した残りが赤泥である。アルミン酸ソーダをさらに精製することによりアルミナが製造され、アルミナの電気分解によってアルミニウムが生成される。この工法ゆえに赤泥は強アルカリ性の水酸化ナトリウムを含まざるをえない。この水酸化ナトリウムは比較的高価である。高価なうえ再利用も可能なので、精製工程の後に、赤泥を沈降・濾過させて、水酸化ナトリウムは回収される。ただし水酸化ナトリウムを100％回収する実用的な技術はないため、赤泥のなかに数パーセントの割合で水酸化ナトリウムが残留する。

　第1章のコロンタール村での聞き取り調査の中で、化学技士レフマン・シャーンドル氏が、新しい経営者は専門的な知識がなく、水酸化ナトリウムを高濃度で含んだまま赤泥を廃棄していた、と証言した。目下ハンガリーアルミ社の刑事責任が裁判所で係争中なため、不用意な断定はできないが、赤泥中に含まれる水酸化ナトリウムの量は決定的に重要な問題である。先に見たバーゼル条約でも、赤泥が含む水酸化ナトリウムの濃度が問題にされていた。

　赤泥は名前が示すように、形状は赤銅色の泥であり、溶解物質として加えられた

水酸化ナトリウム以外に、ボーキサイトが含有する様々な金属類を含む。すなわち酸化鉄、酸化アルミニウム、二酸化ケイ素、酸化カルシウム、二酸化チタンなどの主成分の他に、原料の産地によってまちまちだが、少量の重金属、希土類、ないし希少金属が多種類にわたって含まれる。アジア太平洋パートナーシップの定義では、原料産地によって赤泥に放射性核種が含まれることもあるとされる。アイカで貯蔵されている赤泥にも微量の放射性核種が含まれている。[27]

　赤泥は有用なさまざまの鉱物資源を含むため、再利用が望ましい。しかし、採算の合う実用技術がないばかりか、放射性核種の含有も再利用の障害となっている。このため、活用されることなく廃棄され、しかも廃棄量が非常に多く、赤泥処理における難問の1つとなっている。

ハンガリーのアルミニウム産業の歴史

　ハンガリーにおけるアルミニウム産業の歴史は、第二次世界大戦期にまで遡り、ドイツの関与によって工場建設が始まった。しかし、大きな発展を遂げたのは社会主義時代である。ハンガリーはボーキサイトの有力な産地だったために、大規模なアルミニウム産業が育成された。アルミナを製造するため、今回事故を起こしたアイカの他に、アルマーシュフュジテー及びマジャルモションオーヴァールにも工場が建設された。これらの工場は欧州屈指の生産量を誇った。ハンガリーのアルミニウム産業は1970年代に最盛期を迎え、ハンガリー全体で年間300万トンのボーキサイトを産出し、80万トンのアルミナが生産された。[28]このうちアルミニウム70万トンが主としてソ連に輸出された。[29]

　今回の赤泥事故を起こした溜池も社会主義時代に建設されたものである。体制転換後の民営化に際して、溜池管理体制の刷新が求められたにもかかわらず、擁壁の補強などの抜本的な改善策は施されなかった。

　今回の事故では、許容量以上の赤泥が溜池に投棄されており、溜池擁壁の強度不足がおこっていた。加えて、2010年の春から夏にかけては例年にない大雨が降り、溜池の表面に大量の雨水がたまった。これも事故原因に挙げられている。すなわち、大量の雨水で流動性が高くなった溜池表層の赤泥が、亀裂の入った擁壁から鉄砲水のように噴出し、溜池わきを流れるトルナ川沿いに溢れ出たのである。ただ

❸アイカ市にあるハンガリーアルミ社の事務所と工場。
❹❺工場に直結した赤泥溜池。全部で10個の赤泥溜池がある。

し第1章で見たフックス家の写真によれば、赤泥溜池に雨水がたまったのは2010年の大雨の時からではなく、それ以前からである。つまり長期にわたって、雨水と赤泥が混じりあう状態が続いていたと思われる。

　世界の赤泥処理施設を見ると、新式の溜池には傾斜がつけられ、赤泥が含む水酸化ナトリウム液をなるべく早く回収し、赤泥の乾燥がその分だけ早く進むように工夫されている。そうした新しい赤泥の処理方法に比べると、アイカの赤泥溜池は単に擁壁強度に問題があったばかりでなく、処理方法にも問題があったことになる。さらに、レフマン氏が言うように、水酸化ナトリウムの回収が不十分であり、赤泥のアルカリ度が通常よりも高くなっていたとすれば、専門性を欠いた管理だったと言わざるを得ない。日本の福島原発と同じく、安全性に係わる問題点が前々から指摘されていたにもかかわらず、改善がなされなかったことは重大な過失であろう。赤泥事故については、今係争中なので、いずれハンガリーの司法が責任の所在を明らかにする

❻事故から3年たって緑を取り戻した
マルツァル川

だろう。

ドナウ川本流を守れ

　トルナ川は、欧州を代表する国際河川ドナウ川の水系に属する。トルナ川は下流でマルツァル川に合流し、さらにマルツァル川は下ってラーバ川に流れ込み、じきに水脈はドナウ本流へと合流する。もし赤泥が支流域を越えてドナウ川本流にまで達すると、下流のセルビア、ルーマニア、ブルガリア、そして黒海へと汚染が広がり、大規模な環境破壊につながると懸念された。事故当初に、国際メディアが大きく赤泥流出問題を取り上げたのは、この懸念によるのである。

　ハンガリー政府は赤泥の流出が及んだ3県（ヴェスプレーム県、ヴァシュ県、ジェール・モション・ショプロン県）に非常事態を宣言した。被災者の救済と、汚染物質の除去に努めるとともに、ドナウ川本流への汚染拡大を食い止めるため、赤泥が流れ込んだトルナ川とマルツァル川の流域で中和作業に努めた。大量の石膏が数キロおきに投入され、総量で少なくとも6〜7000トンの石膏が中和に費やされた。また水流を緩やかにするため、堰が各所に築かれた。さらに、マルツァル川がラーバ川と合流する直前で、大量の酢酸が中和剤として散布された。

　こうした緊急事態への対応が迅速に行なわれた背景には、県と中央政府との連携があった。まず事故直後の対応では、県の行政幹部がすぐに動いた。赤泥流出の一報を受けた県の防災支局幹部と県庁幹部は、互いに連絡を取り合いながら、必要とされる人員、機材、資材などを、様々な人脈を駆使して調達した。マニュアルではなく、長年の経験に基づく知識と知恵がものをいった。こうした県レベルの初動

事故対応が進められる一方で、中央政府が事態の掌握に乗り出し、現地対策本部がデヴェチェル市に設置された。現地対策本部では現地に精通し、事故直後から事態に対処していた県の幹部たちが、中央から派遣された専門家の意思決定や活動を下支えした。[*30]

　国力を総動員した結果、ドナウ川本流と支流の合流地点におけるpH値は最も高い場合でも9から10の間で推移し、事故発生4日後の10月8日には平常値とされる8.5程度にまで下がった。しかし高濃度アルカリの赤泥に侵されたトルナ、マルツァル両支流の生態系は、100km近くにわたってほぼ壊滅した。また、中和剤でpH値は下がったにせよ、ドナウ本流にも相当量の赤泥が流入したのは間違いない。ラーバ川との合流地点から100km以上も下流にあるブダペシュト市内を流れるドナウ川で、大量の魚の死骸が見つかったという報告もある。公式には、支流で死んだ魚が流れ着いたものと説明される。[*31] しかし、今回の事故が長期的にはどのような影響を環境に与えるかは、今後の時間をかけた調査を待たなければ、最終的に判明しない。

ハンガリー法における赤泥の定義

　今回の事故をめぐってハンガリーでは、赤泥をどのような物質として被災者にむけ、そして国民にむけ説明したのか、順をおって見ていこう。

　被害を受けた住民にたいして政府と衛生局は事故直後から、「赤泥は重金属を含み、呼吸器や消化器に入ると有害な影響を及ぼす」[*32] あるいは「赤泥は肌に触れると、ただれなどの影響を及ぼすので、水でよく洗い流すように」との説明を繰り返した。[*33] またNPOなどが独自の調査に基づき、赤泥には放射性物質が含まれているとの情報を流し、メディアでもそのような報道がなされた。しかし住民がこの問題に敏感に反応した時、政府はすばやく対応し、現地での調査に基づいて、赤泥に「人命や健康に危害を与えるような放射性有害物質は含まれていない」との声明を出した。[*34]

　様々な情報が錯綜する中で、赤泥に関する専門的な見解が、事故翌日の10月5日に衛生局化学安全研究所によって発表された。曰く、「赤泥は水酸化ナトリウム（pH>13）を大量に、しかも高濃度に含む。したがって赤泥は腐食性をもち、環境

に有害な影響を与える。以上を考慮し、『化学安全保障に関する2000年第25号法』第3条第b項d文及び第c項に照らし、赤泥を有害物質とみなす」*35。

　この声明の前半は、それまでの警告と比べて、やや専門的な用語が用いられているが、基本的な内容は同じである。しかし声明の後半部分における法律への言及は何を意図しているのか。この文面を見る限り不明であろう。実際に赤泥で被害を受けている住民にとって、赤泥が有害な物質であることはむろん明らかである。赤泥で火傷を負った人々に対し、赤泥は法律で有害な物質です、と説明することに意味はないだろう。つまり、この後半部分は被災者や一般国民に対する説明ではなく、赤泥をEU基準に照らして有害物質ではないと主張する人々に対する反論であり、反論の根拠を提示したものである。

　事故当時にEU基準を拠り所としていたのは、ハンガリーアルミ社だった。衛生局の声明が発表された前日、つまり事故当日の10月4日に、ハンガリーアルミ社は記者会見し、「赤泥はEU基準に照らせば、有害物質ではない」と言明していた。したがって、衛生局の「広報」には第1に、ハンガリーアルミ社に対する反論の意味が込められていた。さらにハンガリー衛生局の「赤泥は有害物質である」という声明は、当然のことながら、そもそも赤泥を有害物質ではないと定めるEUに対する挑戦だった。

　しかも衛生局の「有害物質」宣言には、意図する対象相手が他にもあったはずである。それは科学アカデミー及び中央政府である。ハンガリー科学アカデミーは10月5日に独自の専門家を現地に派遣した。その日のうちに調査結果をまとめてハンガリー政府に手渡している。にもかかわらず、つまり赤泥による被害の実態を掌握したうえでも、科学アカデミーは赤泥が何であるかについて公式声明を出さなかったのである。科学アカデミーは10月7日ないし8日になって、初めて赤泥についての公式見解を示した。そこでは赤泥を有害だとはしつつも、その有害性を否定するともとれるような曖昧な表現を示した。この間、ハンガリー政府は10月7日に、EUに対して事故調査の専門家派遣を要請し、「事故調査に関する透明性」を確保すると述べた。その上で、10月8日に中央政府は、科学アカデミーの曖昧な公式見解に準拠して、政府見解を発表したのである。赤泥に関する錯綜した見解の推移について、経緯をたどりながら見てゆこう。

上述のように事故当初は、現場を担う衛生局、中央政府、科学アカデミーの間で、赤泥をどう理解するかについて、見解や対応が統一されていなかった。不統一の詳細については後段で触れるが、不統一そのものは衛生局の「有害物質」宣言に沿って、最終的には解消される結果となる。したがって、以下ではまず、衛生局が「赤泥は有害物質である」と断定する根拠とした、ハンガリーの法規定を見ておこう。

　2000年に制定された「化学安全保障法」の概要は以下のとおりである。

　　第1条　化学物質の特定
　　第2条　法律の適用範囲
　　第3条　危険性の定義
　　　第a項　「火災や爆発の危険性」
　　　第b項　「毒性」
　　　第c項　「環境毒性」
　　第4条　危険性の検証
　　第5条　危険物質の分類
　　第6〜13条　届出
　　第14〜18条　危険物質の梱包、貯蔵、輸送
　　第19条　危険性の評価と除去
　　第20〜33条　危険性の管理
　　第34〜35条　その他

「化学安全保障法」はまず第1条でこの法律が対象とする化学物質を特定する。それによると、ECないしEUが指定した物質の他に、「危険物質：すなわち本法律第3条から第5条で定める物質、及び本法律が施行されるまでに制定される基本法規に基づいて危険であると分類された物質」(第1条第g項)が化学物質として追加された。つまり「化学安全保障法」は危険物質をひとつひとつ列挙する以外に、一般的な定義に基づく基準を設けることで、EU法が危険と定めていない場合でも対処できる仕組みを取り入れたのである。さらに「危険な混合物、すなわち危険と分類された物質を一つないしそれ以上含む混合物及び混合溶液」(同第l項)という包摂的な規定も付け加えられた。つまりハンガリーの「化学安全保障法」は個

別の危険物質だけでなく、それ自体として危険でなくても、危険な物質と混ざった場合、全体として危険物質とみなすという規定にもなっているのである。今回流出した赤泥を考えるとき、この第1条第1項は極めて重要である。

では衛生局が今回の赤泥を有害と認定する上で根拠にした、第3条第b項d文及び第c項はどのような規定であろうか。第3条は「人と環境に対して物質及び混合物が及ぼす危険性に関する定義：危険の同定」を規定した条文である。要するに、何が有害であるかの定義が記されている。第3条が定義する有害性には3種類ある。すなわち「火災や爆発の危険性」（第a項）、「毒性」（第b項）、そして「環境毒性」（第c項）である。衛生局は3つの項目のうち、毒性と環境毒性の2項目を根拠として赤泥を有害物質とみなした。

毒性を扱った第3条第b項のうち、d文は「繊維質を侵す腐食性物質」を規定したものである。これは腐食性を持つかどうかで判断できる、明快な有害性の定義である。これに対して衛生局が挙げたもう1つの「環境毒性」（第c項）は「環境に有害な物質や混合物」とだけ規定されており、極めて抽象的である。このために、第c項a文がもう少し踏み込んだ定義を与えている。すなわち環境に有害とは、「環境と接触したとき、環境の1つないし複数の要素に対して即座にあるいは一定時間の経過後に、損害を与えること、あるいは環境の現状、自然生態均衡、ないし生物多様性に変更を加えることである」。つまり「毒性」項目のように物質自体の特性としてではなく、環境の中に置かれた結果として環境の側に何らかの変化が生じれば有害物質とみなす、という定義である。これは極めて厳しい基準である。

今回の事故で流出した赤泥は実際に高いpH値を示し、赤泥によって人々が火傷をおい、結果として人命も失われた。さらに自然環境に大きな損害が生じた。したがって、衛生局が「化学安全保障法第3条第b項d文、及び第c項」に基づいて、赤泥を有害物質とみなしたことは当然である。

ところが2004年のEU加盟以降は、EU法体系が国内法として受け入れられ、EU基準を無視することができなかった。このため、国内法である「化学安全保障法」とEU基準を、全体としてどう整合させるのかが問われることになった。一般的には、環境法における国内法とEU法の乖離は、国内法がEU法よりも厳しい場合、国内法をEU法に優先させることができる。しかし、ハンガリーに限らず東欧

一般ではEU加盟に際して、環境法についてもEU法を国内法に優先させる判断を下していた。したがって、衛生局がEU加盟前に制定された国内法を適用することは、手続的に見て問題がないわけではなかった。とはいえ赤泥が人命を奪い、負傷者を多数出したという現実を無視することは不可能であった。

EU法と国内法という2つの基準の間で戸惑いを見せたのは、ハンガリー政府であり、また政府と連動するハンガリー科学アカデミーの対応だった。ここではまず政府の対応を見てみよう。

ハンガリー政府による赤泥の定義

既にみたように衛生局は明快に「赤泥＝有害物質」と定義したが、これに対し、政府の公式報道は複雑に揺れ動いた。政府として赤泥の定義に係る見解を公式に発表したのは、事故から4日後、衛生局の声明からは3日後にあたる、10月8日午前11時だった。それは「赤泥と無毒化」と題する声明であり、次のような内容だった。[*36] 少し長くなるが、重要なので全文を引用する。

≪赤泥と無毒化≫

「赤泥はアルミニウムを製造する過程のなかで生ずる副産物である。原材料のボーキサイトからアルカリを使ってアルミニウム成分を取り出す。このときの残滓が水酸化ナトリウム溶液といっしょになって生れるのが、いわゆる赤泥である。赤泥の名は形状が泥であること、及びボーキサイトに含まれる酸化鉄に起因して色が赤であることに由来する。酸化鉄は染料などとして幅広く利用される。

赤泥は平均値で24〜25％の酸化鉄を含むが（このため特徴的な赤銅色になる）、他の金属類（酸化アルミニウム、二酸化チタン、二酸化ケイ素、酸化ナトリウム、酸化カルシウム）も含有する。さらに酸化カルシウム、酸化バナジウム、希土類酸化物も、1％未満の少量ずつだが含む。ほかに赤泥は腐食性の水酸化ナトリウムも含む。赤泥の重金属含有率は通常の土壌に比べて7倍である。

赤泥は有毒ではないが、水酸化ナトリウムを含んでいるため危険物質である（斜体は筆者による）。この危険性は、製造過程で加えられる水酸化ナトリウムに起因する。アイカで貯蔵されていた赤泥には通常5〜8％の水酸化ナトリウム

が含まれる。水酸化ナトリウムは強力なアルカリ物質だが、製紙業、繊維業、石鹸製造、洗剤製造、あるいは化学産業そしてアルミニウム産業など幅広く、大量に使用されている。乾燥した赤泥はきわめて微細な粉塵となるので、呼吸器官に吸い込まれると、呼吸器を傷つけることは間違いない。すなわち、腐食性の化学反応を起こすため、通常の粉塵以上に深刻な影響を及ぼす。

　水酸化ナトリウムは強力なアルカリ性物質である。大量の、あるいは高濃度の水酸化ナトリウムは、火傷のような炎症を起こす。目に入ると損傷を与える可能性がある。火傷を起こすのは、水酸化ナトリウムが水と化合すると（皮膚には水分が含まれているので）熱を発するためである。熱を発した箇所が高温になり火傷を起こすことがある。発熱効果（及びそれによる火傷）の程度は暴露の時間とアルカリ濃度によって左右される。赤泥に晒された皮膚や目はすぐに十分な水で洗い流すことで損傷を避けられる。赤泥、ないし赤泥に含まれる水酸化ナトリウムに長時間さらされた時は医療的措置が必要である」。

　政府は上記の見解を注釈抜きで発表した。この政府見解の基になったのは、ハンガリー科学アカデミーが10月5日に行なった事故調査に基づいて作成した内部文書[*37]、及び10月7日（ないし10月8日）に「調査資料」として科学アカデミーが自らのホームページ上に公表した文書である。ところが10月8日の午後、ハンガリー政府は改めて「罹災住民に関係するよくある質問への回答」と題し、事実上、科学アカデミーの「調査資料」全文をほぼそのまま、新たな政府声明として公表した[*38]。「調査資料」の全文を掲載したのは、同じ日にハンガリーアルミ社が科学アカデミーの「調査資料」の全文を、科学アカデミー作成資料と明記して公表したことが背景にあったものと考えられる。ハンガリーアルミ社は自社の広報サイトに次のような短い注釈つきで、科学アカデミーの資料全文を転載した[*39]。

　「赤泥汚染の影響：ハンガリー科学アカデミーによる最初の赤泥汚染影響調査資料が発表された。この資料は下記のとおりであり、下に掲げたホームページでも読むことができる。
http://mta.hu/cikkek/a-vorosiszap-szennyezes-hatasai-125707

『赤泥汚染の影響：アカデミーの研究所にしばしば寄せられる質問に答える。

①赤泥とは何か？　その成分は何か？

　　赤泥はアルミニウムを製造する過程のなかで生ずる副産物である。（以下、先の政府声明第一段落と同じなので省略する。）

　　赤泥の化学的成分：酸化鉄33〜40％、酸化アルミニウム15〜19％、二酸化ケイ素10〜15％、酸化カルシウム3〜9％、二酸化チタン4〜6％、酸化ナトリウム7〜11％、五酸化バナジウム0.2〜0.4％、五酸化リン0.5〜1.0％、二酸化炭素2〜3％、三酸化硫黄0.8〜1.5％、酸化マグネシウム0.3〜1.0％、フッ素0.1〜0.15％、炭素0.15〜0.20％。

　　赤泥の物性：密度3.1〜3.8トン/m^3、カサ比重1.16、カサ密度1.87〜2.0トン/m^3、内部摩擦角5〜10度、圧縮強度40-112N/cm^2、透水係数10-7 -5×10-8m/s

②赤泥は有毒か？

　　赤泥は有毒ではない（以下、前記政府見解と同じなので省略）

③なぜ水酸化ナトリウムは危険か？

　　水酸化ナトリウムは強力なアルカリ性物質である（以下、前記政府見解と同じなので省略）

④水酸化ナトリウムは塩素系漂白剤よりも危険か？

　（以下、同様な形式で質問と回答が続く。赤泥の定義とは関係ないので省略）」

　ハンガリーアルミ社にとって上記の科学アカデミー資料は、天の恵みのように映ったに違いない。なぜなら、②で「赤泥は有毒ではない」と明言されているからである。これは同社の「赤泥はEU基準に照らせば、有害物質ではない」という主張に対して、ハンガリー国内の権威が科学的なお墨付きを与えたようなものであった。もちろん全体として読めば、科学アカデミーの主張は「赤泥は有毒ではない」にあるのではなく、逆に、赤泥は有害な影響をもたらす物質であるという反対の論点にある

ことは明らかである。しかしハンガリーアルミ社は自社の主張を正当化する論拠として、科学アカデミーの「調査資料」をいち早く自社の広報サイトに転載した。

　ハンガリー政府にとっても科学アカデミーの「調査資料」は、ハンガリーアルミ社とは別の意味で、都合のよい内容だった。つまり、ハンガリー政府は2004年にEU基準を受け入れていた立場上、10月5日の衛生局声明をそのまま政府の公式見解として表明することはできなかった。他方、EU基準である「赤泥は有害物質ではない」をそのまま政府の公式見解とすれば、ハンガリーアルミ社の「赤泥はEU基準に照らせば、有害物質ではない」という主張の追認になってしまい、国民からの批判は免れえない。そのような状況の中で、科学アカデミーの見解、すなわち「赤泥は有毒ではないが、水酸化ナトリウムを含んでいるため危険物質である」は、内と外のどちらに向けても齟齬をきたさない見解だった。

　ただし、手続的にあるいは政治的に齟齬をきたさないからというだけで、この見解が今後、事故責任を争う司法の場で通用するかどうかは、難しい問題であろう。オルバーン首相は事故直後に現地を視察し、ハンガリーアルミ社の責任を厳しく追及する方針を表明している。実際、検察が10月11日に同社の最高経営責任者の身柄を拘束し、「致死を伴う社会災害行為及び環境破壊行為」（刑法259条及び280条）の容疑で事情聴取した[40]。しかし2日後にヴェスプレーム県裁判所は「現時点で犯罪行為を立証する証拠はない」として釈放せざるをえなかった[41]。ハンガリーアルミ社の道義的な責任を問うことはできたかもしれない。しかし民事を含む法的な責任の有無について、明確な判断を下すことは難しかった。なぜなら、既に述べたように、赤泥の有害性をめぐって二つの相反する法規範が存在したからである。

科学アカデミーの赤泥定義

　ハンガリー科学アカデミーは10月5日に現地調査を行ない、その結果を政府に手渡した。また10月7日ないし8日に自らのホームページ上に「調査資料」と題して、調査結果を公表した。しかしこの「調査資料」はしばらくするとホームページから削除され、代わって新しい見解が「アイカ赤泥流出に係る10月12日までの調査結果概要」として掲載された。以後、科学アカデミー広報サイトで閲覧できるのはこちらの方だけである。それによると赤泥は以下のように定義される[42]。

≪アイカ赤泥流出に係る10月12日までの調査結果概要≫
　「赤泥はボーキサイトからアルミニウムを製造する過程で生じる副産物である。（中略）赤泥の特徴は本来的な形状として流れやすいことであり、流動性の程度は溶質の割合及び圧力によって変化する。赤泥はアイカでもそうだが、世界的にも溜池で保存される。[*43]

　技術的理由により精錬過程で用いた水酸化ナトリウムの一部が赤泥に残る。このため赤泥は強アルカリ性の化学作用を及ぼし、その化学作用を示すpH（水素イオン指数）値は通常12〜14である。

　赤泥は現行のEU法規に従えば、危険物質ではない。廃棄物に関するEUリスト、すなわち「欧州廃棄物カタログ及び危険廃棄物リスト」に基づく分類番号は010309である。

　ただし赤泥は環境の中に置かれると、危険を生じる可能性を潜在的に有している。つまり赤泥は人、生態系、自然環境（大気、水、土）と接触すると、これらを危険な状態にすることがある。赤泥はなによりも強アルカリ性であるがゆえに、生態系だけでなく、構築された環境も自然の環境も危険にさらす」。

　科学アカデミーによる2回目の赤泥定義は、全体として専門性を意識した点で、文体が最初の定義と大きく異なる。言葉づかいだけでなく、むしろ内容のうえで、いくつかの点において、最初の定義とは異なっているのである。

　第1の相違点は、赤泥の「もともとの形状」[*44]が流動性物質であるとした点である。最初の定義でも赤泥が泥状であるなどの表現はあったが、ここでは赤泥の本来的定義として「流動性物質」であるとしたことが重要である。というのは、赤泥は長期間放置すると乾燥し、固体化する。先に見たEU法規などでは、固体化した赤泥に基づいて赤泥が定義され、その結果として、赤泥は「不活性な地質学的物質」つまり「石ころ」と同等のものとみなされた。これに対して2回目の科学アカデミーの解釈は、赤泥の「本来的な形状」を流動性物質とし、水酸化ナトリウムとも完全には分離できない強アルカリ性物質として赤泥を定義したのである。

　第2の相違点は、赤泥が「環境の中」におかれた時の作用を問題にしている点である。これは先に見た2000年の「化学安全保障法」の第3条第c項a文を強く

意識したものである。比較のために再度ここで「化学安全保障法」の条文を引用してみよう。

「環境と接触したとき、環境の1つないし複数の要素に対して即時にあるいは一定時間の経過後に、損害を与えること、あるいは環境の現状、自然生態均衡、ないし生物多様性に変更を加えることである」。

言葉づかいは多少異なるが、この条文と先の科学アカデミーの「赤泥は環境の中に置かれると、危険を生じる可能性を潜在的に有している。つまり赤泥は人、生態系、自然環境（大気、水、土）と接触すると、これらを危険な状態にすることがある」という定義は、論理構成において全く同じであり、科学アカデミーも化学安全保障法の「環境毒性」という視点を取り入れて、赤泥の有害性を問題にしたのである。欧州廃棄物リストが有害物質を含むか含まないかという「成分」で有害性を判断したのに対し、科学アカデミーは環境に置かれた時の「作用」ないし環境との「関係性」で有害性を定義した。

科学アカデミーは最初の赤泥定義に際しても、実質的には、EU 基準より十分に厳しい解釈をしたつもりだったが、ハンガリーアルミ社による自己弁護の論拠に使われた点は予想外だった。このため全文をすぐにホームページから削除するという異例な措置を取り、2回目に公表した定義では、最初の定義よりさらに厳しくし、一歩も二歩も踏み込み、事実上、EU の定義を否定する解釈を打ち出した。これが2回目の定義が1回目の定義と異なる第3の点である。すなわちハンガリー科学アカデミーは「赤泥は有毒ではない」とする見解が EU の定義に基づくものであることを明記したうえで、EU の定義は実際の赤泥の有害性を反映していないものであると、明確に申し立てたのである。

2回目の定義づけに関連してもう1つの重要な違いは、科学アカデミーと衛生局が連携したことである。つまり科学アカデミーが赤泥の定義に「流動性」及び「環境毒性」という新しい解釈を持ちこんだのは、衛生局との意見交換に基づいていたのである。[*45] また科学アカデミーは衛生局だけでなく、パンノニア大学、西部ハンガリー大学、ブダペシュト工科経済大学、地方振興省農業調査研究所、ハンガリー国立土壌学研究所、環境保護・水文学研究所、農政局など、関連する研究所や専門行政機関と広範に連携して、赤泥対策指針をまとめ上げた。[*46] まさに衛生局が10月

5日に発した声明が科学アカデミーによって受け入れられ、学術調査及び行政の双方にとって指針となる定義づくりが行われたのである。

ハンガリー政府も以上の経緯をうけとめ、科学アカデミーによる新しい赤泥の定義に従って公式見解を次のように改めた。

「赤泥はアルミニウム製造過程で生まれた残留廃棄物である。その組成は採鉱したボーキサイトの成分及び精錬途中に生じた、あるいは付加されて残留した物質によって決定される。赤泥は10〜30%の固形物質を含み、高いイオン性を持つ廃棄物である。pH値が12〜13あり、強力なアルカリ性を示す」。

つまり、これまで赤泥と区別されてきた有害物質である水酸化ナトリウム（上記の定義における「付加されて残留した物質」）も赤泥の組成物質であることが明瞭に述べられているのである。さらに、赤泥は固形物ではなく、流動性物質であること（上記の定義における「赤泥は10〜30%の固形物質を含み」が、流動性物質であることを表す文言である）が政府の定義としても確認された。政府見解の中にある「組成」という考え方は、先に見た「化学安全保障法」の「混合物」の定義（第1条第1項）と同じ論法であり、やはり同法が政府見解でも重要な役割を果たしたことがわかる。

以上のように、衛生局の問題提起と、ハンガリー科学アカデミーの2度にわたる定義づけにより、赤泥の解釈をめぐる、EU基準とハンガリー基準の違いが明白になった。また赤泥に関する政府の見解も、明確にハンガリー基準に基づくことになった。

3　赤泥をめぐるEUの対応

産業廃棄物問題は、事故でも起きないとその深刻さが認識されない。これは世の東西を問わず、悲しいが現実である。今回の事故で、法規定がどうであれ、赤泥が有害な作用を及ぼす現実をハンガリー国民は目の当たりにした。このためにハンガリー国内では、赤泥に関する定義や解釈の見直しが行なわれた。赤泥の危険性自体は事故の前も後も変わっていない。にもかかわらず、法解釈の見直しが行なわれたことは、死者や多くの負傷者が出たという現実がもたらした力である。

今回の事故で赤泥の「有害性」が深刻であることを認識させた要因は、第1に、直接的な接触による火傷などの損傷である。負傷者の数は当初120名ほどと報道されたが、国際保健機構がハンガリーの専門家と共同してまとめた最終報告書によると150名に達し、「死亡及び負傷は、主として、高pH（水素イオン指数）値（12以上）の赤泥が皮膚や目などに起こした深刻な障害と化学的火傷による傷の結果」[*47]だった。

　しかし、汚染の広がりという視点では、もう1つの「現実」のほうが大きな争点になった。すなわち事故の後遺症ないし、二次汚染というべき粉塵化と、その大気汚染に起因する健康被害である。粉塵化による被害の影響は地域一帯の住民に及んだ。そして粉塵被害をめぐって、EUとハンガリーの専門家の意見が明瞭に分かれた。つまりEUとハンガリーの赤泥に関する基準の違いが、赤泥粉塵をめぐる対応の齟齬として争点化したのである。

　以下では、EU調査団の調査報告と、それに基づくEU議会の対応、さらには危険廃棄物に関するEU指令を検討することにより、赤泥をめぐるEU内部の法規範の問題点を検証する。

EU調査団

　ハンガリー政府は事故の汚染状況の調査にあたって、EUに産業廃棄物事故専門家による調査を要請した。[*48]これはEUの市民防災制度に基づいていたが、ハンガリー政府としては当初、国内専門家だけに頼るのではなく、EUの専門家と共同することで、事故調査に透明性を確保しようと考えたからである。結果的にはこれが赤泥をめぐるEUとハンガリーの齟齬を、表面化させる契機となった。

　EUはハンガリーの要請に対して「監視情報センター」から専門家5名を派遣した。[*49]EU調査団は10月11日に現地入りし、10月16日に暫定報告書を提出した。それによると、「ハンガリー側による調査は継続中だが、これまでのサンプル採取とその検査結果によると、飲み水には全く問題がなく、摂取可能である。また七つの自治体での大気中の粉塵採取調査の集計によると、当該地域における空気中の粉塵は健康被害に対する許容量を上回っていない」とされ、赤泥問題に一応の決着をつける見方を示した。[*50]

この中間報告は、それまで赤泥粉塵を有害としてきたハンガリー国内の公式見解と大きく食い違った。上記の調査結果を伝えた10月16日のハンガリー政府声明は最後の部分で、「外部専門家との見解のすり合わせはどのような場合でも解決に向けた前進である。解決策を見出すため、今後とも国内と外部の専門家は協力を継続する」とのコメントをつけた。[*51]

　しかしEU調査団はハンガリー科学アカデミーの専門家チームを含めて、ハンガリー側専門家と十分な討議を重ねたうえで調査書を提出しており、報告書を提出した翌日の17日にEU調査団はハンガリーを立ち去っている。つまり「今後とも協力を継続する」ことはほとんどありえなかったのである。意見の調整が必要だとするコメントは、むしろ国内の専門家とEU専門家の間に意見の食い違いがあったことを暗に表明するものだった。

　17日のハンガリー政府の公式声明でもこの点を確認することができる。すなわち、赤泥問題対応のために任命されたハンガリー政府特使はEU専門家による調査結果に言及した後で、次のように述べたのである。「災害からの復旧に際して防災本部はハンガリー科学アカデミーが行なった調査結果ないし同アカデミーが認めた調査結果のみに基づいて行動する」[*52]と。

　政府は、実際上も、上記の暫定報告が発表された後の10月20日に、衛生局からの警告として「赤泥の飛沫化による粉塵はアルカリ性の作用を引き起こすので、予防的な意味からマスクの使用が望ましい」との見解を示した。[*53]この後にも幾度となく政府はマスクの着用を被災地の住民に指示している。

　さらに11月に入ると、ハンガリー側による詳細な汚染調査結果が継続的に公表されるようになった。[*54]それによると、水質検査ではEU専門家と同様に、汚染は認められないとした。だが、大気汚染は「デヴェチェルでのすべての観測地点、及びコロンタールでの観測地点で、衛生許容基準を8〜24％上回った」。

　こうした調査報告には詳細な観測データも添付された。それによると、大気汚染は事故直後の、基準値の2倍に達する異常な例も含めて、全般に高い水準を示した。その後、10月18日以降はいったん許容値以下に収まったが、10月27日を境に再び上昇傾向に転じ、観測点によっては許容値を上回る状況が生まれた。[*55]さらに11月17日にそれまでの調査結果をまとめる報告書が出されたが、[*56]1カ月以上に

及ぶ観測データは、明らかに赤泥粉塵による大気汚染が始まっていることを示すものだった。

つまり、数日間にもわたって赤泥粉塵が継続的に許容値を上回るようなことはないが、天候などの条件に左右されて、周期的ないし断続的に汚染数値が上昇するという事実が判明したのである。この傾向は12月に入っても変わらなかった。したがってEUの専門家の判断ではなく、ハンガリーの専門家が恐れていたことの方が、現実だったのである。この現実がEUにおける議論にもやがて影響を与えることになる。

まずEU専門家が最終的にまとめた調査報告を見てみよう。最終報告書は「提言」（10月17日付）と「行動計画」（10月18日付）の2つに分かれているが、2つの文書はいずれも4頁しかなく、内容的に重複が多く、5名の専門家が1週間にわたる調査をした結果としては、貧弱な内容だった。おそらく、10月19日に予定されていたEU議会の赤泥問題審議日程に間にあわせようとして、調査団には十分な分析の時間が与えられなかったのであろう。いずれにせよ、2つの文書に共通する興味深い点は、赤泥の乾燥に伴う大気汚染対策を重視すべきだという文言が盛り込まれたことである。10月16日の暫定報告書で、大気汚染の心配はないとしたのとは対照的である。EU向け報告文書の最終的な作成段階において、ハンガリー側専門家との意見のやりとりが考慮されたのかもしれない。さらに、2つの報告書で目を引くのは、いずれもが赤泥の「危険性」に言及して、次のような結論を引き出したことである。

曰く、「貯蔵されている赤泥に対する長期的な解決策を見つけるべきあり、*危険廃棄物*（斜体は筆者による）を減少させる精錬方法の改善を考えるべきである」[*58]。「危険廃棄物」は水酸化ナトリウムを指すとも受け止めることができるが、廃棄物としている以上、赤泥を指すと理解する方が自然であろう。いずれにしても、廃棄物が危険であるという現実が指摘されている点で重要である。

EU議会における赤泥問題

ハンガリー選出のEU議員は、赤泥問題をEU議会で取り上げることを決めた。すなわち2010年10月18日から始まるEU議会で、有害廃棄物基準の改定や、危険物質を扱う企業への規制強化を訴えると主張した[*59]。実際に、EU議会は専門家

報告書の提出を受け、10月19日にハンガリー赤泥流失問題を取り上げた。

　EU委員会でハンガリーの赤泥事故問題を担当したのは国際協力・人道援助・危機対応担当のEUコミッショナーである、クリスタリナ・ゲオルギエヴァ（ブルガリア代表）だった。彼女は審議前日の10月18日にブダペシュトを訪問し、赤泥問題への対応をめぐってハンガリーの内務大臣及び外務大臣と会談を行なった。また自ら事故現場を視察して、赤泥が流出した溜池擁壁の上に立った。

　10月19日の夜10時過ぎに始まったEU議会審議の冒頭で、ゲオルギエヴァは赤泥問題に関する基調演説を行ない、EU委員会の基本的な態度を説明した。その中でゲオルギエヴァは、心情的に被災者やハンガリー政府の苦境に理解を示した。しかし、ハンガリー政府によるEU連帯基金からの緊急支援要請など、具体的な争点に関しては、ほぼ受け入れる余地がないことを明らかにした。

　赤泥の定義についても、「ハンガリー当局の情報によれば、赤泥は高い比率で重金属を含んでいるわけではなく、したがって、危険廃棄物とは見なされない」との見解を示した。

　また「EU委員会としては、争点は、新しい法整備をすることではなく、既存の法律をすべての加盟国に正しく施行し、かつ実行することであると考える」とした。つまり赤泥を危険物質に見直すつもりがないことを、議場での議論開始前に明言したのである。その上で、「赤泥の粉塵が健康リスクを生じさせているため、予防的な方策をとることが必要である」と述べて、大気汚染問題に関するリスクが存在することを認めた。

　以上のゲオルギエヴァによる冒頭演説の後に、1時間余りの審議が行なわれた。審議では、赤泥を危険物質に認定するかどうかが最大の争点となり、法改正を求める意見と、法改正よりも現行法の徹底で対処すべきだとする、双方の意見陳述が行なわれた。議員の発言はEU議会の二大会派である人民党グループと社民グループの意見表明によって始まった。いずれの会派もハンガリー選出の議員が、代表質問者として意見を述べた。前者は法改正を求め、後者は現行法の徹底を求めるという対照的な構図になった。すなわち人民党グループを代表したアーデル・ヤーノシュ（ハンガリーではフィデス党に所属。2012年からハンガリー大統領を務める）は、「危険物質のリストを再検討し、赤泥をそのリストに戻す時期に来ている」と主張し

た。これに対し、社民グループを代表したタバイディ・チャバ・シャーンドル（ハンガリーでは社会党所属）は「鉱山業廃棄物に関する指針を加盟国がいっそう徹底すべきである」と述べ、EU 委員会の立場を支持した。以上の二会派以外からの発言も続いたが、全体としては法改正を求める立場と現行法の徹底を求める立場に意見が二分された。[*60]

　以上のような各会派の意見陳述を受け、最後に再びコミッショナーのゲオルギエヴァがまとめを行なった。

　「まず、法制度と委員会の役割の問題についてです。冒頭における私の発言を正確に繰り返せば、我々が行なった第一段階の分析によれば、我々は適正な法制度をもっているが、行動することにおいてはいまだ十分ではない、つまり法制度の実施が問題であると述べました。ここでいま私が強調したいのは、この中の『第一段階の分析によれば』という個所です。そして結論として私が強調したいのは、法制度に欠陥があるかどうかを検討してもよい、ということです。（中略）法制度の視点からみると、二つの具体的な焦点があります。第一の問題は、赤泥を危険なものと見なすか否かという分類の問題です。赤泥があらゆる場合において、つねに危険でないとは言いません。もし重金属を高い割合で含んでいたら、あるいは、もし特定の数値的基準に合致するのであれば、その赤泥は危険でしょう。つまり、赤泥を危険物だと分類する場合がありうるかもしれないということなのです。しかし現段階で、ハンガリー政府が提供した情報に基づくなら、今問題になっている赤泥は危険ではないと言えます。ただし、もっと徹底的な分析をする必要があることは明らかです。そこで問題は、このような争点をどう扱うか、つまり危険廃棄物の定義を厳しくする必要があるかどうかですが、今日のところはこれにお答えできません。しかし検討することをお約束します」。

　以上のゲオルギエヴァの答弁のうち、「ハンガリー政府が提供した情報に基づけば、赤泥は危険ではない」そして「もっと徹底した分析」が必要という部分は、ハンガリー政府が赤泥を危険物質として認定することに消極的であるかのような印象を与えるものである。だが、現実には本章の検討から明らかなように、EU の専門家の方が消極的だったのである。ともあれ、ゲオルギエヴァは審議のまとめにおいて現

行法の見直しを検討すると述べて、審議冒頭での発言を翻したことは注目に値する。実は、彼女自身がハンガリーの事故現場を訪れて、記者会見で述べた発言のなかには既に、法制度の見直しをせざるを得ないという事実認識が含まれていた。曰く、

　「いまこそ欧州の連帯という最も大切な価値を見出しましょう。私達のチームは、健康リスクを減らすために、*解毒作業を遂行するために*（斜体は筆者による）、そしてこの地域の長期的な生態的安定性を生み出すために、何ができるのか、その方策を見出すためにここへやってきたのです」と。[61]

　公式的には現行法規である欧州廃棄物リストの規定に立脚せざるを得ないEUコミッショナーであるゲオルギエヴァであっても、赤泥が現実にもたらした被害を目の当たりにした時に、「解毒作業」の必要性に言及していたのである。すなわち、事実上、赤泥が有毒であるとの認識をすでに示していたことになる。

EU指令による危険廃棄物定義

　10月19日のEU議会では、上述したように、赤泥の危険性に関する法制度の見直しを検討することがEUコミッショナーによって約束された。確かに2002年の「欧州廃棄物カタログ及び有害廃棄物リスト」は赤泥を危険廃棄物から除外しており、このリストの妥当性がEU議会の議論において繰り返し問題視されている。ところが欧州廃棄物リストの元にもなっているEU指令は欧州廃棄物リストと少し違う指針に基づいて制定された[62]。この指令は正式には「危険な廃棄物に関する1991年12月12日付理事会指令第91/689/EEC号」[63]（以下、EU危険廃棄物指令）であり、この指令の危険廃棄物規定は2008年の改定まで効力をもった。有効なEU法規が存在したにもかかわらず、新たに欧州廃棄物リストが制定されたのは、1991年以降に登場した新種の廃棄物を含む種々の廃棄物リストが作成されたため、包括的なものを作る必要が出ていたからである。[64]

　1991年指令の全体の構成は以下のとおりである。

　　本　　　文：主旨及び各国への適用条件など
　　付属書Ⅰ-A：「付属書Ⅲが列挙する性質を示す廃棄物」
　　付属書Ⅰ-B：「付属書Ⅱが列挙する成分を含有し、かつ付属書Ⅲが列挙する性質を示す廃棄物」

付属書Ⅱ：「廃棄物が含む危険成分」
　　付属書Ⅲ：「廃棄物が有する危険な性質」
　EU危険廃棄物指令は本文と3つの付属書からなるが、具体的な危険廃棄物の列挙と定義を行っているのは付属書の方である。付属書Ⅰ-A及びⅠ-Bは危険廃棄物の一覧であり、付属書Ⅱは有害物質ないし有害成分の一覧である。そして付属書Ⅲは有害性（危険を生み出す性質）の定義である。
　以上のEU指令による危険廃棄物の規定で注意しておかなければならないのは、3つの付属書の表題に現われているように、付属書は相互に複雑に関係しあっていることである。つまり危険な廃棄物と認定されるためには、有害性の定義を与えた付属書Ⅲを満たすだけでは不十分であり、付属書Ⅰの中で列挙された廃棄物項目にも該当しなければならない。さらに付属書Ⅰ-Bに列挙されている廃棄物については、付属書Ⅱに挙げられたいずれかの成分を含んでいることも、危険廃棄物と認定されるための要件となっている。つまり付属書Ⅰ-Aの廃棄物については付属書Ⅲの条件も満たすこと、そして付属書Ⅰ-Bの廃棄物については付属書ⅡとⅢの両方の条件を満たすことが、それぞれ求められているのである。
　以上のことを確認したうえで、有害性を規定する出発点である付属書Ⅲにおける定義をみてみよう。付属書Ⅲは全体として14項目を列挙し、1から12までが具体的な有害性の定義になっている。例えば第1項目「爆発性」は「炎の影響により爆発しうる物質及び合成物、ないし震動や摩擦に対してジニトロベンゼンより敏感に反応する物質及び合成物」とあり、以下「2：酸化性」、「3：強火炎性」、「4：刺激性」、5：肺感作性」、「6：毒性」、「7：発がん性」、「8：腐食性」、「9：伝染性」、「10：催奇性」、「11：突然変異誘発性」、「12：水、空気、あるいは酸に触れた時、毒ないし有毒な気体を放つ物質ないし合成物」が列挙されている。
　第12項に続く最後の2項目である第13項と第14項は、特定の有害性による定義ではなく、一般的な定義になっている。すなわち「13：上記のいずれかの性質を持つ物質をどのような方法であれ、たとえ事後的にでも、顕現させる物質ないし合成物。例えば浸出水」、及び「14：環境毒性：1つないし複数の環境分野に対して即時的に、あるいは時間をかけてリスクを及ぼす、ないしリスクを及ぼすおそれのある物質及び合成物」である。

3　赤泥をめぐるEUの対応　　173

赤泥の性質が付属書Ⅲの定義する危険性のいずれかに該当するのかどうか考えてみよう。赤泥はこれまで見たように、強い腐食性を有するので第8項に該当する。もっともこれに対して、腐食性は赤泥ではなく水酸化ナトリウムによるものだという見方もありうる。その場合でも、赤泥は第13項の「浸出水」性に該当する。つまり、赤泥はその生成過程で不可避的に水酸化ナトリウムを含有せざるを得ない以上、これは「上記のいずれかの性質を持つ物質をどのような方法であれ、たとえ事後的にでも、顕現させる物質」に合致するのである。また第14項の環境毒性には明らかに該当する。条文を今回の赤泥事故に対照させると、条文の前半、「一つないし複数の環境分野に対して即時的なリスクを及ぼす」には、赤泥の火傷による死者と負傷者が出たことが対応する。また、条文の後半、「時間をかけてリスクを及ぼす」には、赤泥粉塵による大気汚染が健康被害を引き起こすリスクが存在したことが対応する。

しかし付属書Ⅲだけでは十分でない。先に指摘したように、1991年EU危険廃棄物指令の規定に従えば、廃棄物を危険と認定する上で付属書Ⅲは必要条件であって、十分条件ではない。付属書I-AないしI-Bのいずれかに該当しなければ危険廃棄物と見なされないのである。付属書I-Aには赤泥に該当する項目はない。付属書I-Bのうち第27項：金属ないし金属化合物を含有する液体ないし汚泥が赤泥に対応しうる廃棄物である。しかし付属書I-Bの場合は、付属書Ⅱに列挙された成分を含有することも危険廃棄物認定の要件である。赤泥が含有している組成物で付属書Ⅱの成分に該当するのは五酸化バナジウム（第2項のバナジウム化合物に該当）、三酸化硫黄（第19項の無機硫化物に該当）、フッ素（第20項のフッ素に該当）である。また付属書Ⅱには第24項に塩基が挙げられているので、水酸化ナトリウムも赤泥の成分と考えれば、ここにも該当する。

したがって、ここで再び問題になるのが水酸化ナトリウムである。つまり、実際に被害を起こすのはこの物質だからである。ハンガリーの専門家が行き着いた定義に従えば、赤泥は本来的に水酸化ナトリウムを組成物とするので、EU基準に従っても、付属書I-Bにおける第27項、付属書Ⅱにおける第24項、付属書Ⅲにおける第8項という三要件を満たすため、危険な廃棄物と認定できる。あるいは付属書Ⅲに「肺感作性」（第5項：吸引することで呼吸器などに障害を与える危険性）という

項目があるので、これを適用して、付属書 I-B における第 27 項、付属書 II における第 24 項、付属書 III における第 5 項という三要件でも、危険な廃棄物と認定できる。

しかし、水酸化ナトリウムを赤泥の本来的組成物とみなさない現行欧州廃棄物リスト基準に従うと、赤泥は付属書 I-B と付属書 III の要件は満たしても、付属書 II が列挙する危険物質を基準値以上には含まないので、赤泥は危険物質ではなくなる。[*66]

2000 年のハンガリー「化学安全保障法」では付属書 III に相当する危険性の要件だけで危険廃棄物に認定できる。これに比べて、1991 年 EU 指令は明らかに危険廃棄物を限定的に定義している。

しかし、この EU 指令においても、実は、赤泥を危険な廃棄物と認定する余地が残されている。すなわち付属書 III における第 13 項である。この条項に依拠して、危険な廃棄物として赤泥を認定する可能性が残っているのである。付属書 III の第 13 項は浸出水を例に挙げているように、1991 年 EU 指令はもともとの流動性物質が危険物質を含んでいなくても、その流動性物質が環境に出てくるまでの過程で、危険物質を取り込む場合があることを想定しているのである。先に見たように、この条項は赤泥にも当てはまる。とするなら、付属書 I-B の第 27 項、付属書 II の第 24 項（塩基）、そして付属書 III の第 13 項という組合せで赤泥の危険廃棄物認定を行なうことが可能である。

また複数の項目にわたる危険性を有する場合も排除されないとすれば、付属書 III の 13 と 14 を一組にして、付属書 I-B の第 27 項及び付属書 II の第 24 項という組み合わせで、赤泥を危険廃棄物と認定することもできる。[*67]

このように 1991 年 EU 危険廃棄物指令を見直すなら、1991 年指令を改正しなくても赤泥を危険廃棄物と認定することは十分に可能である。つまり赤泥は産業廃棄物に関する欧州法体系において、危険物質として認定が可能であるにもかかわらず、例外として、無害であると見なされ、2000 年の欧州廃棄物リストでは無害と明示された。したがって、赤泥をめぐる基準の二重性という問題は、ハンガリーにだけ存在するのではなく、EU 全体の問題でもある。

EU 危険廃棄物指令とハンガリー化学安全保障法

前項で検討した 1991 年の EU 指令とハンガリーの「化学安全保障法」を比較

対照すると、ハンガリーの「化学安全保障法」がEU指令を見本ないし下敷きにして制定されたことがわかる。なぜなら、危険性を定義する様式（項目、内容、論理構成）、および条文構造（危険性の定義を危険物質の列挙後に配置）に明らかな類似性があり、両法規の近親性を示しているからである。しかし他方で、ハンガリーの「化学安全保障法」は、1991年EU危険廃棄物指令の持つ有害認定の複雑さや限定性を解消しており、単なるEU基準の導入ではない。ハンガリー法の核心は、「危険性」要件だけで、危険な廃棄物と認定できるように変更したことである。[68] ハンガリー立法府は「環境分野に対してリスクを及ぼす物質」であるならば、それだけで法規制の対象になるという明快な論理を採用したのである。

　以上、本章では、赤泥は有害か無害かについて、国際条約、EU法規、そしてハンガリーにおける法規制、さらにはそれぞれの法規制の関連性を見てきた。国際基準のほうは赤泥に対して、特例的に無害であるという定義を押し通してきたのに対し、ハンガリーの立法府、ハンガリーの専門家、そしてハンガリー政府は、人と環境への有害な影響があるのか否かという現実を基にして、国内向けにも、また国際社会に対しても、赤泥を有害物質と見なすべきであるという主張を行なった。

　通常に理解されている東欧とEUの関係とは、逆の姿がここに示されている。法整備として見ても逆転した関係を見ることができる。すなわち2008年に制定されたEU廃棄物規制指令は、先に見た1991年指令の複雑な危険廃棄物定義を解消したが、[69] その内容を見ると、2000年のハンガリー「化学安全保障法」の後塵を拝する様相を呈しているのである。新しいEU法に従えば、赤泥を無害と認定してきた2002年の欧州廃棄物リストを見直すことができたはずである。ところが2008年の親規定改定後も、欧州廃棄物リストはそのまま維持された。[70] このためEU委員会は先に見たように、ハンガリー側から廃棄物リストの改定を求めることになった。もちろんEU内部にはロンドン条約議定書をめぐる議論で指摘したように、赤泥の扱いに厳しい態度をとる傾向も生まれている。しかしEU法規制としては、一貫して赤泥の無害扱いを続けているのである。[71]

　西欧における赤泥や有害廃棄物の管理が、ハンガリーや東欧よりもずさんであるというわけではない。東欧各地にはアイカと同じくらい、ないしそれ以上に、ずさんな状態で赤泥を貯蔵しているところが少なからず存在する。[72]

176　第4章　赤泥は無害か有害か？——国際基準より厳しい国内基準の判定

ここで問題にしたいのは、国民の生命や財産が危険にさらされた時に、政府は何を優先させるべきかという点である。赤泥事故への対応をめぐってハンガリーが示した事例の本質は、国際基準を採るか、国内基準を採るかという問題ではない。赤泥によって人命や財産が侵されたという現実から出発するべきだ、という単純でごく自然な認識が問われているにすぎないのである。亀裂が入っていても崩れるはずはないと信じられていた擁壁が崩壊し、大量の赤泥が外部に放出されるという、これまで経験したことのない事態が生じた。結果として多くの人命や財産が奪われた。これが現実である。この現実を誰も否定することはできない。ならば現実を直視して、それに基づく対応が求められるのである。

　ハンガリーアルミ社の幹部が、赤泥は有害物質ではない、といくら主張しても、赤泥が人や環境を害したという事実は変わらない。EU法規に縛られているEUコミッショナーも、赤泥被害の実情を見た時に「解毒」が必要だと表明せざるを得なかった。

　法規制を論ずるにせよ、災害からの復興指針を策定するにせよ、被災者や被災地の置かれた現実から出発する以外に、道はないのである。

第 5 章

復興のハンガリーモデルと日本の復興政策

　前章まで赤泥事故と事故後の復興政策を検証してきた。本章では復興のハンガリーモデルについて述べる。またハンガリーモデルとの対比において日本の復興政策が持つ限界を指摘し、改善のための提言を行なう。これが本章、および本書全体の最終的な到達点となる。

　ハンガリーモデルを示す前に、本章の1と2で、赤泥事故以前のハンガリーにおける災害復興政策を検討しておこう。なぜなら、すでに1990年代末からハンガリーでは「被災の緩和」政策が始まっていたからである。その代表例が「ベレグの先行例」として本書でも何度か触れた施策である。すなわち赤泥事故後に採用された復興政策とは、見方を変えれば、1990年代末からハンガリー政府が着手してきた新しい災害復興政策の集大成だったのである。

　1990年代末からの復興政策史を踏まえたうえで、本章の3において復興のハンガリーモデルを提示する。続いてこのハンガリーモデルを座標軸として、日本における災害復興政策の問題点を検討する。さらに両国以外の復興政策にも視野を広げ、国際的な見地からハンガリーモデルの位置づけを試みる。

1　被災者救済の先行例

被災者救済事業の歴史

　ハンガリーはカルパチア盆地の中央部に位置する。このため、周囲の山々から無数の河川がハンガリーに向けて流れ込む。この無数の河川が集まって2つの大河が

形成される。1つがドナウ川であり、カルパチア盆地の西部に集水域を持つ。もう1つの大河がティサ川であり、同カルパチア盆地東部を集水域とする。ティサ川はハンガリーを貫流した後に、セルビア領でドナウ川と合流する。合流したドナウ川は東へと進路を変え、ルーマニアとブルガリアの国境沿いを流れ、やがて黒海に注ぎ込む。

ハンガリーは盆地という地形的特色のため、湧き水や地下水などの水資源が豊かである。しかし同時に、洪水が多いことでも知られる。ハンガリーで天災と言えば、ほとんどが水害である。

災害史はハンガリーでも研究が始まったばかりであるが、1990年代末以降の復興政策史を検討する上で、参考となる研究成果が現れている。最近の一例が、今から140年ほど前の1878年に、ハンガリー北部の都市ミシュコルツで起こった大洪水関連の研究である。この洪水からの復興に際して、ミシュコルツ市行政は被災者の個別的な被災状況を綿密に調査した。この個別的な被害査定に基づき、被災者ひとりひとりに対して被害額に応じた公的復興支援を行なったというのである。[*1] 被災者によっては損害額にほぼ相当する金銭的保障を受け取った例もあった。[*2] すなわちハンガリーにおいては、自然災害時には個々の被災者に対して、地元自治体が自前の予算や義捐金を財源として、損害額に応じた復興支援を行なったいくつかの前例が存在するのである。復興支援の地元財源が不足する場合には、中央政府がこれを補うこともあったという。[*3]

社会主義時代においても、2001年のベレグ洪水を上回る規模の洪水がティサ川流域で1970年に起こっていた。当時の共産党政権（カーダール・ヤーノシュ書記長時代）は、倒壊した個人住宅を国家予算で全面的に再建した。[*4] 社会主義時代だから国が関与して当然ではないかという見方もあろう。しかし社会主義時代には、個人の私有財産形成が大きく制限されることはあっても、国家によって支援されることはなかった。災害からの復興住宅というならば、公営の集合住宅を建設して、そこに被災者を移住させる方策を採用して当然だった。しかし地方社会では、第1章で見たように、庭付きの個人住宅が一般的である。社会主義時代にあっても復興に際しては地域の実情が考慮されたといえる。

今後ハンガリーで災害史の研究が進めば、今回の赤泥災害による復興住宅や本章でみる1999年の災害対策法、及び2001年のベレグ復興事例を、19世紀から

の長い歴史的視野のなかで位置づけることが可能となるであろう。その日を待たずして今ここで提起しておきたいことは、ハンガリーにおける災害復興の基本的なあり方についてである。つまり被災者ひとりひとりの事情に応じた公的な支援を行なう復興のあり方には、ハンガリーの歴史的経験が反映されていると考えられるのである。

ハンガリーにおける地方自治の伝統

　ハンガリーの復興政策を理解する上でもうひとつ重要な前提は、地方自治のあり方である。第2章でデヴェチェル市の歴史的経緯に触れた。そのうえで赤泥災害からの復興事業は、デヴェチェル市が郡都として再生することと表裏一体をなしていると指摘した。また同市の再生計画では、住民意識や地域意識の強化が必要であると提唱されていた。いっぽうコロンタール村では、ドイツ系であるという歴史的出自が村民意識の根にあった。またショムローヴァーシャールヘイ村には、ハンガリー有数のワイン産地であることが地域意識の核にあった。

　ハンガリー社会にはこうした個々の村々や都市の自治をさらに大きく包み込む、より広域的な地方自治の伝統がある。この広域自治、すなわち県と郡の自治は、市民社会における人権意識や住民自治とは異なり、近代以前にさかのぼる歴史的地方制度に根差すものである。これは現在においても自治と自治意識の源となっている。

　ハンガリーの近代史は日本と同年に始まる。つまり明治維新と同じ1867年に、ハンガリーはオーストリアと連合して、オーストリア・ハンガリー二重君主国を形成したのである。この国家連合によって、オーストリアに対するハンガリーの従属状態が解消され、独立国家に相当する内政的な自立性を獲得した。

　ハンガリー人はもともとウラル地方に故地を持つアジア系の民族であり、9世紀末にカルパチア盆地に定住して、独自の王朝を建てた。その後は周辺の諸民族を統合し、中世ヨーロッパにおいて強大な王国となった。しかし16世紀にオスマン帝国とハプスブルク帝国に分割統治され、17世紀半ばにオスマンが撤退すると、ハンガリー王国全体がオーストリア・ハプスブルク家の支配下に置かれた。他方、このハプスブルク支配下においても、県と郡を単位とする封建的な地方制度は維持され、身分制議会に対して県は代表権を持つ特権的な地位を与えられた。県と郡の自治は地元の貴族に委ねられ、1867年の近代的国制の成立後においても、従来の県と郡を

主な枠組みとする地方行政組織が維持された。

　以上のような歴史的経緯によって、ハンガリーにおける地方自治意識の形成には県と郡が重要な役割を果たしてきた。1867年以降の国家体制については、続く2つの世界大戦の帰趨によって幾度も大きな変容を被ったが、いっぽうで県と郡に基盤を置く地方制度に大きな変化はなかった。

　すなわち第一次世界大戦はオーストリア・ハンガリー二重君主国の解体をもたらし、民族自決原理によって小国家群が独立したが、ハンガリーは領土的にも人口的にも大幅に縮小した。また、第二次世界大戦後はソ連の影響下に置かれ、ハンガリーにも共産党政権が誕生し、1989年まで社会主義体制が続いた。この間に地方制度は、議会や首長のあり方が幾度となく変化して、地方幹部層の社会的出自にも交替が見られた。しかし県と郡を大枠とする自治意識は、紆余曲折はあったにせよ強く残存し、共産党による支配に対しても、地方的な秩序や利害を守る抵抗の砦となった。

　このようにハンガリーの地方制度は、市民社会的自治や村落共同体的地方自治とは異なり、貴族的な地方自治制度と、貴族的な精神的伝統を基礎にしていた点で、独自性を発揮している。ただし貴族と言っても、デヴェチェル市で紹介したエステルハージ家のような大貴族はごく一部であり、国王や領主への免税特権だけを持つ小貴族が裾野に大量に存在していた。ここにハンガリー貴族制の特徴がある。貴族だけで全人口の1割近くを占めたのである。つまりハンガリー語の貴族（ネメシュ）は日本で想起される貴族＝「公家」だけでなく、下級武士も含む幅広い社会層を意味した。事実、第二次世界大戦期までは、ハンガリーの地方議員や役人の多くが旧貴族層の出自であった。

　第二次世界大戦後のハンガリーでは、地方官吏の出身階層における伝統的な継承性は弱まった。しかし地方自治における精神的風土の連続性は維持された。1989年の社会主義からの体制転換後には、全国の県自治体が連携して共同の雑誌『コミタートゥス（県）』を刊行している。この雑誌の編集・発行母体は、今回の赤泥事故が起きたヴェスプレーム県であり、ヴェスプレーム県人の自治意識の強さを物語っている。

　今回の赤泥事故後における復興施策の立案では、地元住民の強い自治意識が際

立っている。住民集会はこの自治意識の現れだったが、住民自治の背後に県や郡を単位とする伝統的な地域意識が存在している。救済基金を運営する救済委員会は県レベルで組織されたが、この救済委員会は政令の規定に逆らってでも、被災地や被災者の実情を優先させる態度を貫いた。こうした態度にハンガリーにおける独自の「地方自治」精神を見ることができる。

　19世紀の災害支援は歴史家の手によって発掘された過去の事例である。だが、社会主義時代における1970年の災害復興住宅は、当該地域住民の間ではむろんのこと、中高年以上の一般市民の記憶の隅にも残っている出来事だった。こうした個別の事例を短絡的に一般化すべきではないとしても、地域社会や国家が被災者ひとりひとりの復興を公的に支援することは、ハンガリー災害史において、稀なこととは言えないであろう。またそれを良しとするハンガリー社会の価値観が底流にあることは看過できない。以下でみる1999年の災害対策法の制定は、以上のような前史や社会的価値観を抜きには理解できない。

1999年の災害対策法制定と「生活再建」への国家支援

　ベレグ地方の自然災害を嚆矢として、ハンガリーでは2000年代に政府主導の積極的な被災者救済事業が展開された。2000年代に国家関与によって行なわれた復興住宅建設に法的根拠を与えたのは、1999年の災害対策法である。この法律は正式には「災害に対する防護の指針及び組織、ならびに危険物質に係わる深刻な事故に対する防護について」という。1999年災害対策法が立法された直接の背景は、前年からこの年にかけて全国各地で大規模な自然災害が多発したことだった。

　災害は社会を映し出す鏡であると言う。まさに1990年代末に頻発した大規模災害は、体制転換後のハンガリー社会の実像を、人々が正視する機会となった。すなわち災害現場からの報道でテレビの画面に映し出される被災者は、社会主義からの体制転換や民主化の中で、経済的あるいは社会的に置き去りにされた人々の姿だった。洪水で家を失い、もはや自力での住居再建は困難な老人達の悲鳴が、肉声で報道された。災害がなければラジオのマイクも、テレビのカメラも向けられることのなかったであろう地方社会の現状と人々の姿が、全国津々浦々に伝えられたのである。

　災害対策法の審議そのものも、折からの南部地方での洪水のさなかに行なわれ

た。刻一刻と災害現場から報道が届けられる中で国会論戦が進行した。この緊迫感を最も良く物語る議員の発言をまず紹介しよう。

「我が党の代表質問を始めますが、少し型破りで、普段と違った出だしになります。（2日前の）3月20日の朝6時過ぎ、ラジオ番組でイロンカさんという85歳の未亡人が話すのを聞きました。（洪水のため住居に一人取り残されたイロンカさんが、救助を拒んでいるという状況の詳しい説明が続く。詳細は省略する）彼女が何と言っているのか紹介します。『避難する先がなくはないのですよ。でもそこへは行きません。だって、人間なんてどこでどうなるか、分からないじゃないですか。避難する途中の道ばたで倒れるかもしれません。もう私は歳なのです。夫が亡くなって56年が経ち、一人暮らしになってから26年ですよ。このちっぽけな家でね。お隣りだって、家の壁が水浸しになっても、避難なんてしてないよ。親切な人たちが助けに来てくれていますね。あの人達に神の御加護あれ。でもね、記者のお嬢さん、今の私にとって最も身近な存在は、いったい誰だと思います。それはね、神様ですよ。イロンカおばさんの家が壊れてしまうのを、神様がお許しになるわけはありません。そんなことを神様がお望みになるはずないじゃありませんか。私は神様を信じています』。……いま報道で次々と目にするこのような現地の状況に心が痛みます。名もない人々が生涯をかけて築いた唯一の財産である家が崩れ落ちていくのです。人も家畜も水につかり、途方にくれ、絶望し、立ちすくんでいるのです。助けがなければ、ただあるのは辛苦と涙と、そして祈りだけでしょう。何故なら、この人たちにとって家が倒壊すれば、それこそ破滅だからです。自分の目の前で家畜が洪水に呑み込まれていく、それは破滅以外の何ものでもないのです」[*8]（独立小農業者党のヴァーシャールヘイ・アンドラーシュ議員）。

この議員に限らず、各党の代表質問者は、発言をまず洪水現場で土嚢を積む人々への感謝の言葉で始めた。1999年の災害対策法案の審議は、このように危機的状況の中で行なわれたことを念頭に置く必要がある。

1999年に先立つ10年間は、ハンガリーが社会主義からの体制転換を果たし、民主化を進めた時期である。民主化によって確かに、政治的自由は西欧並みになった。しかし経済や社会をみると、この10年間は格差が広がった時期である。大多

数の人々にとって生活は厳しくなり、インフレの進行で、特に年金生活者の実質的な生活水準が大きく低下した。知識人への差別は撤廃され、若者はより高い学歴を身につけることができるようになったが、首都など一部の地域を除けば就職先は限られた。公的な社会保障は体制転換により大きく後退し、それに代わる市場経済では、自助努力によるべきだとして、生命、損害、年金、医療、災害など種々の民間保険への加入が求められた。しかし、ごく一部の富裕層を除き、日々の生活で精一杯な人々にとって、自助努力としての保険加入は不可能だった。こうして、大きな格差がとりわけ首都と地方の間に生まれた。首都を中心とする先進地域は街並みも賃金も西側並みに近づいたのに対し、首都から遠い地域、とりわけ北東部は農業生産の落ち込みと旧国営の重厚長大型産業の凋落で、経済が急速に落ち込んだ。地域によっては体制転換の結果、雇用の60%が突如として失われた。[*9]地理的にも交通網も不便な北東部は、新規産業の誘致が難しく、若者の流出は著しくなった。そこに自然災害が襲いかかったのである。

　政府には頻発する大規模災害に対処するため、法整備を早急に実現することが求められた。効率的かつ効果的に災害対策を行なうためである。限られた人的資源を効率的に動員する災害対策の眼目として、消防庁と市民防災庁を統合して中央防災総局が設置された。他方、効果的な災害対策を具現したのが、国家予算による被災者の生活再建支援条項だった。緊急性を重んじたあまり、野党から災害対策法案は既存立法との擦り合わせが十分でないという批判を受けた。[*10]しかし、被災者支援を積極的に行なうべきだという点に関しては、先に見た小農業者党議員の発言によく表れているように、野党も含めた全党派が異口同音に賛意を表明した。

　法案を提出した与党フィデスは次のように述べて、同法案が国民の意志に沿うものであると主張した。曰く、

　　「ハンガリーではこの1年間に、過去10年分以上の大災害が次々に起こった。これに対してハンガリーの国民は日々の問題を脇に置いてでも、社会との連帯を前面に掲げ、無私の精神を発揮し、誰に対しても手を差し伸べる立派な態度を示している。……防災は国民全体に係わる事柄である。現状を見てわかるように、災害は誰にでもふりかかりうる。また、たとえ災害と無縁な所に住んでいたとしても、災害の影響は社会全体に及ぶのだから、いずれ深刻な結果と

1　被災地救済の先行例　　185

向き合うことになる[*11]」（ファゼカシュ・シャーンドル）。

　野党第一党の社会党も積極的な支援の必要性を訴えた。曰く、

　　「窮地に立たされた被災者に対して、被害への〔公的な〕補償があるのか、ないのか、これが争点となっている。役所は、補償は行なわれますと言い、被災者は、補償がなされていないと言っている。我々の考えでは法案を修正して、実現可能な範囲で大規模な災害対策基金を設立すべきである。この基金によって被災者救済問題が解決可能となる。省庁間の見解の相違で、窮地に立たされている人たちの救済が阻害されないよう、この法案には基金の設立を盛り込むべきである[*12]」（社会党バログ・ラースロー議員）。

　こうした立法過程での議論を経て、災害対策法の条文に「政府は被災地域の被災を緩和するため、独自の判断に基づいて国家予算の支出を行なうことができる[*13]」（第48条第2項）という規定が盛り込まれた。実際にこの条項が政府による被災者支援の根拠とされた。他方、「被災の緩和」の具体的中身として災害対策法が明記したのは、「生活に必要な基本的条件」（第3条第h項「災害後の支援」）[*14]の一言だけだった。被災者支援の中身を明瞭に規定すべきだという意見が、国会審議のなかで表明されたが[*15]、最終的に盛り込まれたのは「生活に必要な基本的条件」の文言だけだったのである。この点だけを取り上げるなら、実質的な支援のあり方は、時々の政府の意向に委ねられたのだとみなすこともできよう。しかし、立法過程での議論をもとに考えるなら、「生活に必要な基本的条件」が実際に意味したのは住宅再建支援であることは明らかである。また、ハンガリーの災害史を踏まえるなら、公的資金によって住宅再建を支援することはハンガリー社会における良識や価値観に沿うものだった。このような共通の理解があるからこそ、本書の第3章で検討した救済基金令でも、被災者に対する支援の中身を規定した第9条の文言は、「生活の基本的条件を整える」だけ十分だった。誰もがこの規定が復興住宅の建設を意味すると理解したのである。

　以上の共通理解を前提にしたうえで、災害対策法第48条第2項をいつ、どのような規模で具体的に発動するかが、時々の政府の裁量に委ねられたのである。

　災害対策法はいち早く1999年の自然災害に対して適用されたが、本格的な適用としては2001年のベレグ洪水対策が嚆矢だった。以後、ハンガリー政府は程度の

差はあれ、毎年のように自然災害からの復興に対して、国庫を財源として被災者救済を行なった。

次頁の一覧表をとりまとめたのは中央防災総局である。この一覧から、様々な自然災害に対して災害対策法が広範に適用されたことがわかる。2006年の洪水では、首都のブダペシュトも国庫による支援対象に含まれた。災害対策法は条文として適用範囲を制限せず、時々の政権の裁量とした。これに対し、災害復興行政を担う中央防災総局は、災害対策法の適用が無制限に広がり始めた状況を眼前にして、何らかの明確な指針を提示する必要に迫られた。その指針が、次頁の支援実績を取りまとめたうえで提示された、次の総括である。[*16]

「自然災害で被害を受けた私的不動産の所有者に対する支援について

　数年来、全国各地は突風、豪雨、洪水による深刻な被害を被っている。市民防災局によれば、被害が違法行為の結果であって加害者責任を特定できる場合には、被害を起こした者が被害を賠償しなければならない。この意味において政府は自然災害がもたらした結果について、賠償を行なう法的義務を負う立場にない。しかしながら政府は、深刻な自然災害やその他の原因による災害が発生した場合に、被害の規模、被災した地域の経済的、雇用的、社会的事情を考慮して、被災を緩和するために、国家予算による支援の実施を決定できる。

　ただし、国家の支援は**物権的な損害の補償ではない**。支援の原則を定め、財源を確保することは政府の専決事項であるが、支援の基本目的は、被災者の基礎的居住環境の創出であり、支援は自助(保険、自力)に代替するものではない。

　……(これまで行なってきた政府の支援は)独自のものであり、国際的な慣行とは乖離する性質のものである」。

中央防災総局は上記の総括でまず、自然災害の結果としての個人不動産の損害は、原則的に国家による補償の対象ではないことを確認する。その上で二つの条件が満たされた場合に限り、国家の支援すなわち災害対策法の適用が認められるとした。その2条件とは「被害の規模」及び「被災した地域の経済的、雇用的、社会

1　被災地救済の先行例　187

災害対策法の適用と中央防災総局による指針

年	月	災害の種類	被災地域	関連法規
2001	3	ティサ川の洪水	サボルチ・サトマール・ベレグ県	1019/2001. (III.9.) 政府決定 1025/2001. (III.23.) 政府決定 1/2001. (III.26.) 復興再建委員会決定 1033/2001. (IV.12.) 政府決定 3/2001. (V.7.) 復興再建委員会決定 1104/2001. (IX.12.) 政府決定 1054/2003. (VI.13.) 政府決定
2002	8	暴風雨	ボルショド・アバウーイ・ゼンプレーム県 ヘヴェシュ県 ノーグラード県	1142/2002. (VII.16.) 政府決定 1155/2002. (IX.14.) 政府決定
2002	8	洪水	ドナウ川と支流域	1148/2002 (IX.5.) 政府決定 1149/2002 (IX.5.) 政府決定 01/2002. (IX.14.) 政令 1180/2002. (X.24.) 政府決定
2004	6	異常気象	ボルショド・アバウーイ・ゼンプレーム県 ベーケーシュ県 ヘヴェシュ県 フェイェール県 トルナ県 ノーグラード県 ジェール・モション・ショプロン県	217/2004. (VII.19.) 政令 1072/2004. (VII.19.) 政府決定
2004	7-8	洪水	ボルショド・アバウーイ・ゼンプレーム県	243/2004. (VIII.21.) 政令 259/2004. (IX.16.) 政令 1090/2004. (IX.16.) 政府決定
2005	4	大雨	マートラ北部地域	88/2005. (V.25.) 政令 93/2005. (V.21.) 政令 1050/2005. (V.21.) 政府決定
2005	5		トカイ山麓地域	

的事情」である。この2条件が満たされるべきであると提起したうえでさらになお、念を押すかのように、2つの限定をつけている。1つは「国家による支援は物権的な損害の補償ではない」という限定である。つまり、政府の支援は民法的な意味での損害賠償ではなく、あらゆる損害に支援が及ぶわけではないという立場である。もう1つの限定は、「基礎的居住環境の創出」である。これは1999年法による規定の繰り返しであるが、実践的な指針としては、政府の支援が家屋の再建に限られ、動産には及ばないとする立場の表明である。

年	月	災害の種類	被災地域	関連法規
2005	5	嵐と洪水	ハイドゥー・ビハル県 サボルチ・サトマール・ベレグ県	99/2005. (V.28.) 政令 1054/2005. (V.28.) 政府決定
	7	大雨と洪水	ボルショド・アバウーイ・ゼンプレーム県	151/2005. (VIII.2.) 政令
	8	大雨	ヤース・ナジュクン・ソルノク県	158/2005. (VIII.16.) 政令
	8	大雨	バラニャ県 ベーケーシュ県 ボルショド・アバウーイ・ゼンプレーム県 ペシュト県 ショモジュ県 トルナ県 ヴァシュ県 ヴェスプレーム県 ザラ県 ハイドゥー・ビハル県 ジェール・モション・ショプロン県 ヤース・ナジュクン・ソルノク県	181/2005. (IX.9.) 政令 1088/2005. (IX.9.) 政令
2006	春	洪水及び 地下水位 上昇洪水	ジェール・モション・ショプロン県 コマーロム・エステルゴム県 フェイェール県 ペシュト県 バーチ・キシュクン県 バラニャ県 トルナ県 ボルショド・アバウーイ・ゼンプレーム県 チョングラード県 ヤース・ナジュクン・ソルノク県 ハイドゥー・ビハル県 ヘヴェシュ県 サボルチ・サトマール・ベレグ県 トルナ県 ブダペシュト	155/2006. (VII.26.) 政令 2132/2006. (VII.26.) 政府決定 8 及び 11/2006 中央防災総局措置、指令、指針 241/2006. (XI.30.) 政令 2078/2007. (V.9.) 政府決定 221/2007. (VIII.23.) 政令 2156/2007. (VIII.23.) 政府決定 2007年第128号法「予算執行に関して」 2007年第169号法「ハンガリー共和国予算に関して」

　中央防災総局の総括は上記の指針を示したうえで、再度、復興の基本は「自助」を基本とすることを確認している。そして最後に、国家による個人住宅の建設が世界的に見て独自な政策であり、「国際的な慣行とは乖離する」ことすらも、一種の自負心を込めて記している。

ベレグの復興住宅

　ベレグ地方はハンガリーの東端に位置し、ウクライナと国境を接する。2001年3

ハンガリーにおける失業率の地域・学歴格差

地域名	2012年	2013年
中部	9.6	8.7
北西部	9.6	9.4
中西部	7.0	7.7
南西部	12.4	9.2
北東部	16.1	13.3
中東部	13.3	13.8
南東部	10.1	11.4
全国平均	10.9	10.3
ヴェスプレーム県	10.9	n.a.（数値なし）
最終学歴		
初等学校（8年制）	24.3	23.8
専門高校	12.3	11.6
普通科高校（4年制）	9.2	8.5
大学以上	4.4	4.2

http://www.ksh.hu/docs/hun/xftp/gyor/mun/mun21306.pdf (2013.09.17)

月にベレグ地方で起きた大洪水により、46の自治体が被災し、2870棟が全壊ないし半壊した。この災害からの復興に対して政府が行なった支援が、赤泥事故における復興の先例とされた。ベレグ災害時もオルバーンが首相だった。当時の政府が提示した洪水被災者への復興住宅案は、集団的復興住宅建設、中古住宅購入、修繕・修復、金銭補償、老人ホーム入居という5つの選択肢から成っていた。

ベレグ地方の復興住宅支援では、結果として、711世帯2073名が新築の復興住宅に入居し、201世帯498名が中古住宅に転居した。また1476世帯が住居の修繕・改築を行ない、124世帯が金銭補償を受け取った。他に、住宅支援策ではなく、老人ホームへの入居を望んだ世帯が283あった。[*17]

ベレグ地方はハンガリーの中で最も経済的に遅れた地域の一つであり、社会主義からの体制転換による恩恵どころか、そのひずみが最も大きく現れた地域だった。上記の表は地域別に見た失業率である。

一般に東部は失業率が高く、東部の中でも北部と中部がさらに高い。失業率の

最も低い中西部に比べると2倍である。さらに学歴による違いを考慮すると、失業率の高い地域における低学歴者層は、失業率が30%を超えると推測される。実際ベレグ地方（中東部の中で最も東に位置する）では、ほとんどの自治体で失業率が20%を越え、30%に達するところも少なくない。これに比して首都だけをみると、その失業率は4～5%である。[18] 中央と地方の失業率格差が4～5倍にもなる状況は、1989年の体制転換以降、全く変化しない。

　自助努力を求めるのが市場経済における原則であるとしても、構造的な経済格差や所得格差が存在する場合には、原則論だけで対応するわけにはいかない。まさにベレグはそうした地域だった。

　次頁の地図は県ごとの1人あたりの国内総生産（GDP）を表す。[19] 年間350万フォリント以上、250～350万フォリント、220～250万フォリント、200～220万フォリント、170～200万フォリント、そして170万フォリント以下という6つの区分で表示されている。1人あたりの国民所得が最も高いのは首都である。最上位の350万フォリント以上という区分に入るが、実数値は450万フォリントである。また国内総生産を見ると、首都だけで50%を占める。首都の人口は全国民の2割にあたる200万人である。ここで国全体の半分の富が生み出されていることになる。首都に続いて1人あたりの国内総生産が高いのは、西部の3つの県（フェイェール県、コマーロム・エステルゴム県、ジュール・モション・ショプロン県）である。他方、ヴェスプレーム県は豊かな西部地方に位置するが、その中では1人あたりの国内総生産が低い。全国区分で見ても、下から2番目の範疇に入る。

　ベレグ地方は東部のサボルチ・サトマール・ベレグ県に属するが、この県は貧しい東部にあってもとりわけ貧しく、1人あたりの国内総生産の区分で、最下位に位置する。ベレグ地方を含む中東部全体の1人あたりの国内総生産（GDP）は、実数値で160万フォリントである。この数値は全国平均270万フォリントのほぼ半分、そして首都の450万フォリントの3分の1である。[20]

　災害対策法は法案の審議過程で見たように、明らかに体制転換から置き去りにされた人々への救済が念頭に置かれていた。最初の本格的な同法の適用が、経済的に最も恵まれないベレグ地方だったのは偶然ではない。したがって、中央防災総局が同法の適用指針を先の総括のように定めたことは、以下で述べるように、国家

1　被災地救済の先行例　　191

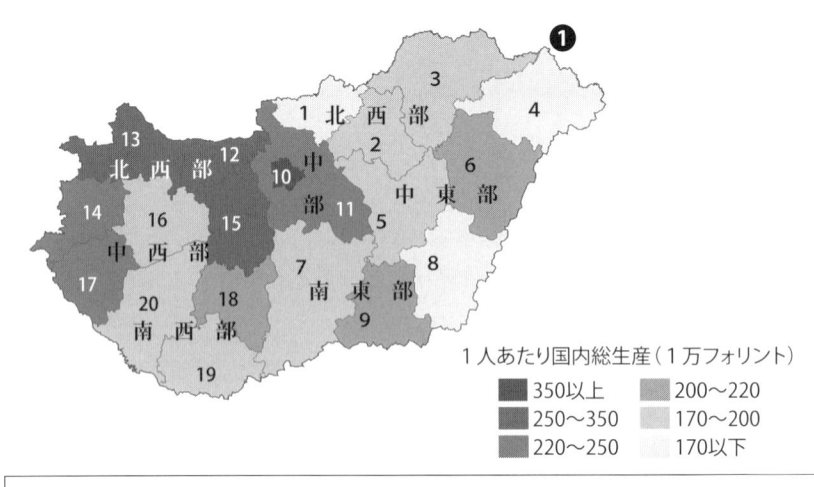

❶県別に見た1人あたり国内総生産
県名の後に記されているローマ数字は一人当たりの国内総生産区分を示す。Ⅰは年350万フォリント以上、Ⅱは250～350万フォリント、Ⅲは220～250万フォリント、Ⅳは200～220万フォリント、Ⅴは170～200万フォリント、Ⅵは170万フォリント以下。
出典：ハンガリー統計局：http://www.ksh.hu/docs/hun/xftp/idoszaki/gdpter/gdpter10.pdf

1人あたり国内総生産（1万フォリント）
- 350以上
- 250～350
- 220～250
- 200～220
- 170～200
- 170以下

●北東部
1：ノーグラード県(Ⅵ)
2：ヘヴェシュ県(Ⅴ)
3：ボルショド・アバウーイ・ゼンプレーン県(Ⅴ)
●中東部
4：サボルチ・サトマール・ベレグ県(Ⅵ)
5：ヤース・ナジクン・ソルノク県(Ⅴ)
6：ハイドゥー・ビハル県(Ⅳ)
●南東部
7：バーチ・キシュクン県(Ⅴ)
8：ベーケーシュ県(Ⅴ)
9：チョングラード県(Ⅳ)
●中部
10：ブダペシュト(Ⅰ)
11：ペシュト県(Ⅲ)
●北西部
12：コマーロム・エステルゴム県(Ⅱ)
13：ジェール・モション・ショプロン県(Ⅱ)
14：ヴァシュ県(Ⅲ)
●中西部
15：フェイェール県(Ⅱ)
16：ヴェスプレーム県(Ⅴ)
17：ザラ県(Ⅲ)
●南西部
18：トルナ県(Ⅳ)
19：バラニャ県(Ⅴ)
20：ショモジ県(Ⅴ)

年	予算額（100万フォリント）
2001	20586
2002	660
2003	0
2004	450
2005	1306
2006	3200
2007	0
2008	30
2009	370
2010	1780
2011	32160

支援条項が無原則に適用され始めた事態にくぎを刺し、本来の立法精神に立ち戻るためであった。

この点に関連して、災害復興予算の推移を見ておこう。左の表は中央防災総局が2011年に出した報告書に基づいて、作成したものである。このうち2001年から2006年の推移をみると、ベルグの洪

水があった2001年が突出しているのはやむをえないとして、次第に予算が膨れ上がる傾向にあったことがわかる。しかし、自然災害は予測ができない。2006年には、ドナウ川が比較的大きな規模で氾濫し、ブダペシュトにも被害が出た。そしてブダペシュトにも災害対策法が適用された。防災当局が復興予算の無原則な膨張を恐れて、先のような指針を出したのは合理的な判断だった。

復興事業における中央政府と地方自治体

　2006年の中央防災総局による総括には復興事業のあり方に関して、上で見た国家支援対象に係わる指針と並んで、もうひとつ重要な争点があった。それはハンガリーにおける1990年代末からの復興政策史を理解するうえで、極めて本質的な指針である。すなわち、これまで述べたように第1の指針が「何を支援するのか」に係わるものだとすれば、第2の指針は「どう支援するのか」に係わる。

　中央防災総局の総括は先の引用に続き、以下のように述べる。

　　「自治体によって遂行される被災の緩和策の実施に際して、次のような方針が明確になった。すなわち、市民防災及び災害防止に係わる資源と人員を、自治体に投入し、これを自治体の管轄下に委ね、さらに自治体の情報伝達網の中に組み込むことである。他方、防災当局には自治体を監督し、監査し、さらに自治体が自らの権限で行なった決定を見直すための法的な可能性も権限も存在しない。もっともこれまで被災の緩和は、比較的障害なく実施され、基本的には社会と自治体の双方が承認でき、かつ支援可能なやり方で実施された」。

以上の引用から「どう支援するか」に関して2つの重要な要素が浮かび上がる。第一点は自治体への権限の委譲である。つまり、災害復興の具体的事業の策定や実施を自治体と社会（住民）に委ねる方式が、赤泥事故に先行する2000年代に既に生まれていたのである。そして自治体への委譲方式は「比較的障害なく実施され」「社会と自治体の双方が承認できるやり方」として慣例化していた。赤泥事故に際して採用された復興方式、すなわち政府による予算枠設定と自治体主導による復興事業の実施は、2000年代のハンガリー社会が災害をしばしば経験する中で生み出した知恵であった。救済基金令に盛り込まれた第3の原則、すなわち、災害復興事業を自治体主導で行なうという原則は、この2000年代における方式が反映さ

れたものである。

　「どう支援するか」に係わるもう1つの要素は、透明性である。中央防災総局は、地方自治体に復興政策の策定と実施を委ねた場合に、中央政府ないし中央防災総局による「監督」、「監査」、「見直し」が全くできなくなってしまうことに、懸念を示したのである。現実に問題が生じていたわけではないが、中央防災総局は自治体主導で復興事業を行なうにあたり、透明性が不可欠だと考えるようになっていた。このため、先に見た救済基金令や復興令では、事業内容と会計の透明性が執拗に謳われた。透明性の強調は、善意の募金である義捐金を復興財源にしたことだけに起因していたのではない。つまり2000年代からすでに、自治体主導の復興予算に透明性を確保することが課題となっていたのである。

　赤泥事故後の復興で実施された地方への権限委譲と透明性の確保は、災害復興政策における核心的な要素であり、いずれも2000年代に積み重ねられた復興事業政策の経験による帰結であり、教訓であった。

　最後に、中央防災総局の総括は全体を次のように締めくくる。

　「近い将来に天災が来るとしても、それを予知することはできない。しかし、復旧と復興に備えることは可能であるし、また必要でもある。天災後の復旧と復興の体制は、それに相応しい法的な環境と、法律に基づく内規をあらかじめ整備しておけば、生み出せるものである」。

　当たり前のことが述べられているようにみえるが、ここにも防災と復興に関する重要な考え方が表明されている。すなわち、予知が難しい天災に備える際に、予知することに力を注ぐのではなく、復旧や復興を主眼とした体制作りを優先させるべきだという考え方である。

　日本では莫大な公的資金を投入して地震の予知や予報体制づくりを行なっている。原発事故に対しても、スピーディという高価な放射能汚染予測システムが整備されていた。しかし市民防災には何の役にも立たなかった。

　国家予算は限られている以上、どこに予算を回すのが最も効率的かという観点から、防災・復興政策を見直す必要があるだろう。その際に、「天災予知より復興体制づくりを優先させよ」というハンガリー中央防災総局の指針は「何を支援するのか」、そして「どう支援するのか」の教訓と並んで、十分に考慮に値する第3の教訓

である。

2　赤泥事故後における復興政策

中央防災総局が再度示した課題設定

　中央防災総局が前記の総括を行なった4年後の2010年に、アイカの赤泥事故が起きた。この赤泥事故を経験したあとで、中央防災総局は再度、災害と復興という問題を検討して、以下のような結論を示した。[21]

「復興と再建に関する課題設定」

　　この数十年間、異常気象の結果として、頻繁に嵐、暴風雨、河川洪水、地下水氾濫、雹害が、程度の差こそあれ、全国各地を襲い、大きな被害をもたらしている。さまざまな性質とさまざまな規模の損害が発生した。国、自治体、個人の所有物のいずれもが被災を免れえなかった。道路、橋、洪水対策施設、公共施設、個人の不動産等が破壊された。断続的に繰り返されたこれら自然災害の結果、ハンガリーはここ数十年間で、数万世帯が家屋の喪失ないし部分的損害を被った。

　　被災後には、生活の基本的な条件を創出し、あるいは生活を再建しなければならないが、被災者や自治体の能力を超えることがしばしばである。特に、経済的、社会的、雇用的な要因を考慮しなければならない地域の場合がそうである。

　　ここで、次の問題が生じる。すなわち、自然災害が起こった場合、その損害賠償はどのように、また、いかなる枠組みで行なうのかという問題である。民法に従えば、損害の補償には3つの概念が存在する。すなわち損害賠償、原状回復、被災の緩和である。民法上の損害賠償責任を問える基本的要件は、違法性、加害者責任、損害、そして損害と加害者責任行為ないし過失責任の間の因果関係がすべて揃っていることである。つまり、法的にはハンガリー政府にせよEUにしろ、自然災害の復旧を義務付けられているわけではない。しかしながら、ハンガリー政府は自発的に復興責任を負うことにし、責任を負える範

囲で、被災緩和支援の予算支出を決定することができる。ただし、それは特に深刻な自然災害や人為的災害によって影響を被る住民の数、被害の規模、被災地域の経済的、雇用的、社会的状況を考慮した上でのことである。

　被災の緩和は損害賠償ではない。被災の緩和は必ずしも、被った損害の全体を償うとは限らない。場合によっては部分的な補償しかなされない。被災の緩和とは第3者が行なう行為であり、発生した損害の全体ないし一部の復旧を、引き受けることである。例えば、ハンガリー政府が2010年の5-6月に発生した洪水に際して、あるいは2010年10月4日の赤泥災害に際して、復旧と再建を自発的に行なった行為がそれにあたる」。

ここでも、前節で見た4年前の総括と基本的には同じことが繰り返されているが、政府の介入すべき範囲がより明確に定義された。つまり政府介入の範囲が4年前に比べて、厳密化されている。災害の種類についても同様である。すなわち、前回の総括では、「深刻な自然災害やその他の原因による災害」と規定されていたが、今回は「特に深刻な自然災害や人為的災害」となっている。「深刻な自然災害」が「特に深刻な自然災害」になり、「その他の原因による災害」が「人為的災害」に限定された。

　このように新しい総括は、全体として、政府による支援の範囲を狭めるものだった。これはハンガリーが現在置かれている極めて危機的な財政事情を考えれば、やむを得ないことであろう。他方、人為的災害という文言は、今回初めて明示された。したがって人為的災害による復興については、積極的に政府介入を行なう姿勢が示されたと言える。つまり赤泥事故が起こるまでは、先の救済実例一覧を見て分かるように、政府の救済は自然災害に限定されていた。しかし赤泥事故において初めて、人為的災害に対する政府救済制度の適用が行なわれた。このように中央防災総局の新しい指針は、政府救済対象の縮小を意図すると同時に、救済対象の明確化も反映している。

　運用方針の明確化は中央防災総局の改組でも確認できる。すなわちハンガリー政府は赤泥事故後に、産業災害に係わる行政権限も中央防災総局に統合したのである。これにより中央防災総局は、自然災害、市民防災、産業災害という災害に係わるほとんどすべての権限と責任を統括する組織となった。

自然災害の場合は、政府による関与を合理的に説明できる。つまり自助努力では復興ができない経済後進地域に限って、政府が支援を行なうことは筋が通っている。他方、産業災害の場合は、政府や中央防災総局が明言するように、損害の賠償責任は事故を起こした企業にある。この意味で、国家が関与して被災者を救済するという論理は成り立たない。

　ところが、赤泥事故においては、ハンガリーアルミ社の幹部が主張したように、「赤泥は EU 基準に照らせば、有害物質ではない」という EU 基準や、国際基準が立ちはだかった。加害者から損害賠償を求める場合には、中央防災総局が指摘してきたように、「違法性、加害者責任、損害、そして損害と加害者責任行為ないし過失責任の間の因果関係」が立証されなければならない。赤泥を有害物質でないとする EU や世界の基準によって、企業側の違法性が問えないかもしれない、あるいは損害と加害者責任ないし過失責任との因果関係が、法的には立証困難になるかもしれない。

　ハンガリー政府は 2000 年に赤泥を有害物質と認定できる法律を定めていた。赤泥事故後にも、立法手段により赤泥を有害だとする法律を制定した。しかし、第 4 章で指摘したように、事故発生時では EU 法が生きていたという事実もある。新しい中央防災総局の総括が、1999 年法の原題にあった「危険物質に係わる深刻な事故」とせず、「人為的災害」としたのは、こうした法的な議論を踏まえた上での表現だったと思われる。つまり、政府救済の範囲を「危険物質に係わる深刻な事故」による災害に限定した場合、国際基準によって無害と規定される赤泥の流出事故は、政府救済の対象外とせざるを得なくなってしまう。この意味で、新しい中央防災総局の総括は、産業災害に関して政府救済範囲を広く定義しようとする意図が込められていたと言える。

　以上、1999 年の災害防止法の制定過程、そして中央防災総局の二度にわたる総括を見てきた。そこでは被災者支援はどうあるべきかをめぐって、原則的な立場、現実に即した柔軟な立場、あるいはその間で均衡を保とうとする立場が表明されていた。一見すると右往左往の議論のように見えるかもしれないが、国内的および国際的状況が千変万化する中でも、被災者救済を最重要課題として思考しかつ実行してきた姿勢こそが、終始一貫した筋道だということは読み取れるに違いない。

もっとも最近の防災学によれば、自然災害と人為的災害の境はなくなりつつあるという。[*22] 伝統的な防災学では自然災害を「人間の手では防ぎようのない災害」と定義し、他方、産業災害などの人為的災害を「原則的に未然の防止が可能な災害」と定義し、両者を明瞭に区別した。しかし自然災害も、堤防などの防災施設や、災害予報などの防災技術が進歩することにより、単なる自然現象としての災害ではなくなった。例えば東日本大震災では「巨大堤防」への過信から避難が遅れて被災する事態が生じた。果たしてこの被災は自然災害なのか、それとも防ぎうると思いこんだ人間の過信が生んだ人為的災害なのか、判断は難しい。他方、人為的災害も「通り魔殺人」や「無差別テロ」のように、未然の防止策がほとんどありないものもある。

　ところで被災者救済の視点から見ると、そもそも自然災害と人為的災害を区別する意味はあまりない。むしろ、どう救済されるかだけが問題だとさえいえる。ハンガリー中央防災総局の総括にあったように、自然災害なら被災者による自力救済、人為的災害なら加害者による損害賠償、という原則では被災者が救えなくなるという現実的対応から「第三の解決策」として、「被災の緩和」という国家と自治体の関与による救済策が発案された。自然災害と人為的災害の垣根がなくなりつつあるという防災学の認識を、被災者救済の実践的立場からとらえ直したものが、「被災の緩和」である。

赤泥事故と地域の復興

　人為的災害への国庫支援と並んで、赤泥事故が1990年代末以降のハンガリー災害復興政策史にもたらした変化には、もう1つの重要なものがある。第2章で述べた地域全体への復興事業支援である。それまでの災害復興でも地域全体を視野に入れる復興事業がなかったとはいえないが、個々の被災者の救済が主な目的だった。赤泥事故への対応でも、第3章で見たように、最初はやはり被災者個人の救済に主眼が置かれた。しかし赤泥事故からの復興を検討する過程において、被災地からの強い要望をうけ、「地域全体が被災した」という認識が政府によっても共有されるようになった。この結果として、被災者救済と並行しつつ被災地全体の復興支援が実現することになった。

なぜ被災者の救済だけでなく、「地域全体」の救済が必要なのか。第2、第3章で指摘したが、補償を被災者個人に限定すると、被災地住民のあいだに、補償を受けられる住民と補償を受けられない住民の区別が生まれ、両者の間に復興をめぐる認識のずれや利害の対立さえ生じかねない。災害や公害が地域にもたらす最も深刻な問題は、被害そのものではなく、災害や被災への対応をめぐる地域社会や人間関係の崩壊あるいは分断であると、しばしば指摘されている。被災者を救済しようとして、かえって地域の崩壊や分断を起こしてしまうならば、被災者を含めてより広くより多くの人を、不幸におとしいれる結果さえ生み出しかねない。

　上記の点を踏まえるなら、被災からの復興は、被災者個人の救済策だけでは不完全である。被災地の社会全体をみすえた地域再生案がなくては、復興事業が画龍点睛を欠くことにもなる。ハンガリーの赤泥事故からの復興事業では、地域全体の再生が意識的に目指された。この点で、それまでの災害復興とは異なる新しい試みだったといえる。

　福島原発事故における損害賠償でも、東京電力や国が提示する条件を受け入れるか、それとも裁判を起こして東京電力と争うかで、村や地元住民の社会は分断され、人間関係が崩れ始めている。*23 こうした分断や崩壊を阻止するには、個人としての損害賠償だけでなく、地域全体ないし地区全体としての再生構想を十分かつ細心に練り上げることが必要とある。人と地域の復興ないし再生を総体として行なう、理念と仕組みの創造が必須である。*24 もちろん原発被災における地域の再生は、放射能汚染の問題があるために、被災地の地域再生にむけて明快に進むことはできないであろう。新天地への集団移住や住民登録の二重制なども含めて、地元の声を聞くことを出発点とする「地域再生」のあり方を構想する必要がある。

3　ハンガリーモデルの基本原則と日本の災害復興

　本書の目的は、東日本大震災、福島原発事故、そして、災害からの復興という未曽有の課題に直面している日本に向けて、ハンガリーの経験から参考になるものや、役に立つ教訓を引きだすことである。

　本節では本書のまとめを兼ねて、赤泥事故の具体例からハンガリーの復興・防災

モデルを提示する。モデル化された原則を座標軸にして、日本の災害復興政策の問題点や限界を明らかにする。

ハンガリーにおける教訓のモデル化は3つの領域に分けて行なう。①住宅復興における教訓、②地域再生における教訓、③安全に係わる国際基準に関する教訓である。

住宅復興におけるハンガリーモデルの教訓

住宅復興についてハンガリーの経験から引き出せる教訓は3つある。①国費による個人住宅の復興、②被災後1年以内の迅速な建設完了、③被災者個々人への配慮である。

①国費による個人住宅の復興　本書の第1章で個人所有の戸建て復興住宅を見た。また、第3章では新規の住宅建設以外に、中古住宅や金銭補償など、被災者の事情にあわせた個別補償が行なわれたことを見た。災害後の住宅復興において、国家が個人所有の住宅建設を被災者個人に代わって全面的に遂行する制度は、世界的に見ても極めて稀である。[*25] むろんハンガリーでも無条件に、この制度を被災者に適用しているわけではない。「被害の規模」ならびに「被災した地域の経済的、雇用的、社会的事情」という2つの条件を付けている。また、ハンガリーの場合、復興住宅建設は単なる住宅の再建ではなく、地域の伝統的な建築様式を取り入れる方針が採られ、地方文化の再生という意義も付与された。

他方、国家が個人の住宅復興を金銭的に補助する制度は、程度の差はあれ、世界各地でみられる。インドネシアでは2006年のジャワ中部地震からの復興に際して、国家が住宅復興補助金を支給した。全壊の場合、1戸あたり1500万ルピア（15万円）を支給し、被災者が住宅を建設する上で必要となる技術的な支援も行なった。こうした政府の厚い支援によって、被災者は個人所有の復興住宅を建設することができた。[*26] ただし、住宅様式はまちまちだった。政府支援以外に、外国からの援助によって建設されたドーム型復興住宅もあり、必ずしも景観的に周囲の環境と調和したわけではなかった。他方、迅速性という意味では、1年間で20万戸が建設され、ハンガリーと同様に極めて速やかだった。[*27]

日本では、従来、災害時における個人の財産や生命の喪失に対して、国家賠償を行なわなかった。したがって、復興住宅建設への金銭的支援もなかった。しかし、阪神淡路大震災の教訓や2000年の鳥取県西部地震での先行例に学ぶ中で、少しずつ個人住宅建設を支援する制度が整備されている。[*28][*29]

　以下では住宅復興事業について実質的な国庫負担の観点から、ハンガリーと日本を比べてみる。国庫負担の観点で見ると、両者の間に決定的な差は認められない。

　ハンガリーの赤泥事故における復興住宅建設費は、1平方メートルあたりで平均単価が23万フォリントだった。第1章で見た復興住宅はモルナール家の場合で床面積が89平方メートルだったので、建設費が2047万フォリントになる。日本円にすると、800～900万円である。他方、日本の復興住宅政策では、まず仮設住宅を建設するが、その建設及び撤去費用は1戸あたり500万円ほどである。[*30]さらに東北のような寒冷地では、追加的設備が必要となるため200～300万円ほどが余分にかかる。しかもここに仮設住宅用の用地代や行政事務経費は含まれていない。仮設住宅の代わりに民間の住宅を借り上げた場合でも、東日本大震災では月額8万円まで、阪神淡路大震災では7万円までの家賃補助が発生し、年額にすると100万円近くになる。恒久住宅に移るまでに5年間を要した場合、500万円になる。10年間ならば、1000万円である。

　仮設ないし借上げ住宅費用に加えて、現在の日本には、個々の被災者が受け取る種々の公的支援がある。例えば、阪神淡路大震災の復興事例を見ると、住宅の建設や購入に際して、借り入れ資金への金利補助が行なわれた。[*31]具体的には当初5年間は年2.5％以内、次の5年間は年1.0％以内で、借入金に対する金利補助が支給されたのである。金利補助の対象となる借入金の上限は1140万円だった。この制度を最大限に活用すると（つまり、10年間利子だけを返済すると仮定した場合）、1140万円×(2.5％×5年＋1.0％×5年) ＝ 199万5000円の金利補助になる。実際には、平均すると1件あたり100万円余りの金利補助がなされた。[*32]

　阪神淡路大震災では金利補助とは別に、「被災者自立支援」として50万円ないし100万円が支給され、仮設住宅を出た後も、「生活再建支援」として最長5年間（通常は2年間で）毎月2万円が支給された。[*33]以上の3つの補助金制度を合わせると、最少で200万円、最大では420万円の補助金が生活再建に支給された。阪

3　ハンガリーモデルの基本原則と日本の災害復興　　201

神淡路大震災の被災者が仮設住宅に住み、その後に、公的助成を受けて自宅を建設ないし購入した場合は、700万円から900万円の公的な被災者補助金を受けたことになる。

　東日本大震災の場合、仮に、仮設住宅か民間借上げ住宅に5年間住んだのち、住宅を建設または購入し、阪神淡路大震災の時と同じ公的補助を受けるとすると、仮設住宅の場合も民間借上げ住宅の場合も、全体として700万円から1000万円程度の補助金額になる。*34 これだけの金額があれば、中古住宅を購入することは不可能ではない。

　2007年の能登半島地震からの復興では、同年に改訂された被災者生活再建支援法による国家助成金300万円に加えて、県と市の支援が100万円、義捐金の配分額が170万円、さらに復興基金助成の200万円が上乗せされ、770万円の公的な助成が行なわれた。また災害復興住宅融資制度により5年間の金利補助がなされた（仮に500万円の借り入れに対する金利補助の場合、1％の金利に対して年間で5万円、5年間で最大25万円の公的補助となる。3％の金利なら3倍の75万円になる）。以上の公的支援制度を受けて、実際に、自力での住宅建設が大幅に増加した。*35 能登の場合、金利補助を合わせれば、やはり800万円から900万円の公的な補助が個人住宅建設に支出された。

　復興住宅におけるもう1つの選択肢である公営住宅建設の場合は、どの程度の国庫負担が生じるのであろうか。阪神淡路大震災の場合を例にとると、避難所→仮設住宅→復興公営住宅建設という典型的な住宅復興支援事業に要した費用は、世帯あたりに換算すると1200～1900万円に上ったという試算がある。*36 つまり個人住宅支援以上の公的補助が、公営住宅入居世帯に支出されているというのである。

　つまり、日本でも現実に行なわれている制度を整理統合すれば、1000万円から2000万円程度の個人住宅再建支援という選択肢を設けることが可能である。さらに関連の法規や環境を整備することで、被災後1年程度で迅速な個人住宅復興を、公的支援策に基づいて実現することも夢ではない。

　このように、国庫負担という面で見ると、ハンガリーの事例で見た国家による復興住宅建設も、日本の仮設住宅＋金利支援による個人住宅建設、ないし仮設住宅＋復興公営住宅による住宅復興政策も大きな差はない。もちろん物価の違いがあるの

で、ハンガリーと日本を単純に比較はできない。しかし同じ規模の予算を用いて、ハンガリーは1年で復興住宅事業を完了させたのに対して、阪神淡路大震災の場合には仮設住宅から恒久住宅への移行に5年以上を要した。仮設住宅が極めて大きな心理的、肉体的負担を被災者に強いる現実を考えるなら、同じ規模の国家予算で実現できるハンガリー方式の方が、はるかに優れた住宅復興のあり方ではないだろうか。

②住宅復興における迅速性　日本の専門家がすでに異口同音に、住宅復興政策の転換を求めている。[*37] 住宅復興政策の転換が求められている最大の理由の1つは、住宅復興における迅速性の確保にある。つまり災害後に、被災者や避難者が直面する最も深刻な問題が「災害関連死」だからである。阪神淡路大震災では仮設住宅で亡くなった被災者が236名に上る。[*38] 仮設住宅での生活がさらに長期化することが予想される東日本大震災や福島原発事故による避難者の場合、この数がいったいどれほどにまで大きくなるのか、極めて深刻な問題である。復興庁が2013年9月に公表した東日本大震災の震災関連死は2916名に上る。[*39] 復興庁による震災関連死の定義は「震災による負傷の悪化等により亡くなられた方で、災害弔慰金の支給等に関連する法律に基づき、当該災害弔慰金の支給対象になった方」とされる。「負傷の悪化等」と「等」が付けられている点から明らかなように、ここには「震災による負傷の悪化」だけでなく、震災に係わる様々な理由で亡くなった方が含まれる。実際のところ、震災後の避難生活のあり方のほうが、主な死因なのである。すなわち、震災関連死の死因のうち「避難所等における生活の肉体・精神的疲労が約5割、避難所等への移動中の肉体・精神的疲労が約2割、病院の機能停止による初期治療の遅れ等が約1割」だったと復興庁自身が認めている。[*40] 自殺者も震災関連死に含まれ始めた。震災と自殺との因果関係が、公式に認められつつある。

　福島県の場合は、震災関連死が「震災発生から1年以上経過した後も他県に比べ多い」。福島以外の県では震災後1年を過ぎると、急速に震災関連死は減少するが、福島県では震災後1年が過ぎても、震災関連死が毎月20名以上に上る。震災から2年半の間に震災関連死と認定された2916名のうち、1572名が福島県である。つまり半数以上が福島県なのである。しかも震災関連死は現在進行中の問

題である。すなわち、復興庁が発表する数字は公表されるたびに、過去にさかのぼって認定数が増えてゆく。そればかりでなく、直近の震災関連死者数も大きく書き換えられている。例えば、2013年9月に公表された福島県における震災関連死者数は、震災後1年から1年半の間（2012年3月～2012年9月）で35名だったのが、同じ年の12月の復興庁発表では166名に増え、同様に1年半後から2年後まで（2012年10月～2013年3月）の数字は0だったものが89名へと大幅に増えた。実際、仮設住宅や避難者のもとを訪れると、病気や自殺で亡くなったという話を頻繁に耳にする。復興庁の震災関連死者数は、明確に震災と死亡の関連が認められた場合にかぎる数字である。震災関連死の実数はもっと多いのではないかと推測される。[*41]

　災害で命を落とすのも慚愧にたえないことであるが、災害を生きのびてなお仮設住宅で孤独死する無念さは計り知れない。制度改革によって迅速な住宅復興が実現すれば、避けることのできる孤独死が多いであろう。

　③細やかな個人対応　迅速性と並んでハンガリーの復興住宅政策が持つ画期的な意義は、住宅復興が被災者ひとりひとりの要望に沿った事業プランに基づいていたことである。これが、住宅復興における第3の教訓である。ハンガリーの住宅復興ではまず、集団移転、中古住宅購入、金銭補償、ないし老人ホーム入居という選択肢が提示され、世帯ごとの要望が尊重された。また集団移転においては、一見、画一的に見える復興住宅も、実は一戸一戸が注文建築に準じたきめ細やかな個別対応で建設された。

　復興の原点はひとりひとりの被災者の復興である。災害復興は「人の復興」である。復興におけるこの大原則を考えるとき、ハンガリーモデルは復興の原点に立ち帰るべきだと我々に教えている。福島原発事故被災地の場合には、放射能汚染があるため、もとの居住地での住宅建設は前提されない。また被災者ひとりひとりが置かれた状況は千差万別である。一つの世帯の中でも、帰村を優先したい世代と、子どもの健康を優先したい世代に分かれる。除染をして故郷に戻ることは一つの選択肢に過ぎず、皆が除染と帰還を望んでいるわけではない。世帯ごとに、更にはひとりひとりでそれぞれに事情が異なっている。これが避難者の強い声である。

　1945年以降の戦災復興の時代なら、個々人の事情を考慮した公的な復興政策

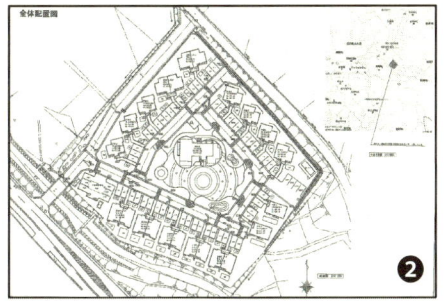

❶飯舘村の飯野町公営住宅鳥瞰図（出典：飯舘村が避難者に配布した資料より）
❷同公営住宅配置図（出典：同上）
❸同住宅の一戸建てタイプの間取り図と外観図（出典：同上）

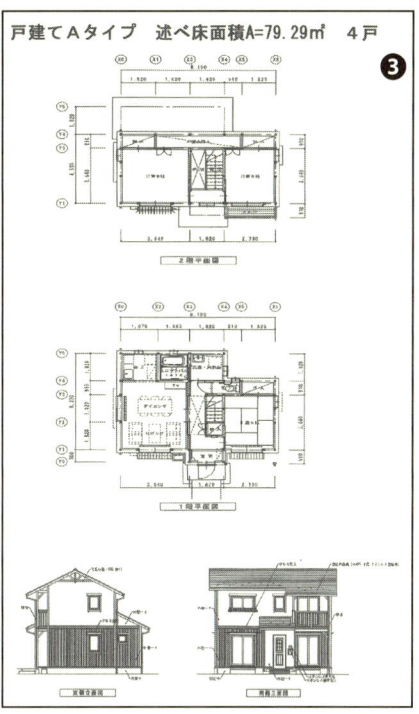

は望むべくもなかったであろう。しかしいま、福島の避難指示解除準備に向けて、帰還のためと銘打って1ヘクタールの農地を除染するのに3000万円もかけている現実がある。次項の「地域社会の再生」で詳しく触れるが、東日本大震災の復興予算、あるいは福島原発事故からの復興予算規模を考えるなら、個人個人の事情に応じた復興は可能なのである。何を優先するかという順序づけだけが問題であろう。

　個人復興住宅に関する施策を考えるうえで、日本でも集合集宅ではなく、一戸建の復興住宅を公営で建設する事業が打ち出されている例を見てみよう。具体的には福島県飯舘村からの避難者用に、建設が進められている住宅である。この復興住宅は正式には「福島県飯野町における村外子育て拠点災害公営住宅」であり、全23戸が建設される予定である。住宅地全体が上のように、公共の集会場を囲むように設計されている。全ての棟が木造2階建てであり、完全な個建てが9戸、長屋

3　ハンガリーモデルの基本原則と日本の災害復興　205

風に2戸で1棟にしたものが7棟14戸、共同の集会所が1棟、これが飯野住宅の概要である。住居1戸あたりの床面積は74〜79平方メートルである。

この戸建て住宅は2013年に建設準備が始まり、2014年中に完成と入居が予定されている。帰村を前提にしての入居である。避難期間が長期化する見通しであるため、このような公営住宅を整備することは必要であろう。ただし、帰村を望まない人には入居の道は閉ざされている。この住宅整備に要する総工事費は7億1400万円であり、1戸あたりの平均経費に直すと、（集会場建設費を含むが）3100万円あまりになる。つまり3000万円ほどあればこのような公営住宅を供給することが可能であるという例になる。

復興住宅に関連して、東日本大震災で被害の大きかった岩手県大槌町に派遣された大阪府堺市職員の報告が興味深い。すなわち、被災地には日本全国から公務員が事務作業支援に派遣されているが、その派遣職員が被災地で疑問に思うことの1つが住宅復興だというのである。日本でも先に見たように、種々の制度が備わり、住宅復興支援制度も存在するし、予算がつけられてもいる。しかし公的資金を利用するにあたっては煩雑な手続と事務処理が被災地自治体側に要求される。こうした事務処理のため、他地域からも職員を派遣してもらうことが必要になる。派遣にも大きな経費がかかる。堺市の職員によれば、現状では制度が非常に煩雑なため有効に機能せず、成果があがらない。「目的は被災者の住宅再建です。この目的のために、1世帯あたり3000万円渡し、住宅を再建していただくのも1つの方法だと思います。これなら、派遣職員の数は大幅に減少でき、早期に住宅再建できます。1世帯あたり3000万円は極論ですが、大勢の職員が国の事業制度に沿うための書類作成に従事し、会計検査に耐えられるよう腐心することは、反対側の極にあると考えます」。[*43]

この堺市職員の提案と飯野住宅の事例を合わせると、公費で個人住宅を建設することが可能だと予測される。つまり日本でも、国家による個人向け復興住宅建設は制度的な整備を行なえば可能であるところまで現実は来ている。

米国9.11同時多発テロ事件の被災者救済

復興住宅の国家による建設を考える上で参考となる事例を、もうひとつ検討した

い。2001年におけるアメリカ合衆国9.11同時多発テロ事件の被災者に対する公的補償である。復興住宅例ではないが、大災害の犠牲者をどう救済するかという点で参考に値しよう。

　アメリカ連邦議会は9.11事件後、わずか2週間ほどで犠牲者救済基金法を成立させ、犠牲者の遺族に平均で200万ドル（およそ2億円）を支払った。補償額の算定に際しては二層の積み上げ方式が考案された。まず基層として、全ての犠牲者に対して一律に支給される弔慰金的な補償額が定められた。すなわち、死亡した犠牲者について1人あたり25万ドル［およそ2500万円］を遺族に支給した。さらにその遺族（犠牲者の配偶者と扶養家族）に対しても1人につき10万ドル［およそ1000万円］が支払われた。第二層は犠牲者ひとりひとりについて個別に算定される補償であり、算定に際しては遺失利益方式が採用された。こちらの補償額は犠牲者の職業や年齢によって異なり、数千万円から数億円の幅があった。負傷者にも平均で1人40万ドル［およそ4000万円］が支払われた。こうした補償額は一見すると高額に見えるかもしれない。しかし、何の前触れもなく突然の災禍に襲われ、負傷し、あるいは命を落としたのである。しかもその痛手を被災者や残された遺族は一生涯にわたり負い続ける。

　9.11被災者への賠償方式をめぐって、アメリカでは激しい議論が戦わされた。しかし補償すること自体については、基本的な合意が国民の間にあった。他方、9.11事件の5年後に起きた超大型ハリケーン、カトリーナによる未曾有の自然災害では、例外を除いて、個人補償は行なわれなかった。何が基準でこのような天と地ほどの違いが生じたのだろうか。

　9.11事件による被害への法的な民事賠償責任は、本来、飛行機をハイジャックされた航空会社にある。つまり9.11事件は天災ではなく、人災であるという認識が根本にある。したがって、人災である以上、賠償責任が発生する。しかし米国の損害賠償法システムは「あまりにも複雑で長い期間を要する」。このため、賠償を当事者間の交渉ないし訴訟に委ねてしまうことは、何万人にも及ぶ被災者や遺族の生活再建を見放すことになり、事実上、被災者救済を放棄することになりかねなかった。このため「航空会社の賠償責任を政府が肩代わりすること」になり、9.11犠牲者救済基金が設立された。しかし以上の説明だけでは、民間会社の巨額な民事賠償

責任を、国家が肩代わりする理由としては不十分であろう。肩代わり論の背景にあったのが、9.11事件に対する歴史的な認識だったと言われる。つまり国民の間で、9.11事件は南北戦争、真珠湾攻撃、ケネディ暗殺に次ぐ歴史的大事件であるという特別な認識が共有され、国家による肩代わりという特別措置を国民が受け入れたというのである。[*47] つまり、9.11事件は戦争による災禍と同じだという認識である。戦禍であるならば、戦争を遂行する国家が戦争の犠牲者を償うのは当然である。アメリカ的な価値観に引きつけて言うなら、補償することは正義の実現だった。この正義観に立って、連邦議会が9.11犠牲者救済基金法案を可決したという説明である。

ハンガリーの場合も、背後にある歴史は異なるが、赤泥流出事故を起こしたハンガリーアルミ社に代わって（ただし肩代わりではなく、ハンガリーアルミ社の賠償責任を保留したまま）、国家が被災者を救済することが正当だと考えられた。民事であっても、国家が事実上の賠償責任を負うべきときには負うという姿勢において、アメリカとハンガリーの事例は共通している。

この2つの事例は救済の迅速性という意味でも、救済理念を共有している。すなわち「必要な1兆円以上の規模の財政負担の推定でさえあと回しにして、遅滞なく、被害者家族が精神的打撃に経済的打撃で追い打ちをかけられないよう措置」[*48] することが、9.11救済基金の設立に際して重視されたのである。ハンガリーでもまず、被災者の生活再建が復興施策の基本として打ち出された。

国家の役割や救済の迅速性について、ハンガリーとアメリカの事例は、同じ教訓を我々に与えている。日本においても東日本大震災と福島原発事故は国難であると認識され、復興に巨額の国家予算が費やされている。ここまでは日本の復興政策もハンガリーやアメリカの復興政策と同じである。ところがその後がまったく異なる。

ハンガリーとアメリカが災害を国難と認識して最初に実施した復興政策は、被災者や遺族の正常な生活を迅速に再建することだった。被災者の迅速な生活再建のために巨額の国費を費やすことを、両国の国民は正義と見なした。日本の復興政策において、政府が被災者に確保したのは仮の住まいだけである。その仮住まいの中で、多くの被災者は将来への展望を見いだせず、何百、何千という命が失われた。今も福島では震災関連死が静かに広がっている。

東京電力に対する損害賠償訴訟

　なぜ日本の場合には、国家事業として推進されたはずの原発建設であるにもかかわらず、その被災者救済が、東京電力と被災者の間の個別交渉や時間のかかる民事訴訟に委ねられてしまったのか。なぜ、日本の被災者は仮設住宅という劣悪な住環境の中に、他の可能性を探ることもなく押し込められてしまったのだろうか。

　福島原発事故で故郷を失った人々が東京電力に対して起こした損害賠償訴訟を見ると、背景は異なるが、アメリカの9.11事件犠牲者補償と同じ規模の賠償を求めていることがわかる。[*49] 筆者が知り得た一例を紹介すると、福島原発事故訴訟で被災者が東京電力に求めている補償項目は6つに分類される。①住宅（土地・建物）の再取得価格での賠償、②家財の再取得価格での賠償、③移転先での事業再開を可能にする賠償、④休業補償、⑤避難中の慰謝料、そして⑥ふるさとの喪失に対する慰謝料である。個々の事例で総額は異なるが、数千万円から数億円規模の請求である。

　アメリカの9.11事故犠牲者の遺族が受けた補償と福島原発事故避難者が求める損害賠償が同じ規模になるというのは、偶然のなせるわざとはいえないであろう。原発事故と放射能汚染によって避難者が負わされた精神的、心理的、物質的な災禍は、9.11事件において家族を瞬時に失った遺族が被った苦痛や痛手に劣るはずがない。交通事故による被害者補償でも、人命に係わる場合は同じ規模で賠償が支払われる。原発事故で人命は失われなかったという短絡的な発言が、世論の反発を呼んだ。だが、故郷の喪失とそれに伴う人間関係の崩壊は、人命の喪失と同等、あるいはそれ以上の痛みなのである。このことを上記の賠償請求は明らかにしている。

なぜ地域社会の再生が必要か

　災害からの復興において、まず第一に被災者の救済が実施されるべきであることは論を待たない。しかし被災地住民の全てが同じ損害を被ったわけではない。直接的な物的被害を受けなかった場合もある。したがって、個別の被災者救済だけが先行すると、被災地域において社会的ないし心理的な亀裂が住民の間に生じかねない。こうした亀裂は、被災がもたらす直接的な損失以上に、被災地域復興の障害となる。災害からの復興には被災地全体のコミュニティの再生事業が必要であるとさ

れる所以である。被災地再生事業によって、住民は被災程度を超えて、あるいは物理的な損害の有無を超えて、被災という出来事を共通の体験として認識できるようになる。その結果として、被災地の人々が従来以上に強い絆で結ばれることさえ可能である。より強い地域アイデンティティを育むことさえ目指せるのではないだろうか。しかしそのためには、亀裂を直視し、その原因を除く智慧が必要となるはずである。

　本書第2章で見たデヴェチェル市の例が興味深いのは、地域再生の事業を単なる復旧や復興としてとらえなかったからである。むしろ同地域が長年抱えてきた社会の統合という困難な問題に正面から向き合う契機として、災害復興を位置づけたことが重要である。具体的には、まず社会的に格差や差別が生じていたロマ系住民との融和と和解を目指したことである。この目的を実現するために、教育事業、失業対策事業、経済振興事業など複合的な施策が実施された。これらの事業は被災からの復旧とは直接の関係を持たないが、地域が全体として再生することを目指した点で、より大きな復興と見なせるのではないか。

　次に注目すべきは「共有の場」を創出する事業である。地域住民が日常生活で親しくふれあえる場を生み出そうとするコミュニティ再生事業である。

　ハンガリーの事例は迅速かつ自主的に復興が達成された例であると言える。それだけでなく、地域再生の本質に係わる意味を含んでいた。すなわち、被災地の復興や再生はその土地の持つ特性を無視してはあり得ないということである。それぞれの地域がどのような問題を抱え、どのようにそれを解決するのかは、地域住民の選択と意思にかかっている。これがハンガリーの地域再生事業からくみ取るべき重要な教訓であろう。

　日本のように中央政府や広域自治体の行政が「支援事業モデル」をあらかじめ策定し、その事業に適う申請に補助金をだすという分配主義では、その地方にあった適切な再生は実現できないであろう。

　地域の再生を住民が主役となって実現するためには、復興基金制度の見直しが不可欠である。ハンガリーの場合は、本書の第3章で見たが、ハンガリー救済基金による支援事業がこれにあたる。救済基金は税金ではなく、ハンガリー内外から寄せられた様々な義捐金を原資とした。税金による公的な資金でないために、実情に合わせて自由に資金を配分することが可能だった。また、ハンガリーの救済基金令

には支援事業の中に「災害によって影響を受けた地域の再活性化」という抽象的な文言が入り、当初から被災地に自由裁量の余地を認めていた。それでも現実に沿って、救済基金令に規定されていない事業が数多く申請されるようになった。これに対して、柔軟な対応がなされた。被災地にとって何が最も切実な課題であり、復興にあたって何を優先させるべきかは、被災地の人々にしか判断できない。場合によっては、地域の再生に必要とされた事業が直接災害とは結びつかないこともある。例えばハンガリーの場合は、新規事業や地域振興事業などの新しい試みに乗り出した。実際、赤泥事故による被災自治体が住民の意見を基に策定した事業案には、政令に規定されない事業も含まれていた。しかし、救済基金は、政令に合わないという理由から、申請を拒否することはなかった。むしろ政令のほうが被災地の実情にそぐわないと救済委員会が判断した場合は、実情を優先させ、支援策をあと押しした。

阪神淡路大震災復興基金の場合

　ここで阪神淡路大震災の例と比較してみよう。阪神淡路大震災復興基金の定款[*50]は基本的な精神において、ハンガリー救済基金令とほとんど同じである。つまり、建前としては、日本でも復興基金の使途は自由のはずであった。しかし、実態は全く異なる。ハンガリーの場合は、まず被災自治体の事業案策定に際して住民どうしの話し合いが基礎にあった。そのうえで被災自治体から救済基金に事業案が申請され、つぎに救済基金による審査と承認をへて、自治体によって実施された。これに対して、阪神淡路大震災復興基金の場合は、行政や復興基金自身が事業モデルを策定し、被災者や被災者団体に提示した。まったく順序が逆である。

　阪神淡路大震災後の復興事業は当初50項目ほどだったが、その数は次第に増えていった。事業計画は大きく分けて①生活対策（被災者自立支援金など）、②住宅対策（住宅ローン金利補助など）、③産業対策（被災中小企業者への貸付など）、④教育・その他対策（私学の復興支援など）であり、被災者や被災者団体は事業計画案に合わせて支援金や助成金の申請を行なった。数多くの事業モデルがあらかじめ提示され、きめ細かいと言えば、その通りである。しかし、後から支援事業項目が追加されたことに示されるように、どのような支援が求められているの

か、初めからすべてが基金や行政によって把握されていたわけではない。

　阪神淡路大震災からの復興でも地域としての復興や再生が謳われた。それは「創造的復興」と銘うたれた。すなわち「地域にはそれぞれ固有の課題がある。災害復興とは、従前から地域が抱えていた課題を解決し、社会の変化を先取りする機会でもある。創造的復興には、単に旧来の状況に戻す復旧を超えて、時代の変化を先取りして新たな視点から地域を再生するという意味が込められている」[*51]とされ、非の打ちどころがない文言が並んでいる。しかし、実際には「（復興計画）策定段階に応じた住民参加手法あるいは住民への周知手法の検討が必要」[*52]だったという反省が残された。つまり、住民への周知ですら不十分だったと反省しているのである。あるいは「まちづくり協議会」が設置され、行政と住民の協働が謳われたが、住民の声は必ずしも事業計画策定に反映されなかった[*53]。「住民参加なし」だと断じる評価さえある[*54]。現実の創造的復興は、空港建設や高層ビル建設を軸とする、従来型の都市開発に終わってしまったのである。「被災高齢者等の見守り対策」や「まちのにぎわいづくり」などにみられる、地元主導の復興事業がなかったわけではない[*55]。全体としてみると、阪神淡路大震災後の地域再生事業は、住民の意志による自発的な生活再建とはかけ離れたものだったとされている[*56]。

福島復興予算の場合

　東日本大震災からの復興では、復興庁が設置されて、様々な復興事業が行なわれている。ここでも復興事業計画の策定は、事実上、関係省庁によって行なわれる。被災自治体や住民は事業計画に沿って申請案を担当省庁に提出するだけである。

　平成25年度の福島復興に向けた復興庁予算を見ると、原子力災害からの復興再生事業（7264億円）のほとんどが除染関連である。すなわち「福島の復興・再生の加速」費652億円（「地域の希望復活応援事業」48億円、「コミュニティ復活交付金」503億円、「子ども元気復活交付金」100億円）、「地域経済の再生」費148億円（「再生可能エネルギー等の研究開発支援等」135億円、「産業振興・雇用・風評被害対策」13億円）に対して、除染費（但し名目は「安全・安心な生活環境の実現」となっている）6466億円という割合である[*57]。つまり、原

❹❺除染作業の現場(飯舘村、2012年7月8日)

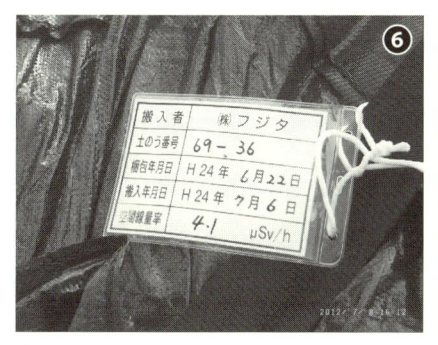

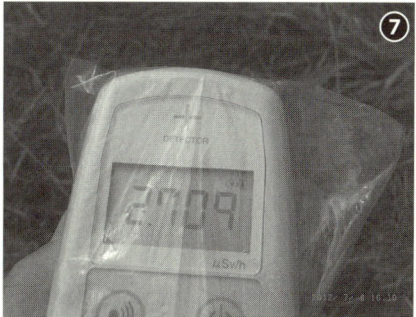

❻袋詰めされた汚染土。❼梱包時(平成24年6月22日)の空間線量率が毎時4.1マイクロシーベルトだったと表示されている。表土5センチをはぎ取れば、土中の放射線濃度は大幅に低下するが[*58]、空間線量はわずか2週間後で、右の計測器にあるように、2.7マイクロシーベルトにまで戻っている。

❽飯舘村一般廃棄物最終処分場を汚染土の仮仮置き場として利用。❾仮の仮置き場であるため、山間の傾斜地を整地したところに乱雑に積み上げるだけで、事実上放置に近い状態になっている。

❿福島県松川町にある飯舘村民の仮設住宅。主に年金生活の人々が4畳半二間の住居で暮らす。(2014年4月30日・南部辰雄氏撮影)

発事故からの復興・再生予算と言っても、経済の復興や地域社会の再生には予算全体の1割程度しか用いられていないのである。

　前頁の写真のように、汚染された農地を剥いで山積みすることが、福島復興事業のほとんどなのである。汚染土をいくら積み上げても、国民の資産形成には何の役にも立たない。そもそも先に指摘したように、避難者の要望は多種多様であり、除染と帰還ですべてが尽くされるような単純なものでは全くないことが認識されるべきである。

　そもそも、農地の除染は効果があまりないと指摘されている。実際に前頁の写真が明らかにしているように、除染土を取り除いても空間線量は、半分にも下がらないのである。農林水産省が測定した土壌汚染の分布図によると東北地方南部から関東一円が広く汚染され、福島第一原発から飯舘村にかけての地帯で汚染度の高いことがわかる。[*59] また市町村ごとの測定地分布図をみると、測定地が限られていることがわかる。森林は測定対象になっていないのである。森林は除染対象に入っていないからである。しかし森林も当然のことながら、農地と同じように汚染されている。森林の放射能は降雨によっても、外部にはすぐに流れ出ない。このため森林には大

⓫南相馬市牛越応急仮設住宅
⓬取り残された民家（飯舘村）

量の放射能が留まっている。そして森林は沈着した放射能を、長い時間をかけてゆっくりと周囲へと吐き出してゆく。飯舘村のように森林の中に集落や農地が点在しているところでは、農地や宅地の除染効果は、長期的にみても極めて乏しい。

　飯舘村が行なった村民意識調査結果を見ると、除染の効果に期待している村民はわずか10％であり、大半の村民が除染事業に懐疑的である。[*60]　また、将来の帰村についても、避難解除になれば帰村したいと考える村民は、除染に期待している村民の割合と同様に、わずか12％である。これらとは対照的に、帰村の意思はないと明確に回答している村民が35％にのぼる。[*61]

　こうした村民の意思や意向を考えるなら、復興予算のほとんどを除染事業に費やすという事態は異常であり、村民の意思に逆行している。「除染して帰村する」以外の選択肢を望む住民の方が圧倒的に多いのである。放射能で汚染された表土をはぎ、泥の塊を裏山に積み上げるために、何千億円、何兆円も国費を無駄に使うべきではない。ひとりひとりの被災者の意向を尊重して、除染に費やす予算にかえて、被災者の実情に沿った復興事業を策定することが行政の役割であろう。

　農地や宅地の除染に湯水のように国費が費やされている一方で、避難者は狭い敷地にびっしりと立ち並ぶ狭い仮設住宅で、壁一枚で仕切られた隣家に気遣いながら、窮屈な毎日を送っている。暑いにしろ、寒いにしろ、住民にとってこれまでに経

3　ハンガリーモデルの基本原則と日本の災害復興　　215

❸ハンガリー救済委員会のホームページ。下はその翻訳。

ハンガリー 救済基金 救済委員会					
経緯	委員名簿	会計概要	決議	法規	規約

決議

自治体名	助成区分	助成金額 (千フォリント)	決議番号	交付契約日
デヴェチェル	補助金	30,000	2/2010(X.26)	2010.11.17
コロンタール	補助金	3,400	2/2010(X.26)	2010.11.17
デヴェチェル	支援	20,000	9/2010(XI.23)	2010.12.01

験したことのない、不快な住環境である、という訴えはどこにも届かないのであろうか。

事業内容・予算の透明性の確保

　地域再生事業の第2の教訓は、事業内容及び予算の公開性である。地域復興事業は義損金であれ、国費ないし自治体予算であれ、全面的に公的財源を投入する以上、高い透明性が保たれなくてはならない。今日、情報公開はどのような機関や組織に対しても、程度の差こそあれ、必ず求められる。私企業でも、たとえば医薬品製造業のように公共的な役割と責任を負う場合には、個人情報にまで至り徹底的な情報公開が求められるようになっている。

　ハンガリーの赤泥事故後の義捐金に関する使途と執行に関する情報公開は、徹

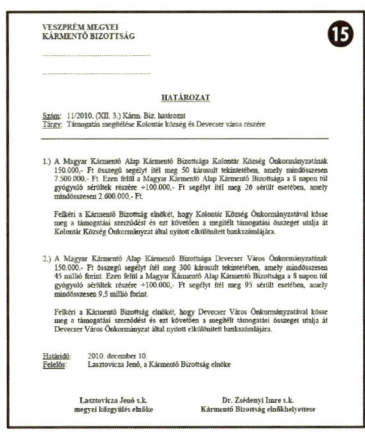

❶コロンタール村から救済基金に充てた助成申請書。❶は、❶の申請書に対して救済委員会が下した助成支給決議書。

底されていた。義捐金の運用を委託されたハンガリー救済基金の、資金運用に関する透明性は模範的だった。

　上はハンガリー救済基金委員会のホームページ中にある「決議」という項目である。[62]ここで救済基金による支援内容の全体が公開されている。支援対象の自治体名、助成区分、助成金額、決議番号、助成金を交付した期日が記載されている。自治体名をクリックすると、左上のような助成申請書が閲覧できる。また決議番号をクリックすると、右上のような助成決議書が現れる。

　上に例示したのはコロンタール村からの助成申請書である。定型的な様式部分を除いて、申請内容だけを見ると以下のようである。

> 「ハンガリー救済基金令に関する第252/2010(X.21)号政令、及びヴェスプレーム県救済委員会の第11/2010.(XII.3)決定第1項に則り、以下の支援を申請します。
>
> 　　50名の被災者×15万フォリント　　　750万フォリント
> 　　26名の負傷者×10万フォリント　　　260万フォリント
>
> 　以上の本自治体の支援申請額1010万フォリントを以下の口座に送金をお願い申し上げます。」

これに対して、救済委員会は以下のように決議した。

3　ハンガリーモデルの基本原則と日本の災害復興　　217

「1．ハンガリー救済基金委員会はコロンタール村自治体に対し、50名の被災者1人につき15万フォリントの救済金を支払う。合計で750万フォリントである。また、ハンガリー救済委員会は全治8日以上の負傷者26名に対して、1人につき10万フォリントを支払う。合計で260万フォリントである。救済委員会議長はコロンタール村自治体と本件で支援契約を締結し、決定された支援金額をコロンタール村自治体の専用口座に送金するものとする。

2．ハンガリー救済基金委員会はデヴェチェル市自治体に対し、300名の被災者1人につき15万フォリントの救済金を支払う。合計で4500万フォリントである。また、ハンガリー救済委員会は全治8日以上の負傷者95名に対して、1人につき10万フォリントを支払う。合計で950万フォリントである。救済委員会議長はデヴェチェル市自治体と本件で支援契約を締結し、決定された支援金額をデヴェチェル市自治体の専用口座に送金するものとする。

　執行期限　2010年12月10日
　執行責任者　救済委員会議長　ラストヴィツァ・イェネー」

　上記の決議の第2点は同じ趣旨の支援をデヴェチェル市に対して定めたものである。デヴェチェル市からもほぼ同じ趣旨の申請書が提出されていたからである。[63]

　上記の助成事業経費は決議がなされた12月3日の6日後にあたる12月9日に、各自治体に送金された。決議文の中にも予算の執行期限が、決議の1週間後の12月10日に定められている。このように予算執行に係わる文書と基本情報がネット上に開示され、高い透明性が確保された。

　透明性という原則は、公的な活動一般に関して不可欠であるし、予算を地域主導に委ねれば委ねるほど強く求められるものであろう。先に見た中央防災総局の総括で強調されていたが、地方に、すなわち救済基金と自治体に復興予算の審議権と執行権を全面的に委ねた場合、中央政府や社会による「監督」、「監査」、「見直し」が及びにくくなる。地元にとって自由度の高い予算であるがゆえに、その執行に対しては高い透明性、つまり社会に対する明瞭な説明責任が求められるのである。

東日本大震災義捐金のあり方

　東日本大震災でも多額の義捐金が国内から、そして国外から寄せられた。以下

では東日本大震災での義捐金のあり方について少し考えてみる。東日本大震災のあと、しばしば義捐金が必要なところに届かない、いったいどこに消えたのかという声が上がった。しかし、義捐金の流れを公開の情報で見る限り、透明性と迅速性は保たれていると思われる。すなわち、義捐金を集めたNHKや日本赤十字社のホームページによると、NHKも日本赤十字社も義捐金の取り扱いについては事務経費を一切差し引かず、集まった義捐金をすべて被災地の義捐金配分委員会（県レベルに設置）に送り届けた。通常は2割の事務経費を差し引く中央共同募金会（赤い羽募金）も、東日本大震災の募金活動では募金額すべてを被災自治体に届けたと報告している。

　2013（平成25）年3月末時点での義捐金の累積額と配分状況を見ると（厚労省調べ）、日本赤十字社などの募金団体は全国から寄せられた義捐金3591億円を、県ごとの義捐金配分委員会に送付した。県の義捐金配分委員会は保留分を残して、3537億円を市町村に送金した。市町村は受け取った金額のうち、やはり保留分を残して、3397億円を被災者に分配した。県と市町村における留保分は、追加的に判明するかもしれない義捐金支給該当者への配分を確保するためのものである。

　義捐金の被災者への分配の仕方と配分の時期を見ると、まず、2011年4月8日に「義捐金配分割合決定委員会」が第1回の義捐金分配の方針を決定した。それによると、第1回目の分配では死亡・行方不明者に対して1人あたり35万円、家屋喪失・全壊全焼には1世帯あたり35万円、家屋半壊には1世帯あたり18万円、原発避難関係には1世帯あたり35万円と定められた。[*64]第2回目以降の分配についても、金額は異なるが、基本的に同じ割合（死亡・行方不明者、全壊、原発関連を1とし、半壊を0.5）で配分されることが2011年6月6日の第2回義捐金配分割合決定委員会で決定された。

　ただし、以上の配分割合は、あくまで県に義捐金を分配するための「便宜の指標であり、被災者への配分額には直結しない」とされている。[*65]すなわち第2回目の義捐金配分割合決定委員会において「被災都道県に送金された義援金については、被災都道県の配分委員会が地域の実情に合わせて配分の対象や配分額を決定する」と述べているのである。しかし、この文言には註が付され、以下のような指示

3　ハンガリーモデルの基本原則と日本の災害復興　　219

が記されている。曰く、「全国的な公平を担保する観点から義援金配分割合決定委員会の決定内容を参酌するが、これに拘束されることはない」。

　義捐金配分割合決定委員会の決議は、文面上、「地域の実情」を優先させているように見える。しかし「拘束しないが、参酌せよ」という方針は、受け取る側にとって、事実上の「拘束」になっていた。例えば岩手県は「義捐金配分割合決定委員会」で決められた配分割合をそのまま踏襲し、自治体での義捐金配分に独自な基準は持ち込ませなかった。[*66] 福島県でも県は市町村に対して「積算対象となっている項目については、必ず配分対象としてください。ただし、各市町村へ配分する金額の範囲内において、配分対象・配分基準額は、地域の実情に則して各市町村で設定してください」と指示している。[*67] 宮城県も同様である。つまり、「拘束しないが、参酌せよ」という文言は、全体として、被災地の実情よりも、中央で決定した画一的な指針を遵守させる指示として受け止められたのである。

　むろん各被災地はそれぞれに特有な被災状況があり、被災した県や自治体は中央が決めた方式で義捐金を配分して事足れりとしたわけではない。むしろその逆で、各自治体は直接市町村に寄せられた義捐金などの、独自に使途を決定できる財源を、地域の実情に合った被災者支援策に当てるなどの方策を講じたのである。[*68] 例えば、岩手県の大船渡市や陸前高田市である。岩手県は県独自の配分方法を設けなかった。これに対して市町村レベルで大船渡市は実態に応じて独自の支援を行なった。すなわち震災で重度障害者となった被災者に対して、世帯主の場合は250万円、世帯主以外には125万円の見舞金支給を行なった。[*69] また陸前高田市では「震災孤児」や「震災遺児」に独自財源で給付金を支給した。さらに市内の農業者、漁業者、商工会員に対して、陸前高田市に寄せられた義捐金を原資に、少額ではあるが（漁業者に6千円、農業者と商工業者に2万円）見舞金を支給した。まさに本書の第2章で見たような、災害時における自営業者への緊急支援が、日本でも現地自治体レベルの判断で実施されたのである。

　宮城県は県の方針として、中央が決めた配分先に加えて、「災害障害見舞金」、「仮設住宅未利用世帯」、「母子・父子世帯」、「高齢者施設・障害者施設入所者等」という独自の枠を設け、義捐金支給対象を拡大した。[*70] 福島県も「震災孤児」（両親が震災で死亡した18歳未満の子ども）に100万円、「震災遺児」（震災で

父または母のどちらかが死亡した18歳未満の子ども）に50万円を支給するという独自性を発揮した。[*71]

　中央の配分方式は、死者・行方不明者あるいは損壊家屋という、失ったものへの見舞金という考え方に基づくものであった。これに対して、地域自治体の配分方針は生き残った人への救済策であり、これは各地域自治体で共通していた。

　以上、東日本大震災における義捐金の配分について検討してきたが、迅速性や公開性は十分に備えていたといえるのではないか。むしろ「義捐金が必要なところに届かない」理由は、「拘束しないが、参酌せよ」という曖昧な配分原則にあった。この一言で、地域の実情に合わせた義捐金の配分が妨げられたと言える。この問題をハンガリーモデルによる復興の教訓、「地域住民の判断に委ねるべきだ」に照らして考えれば、解決策は次のようになるのではないか。義捐金配分割合決定委員会は現行のような曖昧な指針を改め、「拘束しないが、参酌せよ」を指針から削除する。そして市町村での義捐金配分は全て地域の裁量に委ねると明記するのである。もちろん市町村には、義捐金の使途について透明性を確保することが求められるのは言うまでもない。

安全に係わる国際基準

　ハンガリー政府は赤泥事故を機に、赤泥は無害であるという国際基準と、事実として赤泥が有害であるという矛盾する2つの現実に直面した。結果としてハンガリー政府は国際基準ではなく、有害であるという現実に基づいて災害対応策を策定した。すなわち被災地住民の健康を守るべく、政府は防護マスクの着用を住民に促した。またハンガリー政府はEUに対して、赤泥を無害とする産業廃棄物規制を改めるよう働きかけ、EU議会に改正案を提出した。

　他方、福島原発事故に際して日本政府は放射能という産業廃棄物の国際基準に対してどのような対応を採ったのだろうか。国際的な避難基準を定めている国際放射線防護委員会は、事故時の基準として、年間100ミリシーベルトから20ミリシーベルトの間で住民の避難基準を定めることができるとしている。日本政府は福島原発事故が起こるまで、過酷事故時の避難基準を定めていなかった。このため事故後の基準設定に手間取り、避難指示の追加（計画的避難地域の指定）が遅れた。

結果として日本政府が設定した避難基準は、国際基準の範囲としては最も低い許容量である、年間20ミリシーベルトだった。他方、事故からの復旧時では、同じ国際放射線防護委員会による基準値枠設定、すなわち１ミリシーベルトから20ミリシーベルトの間において、最も高い許容量である20ミリシーベルトを選択した。
　では、1986年に起きたチェルノブイリ原発事故時の基準はどの程度だったのか。
　チェルノブイリ事故の場合、年間５ミリシーベルト以上が強制避難の基準とされた。また年間１ミリシーベルトから５ミリシーベルトの場合には、避難するか、居住地に残るかは住民の判断に委ねられた。[72]避難を希望する場合には、避難する権利が認められた。これが社会主義時代のソ連及びソ連崩壊後の被災地域における避難の基準である。避難基準値の違いも重要だが、チェルノブイリの場合は中間的な区域を設定したことが注目される。日本の場合、この中間的区域の設定が行なわれなかった。そのため、国に頼らず住民自身が「自主的に判断し、避難する」という事態が生じた。
　チェルノブイリと福島の避難地域の違いを地図⓰で見てみよう。[73]チェルノブイリの避難基準である年間５ミリシーベルトは時間単位に換算すると、0.57マイクロシーベルトであり、地図⓰の凡例で下から４番目の区分、0.5-1.0の区域に相当する。この区分を地図上に投影させると、福島県の中央部が該当し、福島県外でも数カ所がこの区分に含まれる。またチェルノブイリの「避難権利区域」に相当するのは、地図⓰の凡例0.1～0.2マイクロシーベルト以上（下から２番目の区分）の地域である。地図上にこれを投影させると、該当する範囲は北関東から宮城県南部にまで及び、きわめて広域となる。[74]
　福島原発事故における自主避難者は何を拠り所にして、避難するか否かの判断を下したのか。さまざまな理由が考えられようが、直接的にせよ、間接的にせよ、避難基準の根拠をたどれば、チェルノブイリ事故における「避難権利区域」の下限としての年間１ミリシーベルトにたどり着く。この基準は国際放射能防護委員会が定める年間被曝量の許容基準でもあり、先に見た同委員会の示す復旧時の最小許容量でもある。このように前例となるチェルノブイリの基準があり、国際的規範においても避難の基準となる許容量が存在するのである。したがって、国際的な基準を越えて自らが被曝したくない、あるいは子どもを被曝させたくないというのは、当然な自己

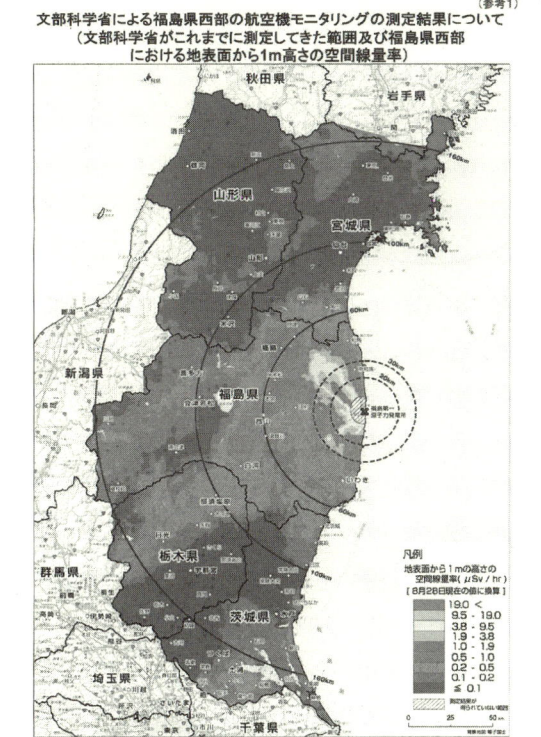

(参考1)
文部科学省による福島県西部の航空機モニタリングの測定結果について
（文部科学省がこれまでに測定してきた範囲及び福島県西部
における地表面から1m高さの空間線量率）

防護である。

　日本政府は福島原発事故後、半年経った2011年9月30日に、「緊急時避難準備地区」に対して避難準備指定を解除した。しかし、この地区から避難していた住民2万6千人のうち、自宅に戻ったのは5千人ほどにすぎなかった。自主避難者の多くは自らの判断で避難し、帰還についても政府の方針に従う意志はない。

　一般に、産業廃棄物に関する国際的な基準を解釈して、対応策を講じるのは中央政府の職務である。放射能についても同様である。日本政府は避難指示を解除する基準を年間20ミリシーベルトと定め、この基準に基づいて避難解除を遂行する政策をおし進めている。実際に避難者に対して帰宅時期が指示されている。飯舘村あての文書によれば、「避難指示解除準備区域」（帰る準備をしてくださいという地域）における帰宅は2014年3月11日以降、「居住制限区域」（帰宅してもいいが

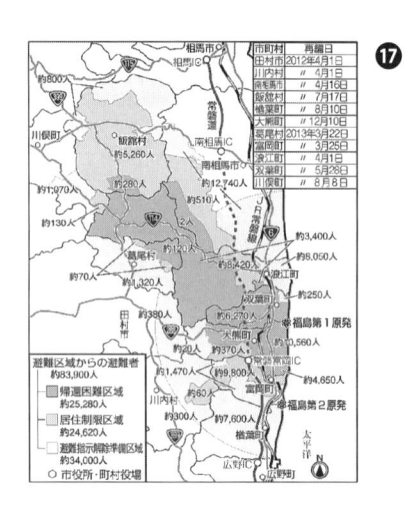

居住は認めない地域）における帰宅は 2016 年 3 月 11 日以降、そして「帰還困難区域」（当分は帰宅もできない地域）における帰宅は 2017 年 3 月 11 日以降と記されている。[*75]

　上の地図⓱は避難解除に関する全体図である。影がついている区域が福島原発事故における避難地域である。避難地域のうち最も濃い影の部分が帰還困難区域、中程度に濃い影の部分が居住制限区域、薄い影の部分が避難指示解除準備区域である。帰還時期を決める基準は、年間積算放射線量であり、20 ミリシーベルトを超えるか超えないかが境界である。また 50 ミリシーベルトを超えると帰還困難区域になる。避難指示解除準備区域は近い将来に 20 ミリシーベルト以下になることを前提として、帰宅準備の施策を始めている地域である。

　年間 20 ミリシーベルトは政府が避難者に帰宅を指示する重要な基準である。この 20 ミリシーベルトは国際基準における許容範囲の上限であるが、それ以外に、20 ミリシーベルトを帰宅指示の根拠とする理由はあるのだろうか。この点について、2011 年 12 月 26 日に原子力災害対策本部が公表した指針がある。それによると、年間 20 ミリシーベルト以下なら、健康リスクは「喫煙や飲酒、肥満、野菜不足などの他の発ガン要因によるリスクと比較して十分に低いものである」。また、年間 20 ミリシーベルト以下なら「除染や食品の安全管理の継続的な実施など適切な放射線防護措置を講ずることにより十分リスクを回避できる」とされている。ただし、「自

発的に選択できる他のリスク要因と単純に比較することは必ずしも適切ではない」と述べ、この基準は「リスクの程度を理解する一助」である、という留保が付けられている。しかし同時に、同じ指針の中で「放射性物質による汚染に対する強い不安感を有している住民」には、不安を「払拭するための積極的な施策が必要である」とも述べている。[*76]

　上記の指針は年間20ミリシーベルトを受け入れるべきだと言っているようにも受け取れるし、単なる参考にすぎないと言っているようにも受け取れる。これに対して、2013年に経済産業省が出した「年間20ミリシーベルトの基準について」は、上記指針の最後にある「積極的な施策」にそった中身となっている。[*77] この2013年経産省指針によれば、「広島・長崎の原爆被爆者の疫学調査の結果からは、100ミリシーベルト以下の被ばくによる発がんリスクは他の要因による影響によって隠れてしまうほど小さいとされています」とされ、20ミリシーベルトの5倍の100ミリシーベルトでも許容の範囲だとされる。さらに「広島・長崎の原爆被爆者の疫学調査の100ミリシーベルトは、短時間に被ばくした場合の評価であるが、低線量率の環境で長期間にわたり継続的に被ばくし、積算量として合計100ミリシーベルトを被ばくした場合は、短時間で被ばくした場合より健康影響が小さいと推定されている。この効果は動物実験においても確認されている」とされ、年間20ミリシーベルトは健康に問題がないかのように経産省は主張する。経産省指針はさらに一歩進みこみ、次のように述べる。「チェルノブイリ原発事故における避難措置等は過度に厳しいものだったと評価されています」。つまり経産省は、チェルノブイリの避難基準も国際放射能防護委員会の基準も、日本の国内基準として受容するには非常に厳しすぎるので、大幅に緩和した国内基準を制定することが妥当であると主張している。

　東京電力は被災住民からの損害賠償請求に関連して、年間100ミリシーベルト以下での低線量被曝による健康被害には、明示的な科学的根拠はないと主張している。[*78] つまり損害額の算定において放射能汚染に起因する損害をできる限り低く見なそうとしている。政府や経産省の低線量被曝に関する見解は、東京電力の立場を実質的に補強している。

　放射能と赤泥という、異なる産業廃棄物に関してではあるが、日本政府とハンガリー政府の国際基準に対する対応は正反対である。日本政府は国際基準を緩める

3　ハンガリーモデルの基本原則と日本の災害復興

ことで住民の帰還を正当化し、さらには国民全体に影響が及ぶ平時の許容基準さえも大幅に引き上げようとしている。これに比して、ハンガリー政府は国際基準以上に厳しい国内基準を設けて、被災地住民の健康を守ろうとした。

1990年代以降、環境問題で「予防原則」という新しい考え方が世界で強まっている。赤泥問題でも同様の傾向があることは述べた。では、予防原則とは何か。改めて以下で確認しておこう。すなわち、「従来の考え方と予防原則の相違は、結局、環境を脅かす害、危険の評価にあるといってよいであろう。また、国家責任の観点からは、従来の考え方では、国家は、予見可能性を基準として、科学的に因果関係が証明される『実質的な』損害を防止する相当の注意義務を要求されてきたが、予防原則は、そのような原因と結果の関係が科学的に不確かな場合でも、環境上の危険がある程度予測できる場合には、前もって損害発生を阻止することを義務づけるものである」[*79]。

環境に関するこの予防原則を「人間の健康」と置き換えてみる。「従来の考え方と予防原則の相違は、結局、人間の健康を脅かす害、危険の評価にあるといってよいであろう。また、国家責任の観点からは、従来の考え方では、国家は、予見可能性を基準として、科学的に因果関係が証明される『実質的な』損害を防止する相当の注意義務を要求されてきたが、予防原則は、そのような原因と結果の関係が科学的に不確かな場合でも、人間の健康に対する危険がある程度予測できる場合には、前もって損害発生を阻止することを義務づけるものである」。

先に見た経産省の低線量被曝に関する許容基準引き上げは、低線量被曝が「他の要因による影響によって隠れてしまうほど小さい」ことが根拠だった。ところがこの一文からわかることは、低線量被曝と発ガンとの間には、科学的な因果関係を明瞭に証明しうる証拠はないという論理ではなく、「他の要因による影響によって隠れてしまうほど小さい」とはいえ、低線量被曝が「人間の健康に対する危険がある程度」存在することを認める認識である。つまり予防原則を受け入れるなら、現在の政府の認識に立っても、「前もって損害発生を阻止することが国家の義務である」という結論に至らざるをえないのである。[*80]

赤泥についてはロンドン条約締結国の間で予防原則を重視する立場から、赤泥の有害性を主張する声が強まりつつある。日本政府も赤泥に関して次第に予防原則

の立場に移り始めている。そもそも地球温暖化問題は環境政策における予防原則の発動である。環境について予防原則を講じることが妥当であるならば、人間の健康について予防原則を採用しない正当な理由があるのだろうか。

注

はじめに

*1 「福島原発事故が飯舘村にもたらしたもの」2012年11月18日、福島市青少年会館。http://iitate-sora.net/fukushimasymposium/fukushima2012 (2014.02.09).

*2 ハンガリー語で kárenyhités と呼ばれる。kár は損害ないし被害、enyhités は緩和を意味する。

*3 復興庁の統計をもとにした筆者の推計。福島県の避難者をすべて原発避難者とみなした数値。宮城県や岩手県でも県外避難者が数千人の単位でいる。この大半は原発避難者とみなしうるが、15万人には入れていない。復興庁は2013年9月時点での震災避難者を30万人としている。http://www.reconstruction.go.jp/topics/main-cat2/sub-cat2-1/20130925_hinansha.pdf (2013.09.15)。

*4 「原発災害と生物・人・地域社会」2013年3月、東京大学農学部弥生講堂一条ホール：http://iitate-sora.net/tokyosymposium/tokyo2013 (2014.02.08)。

*5 同上シンポジウム報告「損害賠償問題」(小林克信弁護士)。http://iitate-sora.net/wp-content/uploads/2012/08/09_kobayashi.pdf.

*6 『原発事故被災者 双相の会』号外、2013年4月23日。

*7 小澤祥司『飯舘村：6000人が美しい村を追われた』(七つ森書館、2012年)。

*8 飯舘村役場発行「東京電力株式会社への損害賠償手続きについて」平成24年5月。

第1章

*1 12時30分はハンガリー政府の公式見解による事故発生時刻だが (http://vorosiszap.bm.hu)、事故を起こした企業は12時10分だとしている。http://www.mal.hu/engine.aspx?page=showcontent&content=Vorosiszap_HIR_HU (2010.11.19).

*2 原語では Magyar Alumíniumtermelő és Kereskedelmi Zrt. である。Zrt は Zártkörűrészvénytársaság の略であり、正確な訳は「株式非公開の株式会社」。

*3 ハンガリーの通貨フォリントと日本円との交換為替レートは、時々の経済事情で1円＝2～3フォリントの幅で変動するが、貨幣の購買力で判断すると、その価値はおおむね1円＝1フォリントに相当すると考えてよい。

*4 国立ハンガリー衛生保健局 (以下、衛生局) Az Állami Népegészségügyi és Tisztiorvosi Szolgálat の事故専門サイト掲載情報 Mit kell tudni a vörösiszapról? 2010.10.05. http://www.antsz.hu/portal/down/kulso/kozegeszsegugy/iszaptarolo_szakadt_at/Mit_kell_tudni_a_vorosiszaprol_20101005.pdf. (2010.11.19) ハンガリー科学アカデミーの調査結果では pH 値が11～14の間であるとしている。A Magyar Tudományos Akadémia Kémiai Kutatóközpont Anyag- és Környezetkémiai Intézet; Az ajkai vörösiszap-ömléssel kapcsolatban 2010. október 12-ig végzett vizsgálatok eredményeinek összefoglalása.

＊5　塩崎賢明『住宅復興とコミュニティ』（日本経済評論社、2009 年）142 頁。
＊6　個別復興住宅の実情はコロンタール村、デヴェチェル市、ショムローヴァーシャールヘイ村での 2012 年から 2013 年にかけて行なった 5 回の現地調査時の聞き取りに基づく。聞き取り調査対象世帯の選定は被災自治体との協議で行なった。コロンタール村については母数が少ないので、全体に対する代表性を考慮することができた。他方、デヴェチェル市については復興住宅数が多く、しかも調査対象数が限られていたため、抽出例はあくまで例示にとどまる。ただし限られた数の聞き取り調査ではあっても、そこから集団的復興住宅建設の全体像が推測できるように工夫をした。また、第 3 章 4 で数量的な概要を示しているので、そちらも参照されたい。
＊7　現地の赤泥研究の専門家によると、溜池表層の水は雨水だけでなく、アルミナ工場から廃棄された赤泥が含んでいた水酸化ナトリウム溶液も混合している。
＊8　中央防災総局がデヴェチェル市住民のダンチ・ジェルジ夫人及びダンチ・ティボルと 2011 年 1 月 20 日に署名した復興住宅建設許可書からの引用。ダンチ夫人は後で登場する。
＊9　『週刊世界経済 Heti Világgazdaság（HVG）』2010 年 10 月 10 日電子版。http://hvg.hu/itthon/20101010_ajkai_timfoldgyar_megelhetes_gyar_kataszt (2014.03.16)
＊10　ハンガリー語では以下の通り：Másnap reggel volt itt. Azt mondta. Nyugodjanak meg, emberek, mindenkinek lesz feje fölött fedél. Nagyon szépen kérem magukat, nyugodjanak. Fogunk magukról gondoskodni.
＊11　HVG, 2010.11.26: http://hvg.hu/itthon/20101126_iszapomles_elso_adasveteli_szerzodesek (2013.11.15)。
＊12　コヴァーチは仮称。モルナールが実名だが、前節もモルナール家であり、混乱を避けるため、この節のモルナール家はコヴァーチ家とした。
＊13　Vörösiszap károsultak ingó kárainak rendezése: http://www.devecser.hu/vorosiszap_karosultak_ingo_karainak_rendezese (2012.12.15)

第 2 章

＊1　赤泥から発生する有害物質の中にはアルカリ性の物質だけでなく、微量だが放射性核種が含まれる場合がある。専門家の説明では、外部被曝としての危険性は無視しうる程度であるが、塵に紛れて呼吸器に吸い込まれた場合、内部被曝の原因となり、長期にわたる健康への影響が残るとのことである。
＊2　1990. évi LXV. Törvény a helyi önkormányzatokról.
＊3　デヴェチェル市は救済基金の支援を仰ぐ際には、原則として、市議会に支援案を提出し、議会の同意を得るという手順を踏んでいる。2010 年の議会議事録は参照できなかったが、2011 年分については、公開されているのでこの原則が確認できる。例えば、Devecser Város Önkormányzat Képviselő-testületének 3/2011. (I.28.) önkormányzati rendelete a 2010. október 4-i vörösiszap által okozott katasztrófa károsultjainak a Magyar Kármentő Alap igénybevételével történő támogatásáról: http://www.devecser.hu/rendeletek_kihirdetese-1 (2013,8,15)。
＊4　Devecser város Önkormányzata Képviselő-testületének 25/2011. (V.5.)

önkormányzati rendelete a 2010. október 4-i vörösiszap által okozott katasztrófa károsultjainak- a kereskedelmi, illetve szolgáltató tevékenységet folytató mikro vállalkozások – támogatása a Magyar Kármentő Alap igénybevételével történő egyszeri támogatásáról: http://www.devecser.hu/rendeletek_kihirdetese-1 (2013.08.15).

* 5 Devecser város, integrált településfejlesztési stratégia: http://www.terport.hu/webfm_send/3932 (2013.10.20).
* 6 Veress D. Csaba, *Devecser Évszázadai*, Veszprém, 1996, 28p.
* 7 http://www.devecser.hu/a_telepules_tortenete (2013.09.12).
* 8 Devecser város, integrált településfejlesztési stratégia: http://www.terport.hu/webfm_send/3932 (2013.09.13).
* 9 http://vpmegye.hu/letoltesek/teruletfejlesztes/Vp_Tfk_helyzetertekeles.pdf (2013.09.10)
* 10 初等学校は8年制で、日本の小学校と中学校を合わせた義務教育を行なう。
* 11 ハンガリー系アメリカ人実業家ジョージ・ソロスが設立したNPO。正式にはOpen society Foundations。ソロスはローマ字表記だとSorosであり、一般には「ソロス」として知られているが、ハンガリー風に表記すると「ショロシュ」である。ハンガリーにおけるソロス基金の歴史は社会主義時代の1980年代にまでさかのぼる。ソロス基金は1979年にアメリカで設立され、ポーランドの連帯運動やチェコスロヴァキアの憲章77運動など、共産党に対抗する反政府活動を広範に支援し、東欧における民主化の陰の立役者として知られる。特にハンガリーにはアメリカ以外で最初となるソロス基金が1984年に正式に設立され、国家による情報の独占に事実上の終止符を打つことに貢献した。筆者は1987年から2年間ハンガリーで在外研究に従事したとき、様々なところにソロス基金の支援によるコピー機が設置されていたのを覚えている。1970年代末のハンガリーにもコピー機は存在したが、厳重に管理され、誰が、何時、何を複写したかが詳細に記録されていた。それに比べると、1980年代末はソロス基金のコピー機により文書の複写は事実上、自由化されていた。文書の自由な複写とは、今日で言うならば、ネット通信、ブログあるいはフェイスブックのような、公式メディアから独立した大衆的意思伝達手段を意味した。ソロス基金は東欧諸国での体制転換後に、活動の中心を旧ソ連継承国家群、中東諸国などに移していった。
* 12 ビストシュ・ケズデト（ハンガリー語表記ではBiztos Kezdet）のホームページはhttp://www.biztoskezdet.eu/。
* 13 正確を期すと、この事業に対して与えられたEUの予算は前にみた「確かな始まり」が社会構造基金だったのに対して、こちらは「地域統合基金」である。EUには支援の目的により複数の予算枠があり、申請する場合に目的に合わせてどの予算枠にするかを選択する必要がある。本書ではそうした予算枠の違いについては問題にしないことにする。
* 14 この役職はショムロー地域では昔ながらの「hegybiró 山おさ」という呼称で呼ばれている。ブドウ・ワイン組合も伝統的な言い回しとして、「hegyi község 山の共同体」と呼ばれている。
* 15 Az újjáépítés eddig nem látott nemzeti összefogással valósulhat meg, Kármentőalap Mentőbizottság HP: http://www.karmentobizottsag.hu (2012.11.20)

＊16　http://www.karmentobizottsag.hu/upload/2011/kozhasznusagi_jelentes.pdf (2014.04.16).

第3章

＊1　中央防災総局、県防護委員会、衛生局、政府特使はそれぞれハンガリー語で Országos Katasztrófa Védelmi Főigazgatóság、Megyei Védelmi Bizottság、Az Állami Népegészségügyi és Tisztiorvosi Szolgálat、Kormánybiztos。
＊2　T. Romhányi et.al, *Iszap, Egy katasztrófa természetrajza*, Mediprint, 2011. p.12.
＊3　T. Romhányi et.al, *Iszap*, p.14.
＊4　T. Romhányi et.al, *Iszap*, p.52.
HVG によると、デヴェチェルでは市の音楽学校を臨時宿泊施設とし、Dankó 地区のロマ3家族、22名を収容した（HVG online, 2010,10,30,17:48）。
＊5　http://vorosiszap.bm.hu/?paged=26 − 29　http://vorosiszap.bm.hu (2012.03.15).
＊6　この国際記者会見はオルバーン首相がブダペストに戻って開かれたという記述もある（T. Romhányi et. al, *Iszap, op.cit.*, p.53.
＊7　http://www.katasztrofavedelem.hu/index2.php?pageid=lakossag_kolontar_visszateres (2010.12.26).
＊8　http://vorosiszap.bm.hu/?p=314#more-314 (2010.12.30).
＊9　現地での聞き取り調査 (2010年10月15日、Devecser、Bujdosó László 主任医務官)
＊10　デヴェチェル市長の話では、「同様の産業廃棄物事故がイタリア北部で発生したことがあった。その時は加害企業に損害賠償を求める訴訟が起こされ、訴訟が6〜7年もかかった。今回のように迅速に政府が対応したのは前例がない」（2012年3月26日、デヴェチェル市長室）。
＊11　http://vorosiszap.bm.hu/?paged=26-29　http://vorosiszap.bm.hu/ は防災総局のホームページに掲載された赤泥事故関係の政府公式見解集である。10月7日の政府首脳の発言は、新聞雑誌報道でも確認できる。(http://hvg.hu/itthon/20101122_vorosiszap_orban_devecser Mit ígért a "kártalanítás ügyében elkötelezett" kormány?, 2010.11,22.18:29) .
＊12　http://vorosiszap.bm.hu/?p=85、http://vorosiszap.bm.hu/?paged=26-29 http://vorosiszap.bm.hu/ は防災総局のホームページに掲載された赤泥事故関係の政府公式見解集である。
＊13　10月7日の政府首脳の発言は、新聞雑誌報道でも確認できる (http://hvg.hu/itthon/20101122_vorosiszap_orban_devecser Mit ígért a, "kártalanítás ügyében elkötelezett" kormány?, 2010.11.22,18:29).
＊14　T. Romhányi et. al, *Iszap, Egy katasztrófa természetrajza*, Mediprint, 2011. pp.150〜151。『週間世界経済』誌によると、デヴェチェルでは被害にあった272戸（297ないし296という数字もある HVGonline, 2010,10,24,15:45）のうち、225件の取り壊し決定住宅があり、10月までの補償希望は、集団移転希望が91、中古住宅が61、市外へ

の移住が 72 だった :HVG online, 2010,10,28,17:07 [2012.11.25]) 。
*15 「政令 252/2010 号（10 月 21 日）ハンガリー救済基金について」〔252/2010（X・21）Magyar Kármentő Alapról〕。
*16 http://www.devecser.hu/rendeletek_kihirdetese-1 [2013.11.25].
Devecser Város Önkormányzata Képviselő-testületének 3/2011. (I.28.) önkormányzati rendelete a 2010. október 4-i vörösiszap által okozott katasztrófa károsultjainak a Magyar Kármentő Alap igénybevételével történő támogatásáról.
*17 救済委員会の公式 HP は http://www.karmentobizottsag.hu/ いつ、どのような目的で、いくらが、誰に支払われたかが、確認できる。
*18 ハンガリー語では"az egyeztetés hiányában, az önkormányzat részéről ellentmondásos és félrevezető információk is kerültek a lakosság körébe."
*19 デヴェチェル市長へのインタビュー（2012 年 3 月 26 日、デヴェチェル市長室）。
*20 http://hvg.hu/itthon/20101026_vorosiszap_devcseriek_demonstracio: Türelmetlenek a devecseriek, tüntetés jöhet, 2010. október 26., kedd, 15:37 (2012.03.12).
*21 1221/2010. (XI. 4.) Korm. Határozat.
*22 ハンガリーでは少数民族自治制度として「少数者自治体」を各民族ごとに設置している。少数者自治体は少数民族が存在する自治体ごとに設置され、県レベルと全国レベルの協議体も置かれている。少数者自治体は独自の決議機関と文化社会政策予算を持つ。詳細は Osamu Ieda, Local Government in Hungary, in Osamu Ieda, ed., *The Emerging Local Governments in Eastern Europe and Russia*, 85-129, Hiroshima, 2000. を参照。
*23 この条件は、住民との交渉の過程で変化し、それが事後的に 2011 年の政令で遵守項目の改訂となっている。
「内務省令 16/2011(V.2) 災害の緩和関連予算の 2011 年度執行について」は第 7 条(6)で支援についての条件を次のように定めている。
　a) 被災自治体内の新居住区における新築家屋建設（上記と同じ）。
　b) 被災自治体内の家屋ないし集合住宅住居の売り物件を希望（新規項目）。
　c) 全国の自治体の売り物件、新築物件を希望（一部改訂）。
　d) 金銭での賠償を希望（住居が別途に確保された場合）。
　e) 被災住宅の修繕に対する支援（上記と同じ）。
*24 中央防災総局防災大学校長 Papp Antal, kézi irat（筆者の依頼に応じてパプ・アンタル氏が提供してくれた復興支援住宅関連資料）この資料によれば、敷地だけを交換した件数が 1 件あるが、この 1 件がどの自治体の事例かは不明である。この 1 件をデヴェチェルだとすると、政府が被災住宅と認定したデヴェチェル市の被災住宅数は 292 件になる。しかし、2010 年 10 月末の時点では 297 ないし 296 という数字が報道されていた（HVGonline, 2010,10,24,15:45）。この 2 つの数字の差、5 戸ないし 6 戸は被災の程度が軽度であったため、補償の対象にはならなかったものと推測される。
*25 実際は 270 戸に加えて、ロマ 6 世帯が住んでいた住居も取り壊された。しかし、この 6 世帯が建物として何戸だったかは不明。

*26 T. Romhányi et. al, *Iszap, Egy katasztrófa természetrajza*, Mediprint, 2011. pp.150-151.
*27 HVG online, 2010,10,28,17:07 (2013.09.06).
*28 http://www.katasztrofavedelem.hu/index2.php?pageid=szervezet_hirck&hirid=207（2013年7月10日）。
　http://hvg.hu/itthon/20101122_vorosiszap_orban_devecser (2013.09.06).
*29 http://hvg.hu/itthon/20101122_devecser_tuntetes_elmarad (2013.09.06).
*30 集団移転希望は10月中旬で70世帯、10月末で91世帯だったが、11月末には55世帯に減少した。中古住宅希望も10月中旬で70世帯、10月末で61世帯だったのが、11月末になると44世帯に減少した。他方、11月末時点で再査定を希望した世帯が143世帯に上った：http://hvg.hu/itthon/20101126_iszapomles_elso_adasveteli_szerzodesek: 2010. november 22., hétfő, 18:29, Szerző: hvg.hu (2013.10.20).
*31 デヴェチェル市長への筆者によるインタビュー（2012年3月26日、デヴェチェル市役所）。査定をめぐる問題は複雑だった。何故なら実際の取り壊しは、個別の査定だけで決められたわけではなかったからである。つまり、家屋への被害がさほど大きくなく、修繕可能な場合でも、周囲の家屋がすべて取り壊される場合には、被害査定に関係なく全壊家屋に指定された。つまり、取り壊しが地区として行なわれることになって、その地区の中に家屋が含まれるか否かが決定的に重要な判断基準となった。このため個別に見ると、少数ではあったが、被害が深刻でなくても、新築の復興住宅に転居した場合が生じた。他方、こうした例外的な事例に比べて、被害が大きくても、全壊家屋と認定されない場合も生じた。こうした複雑で難しい状況が存在していたこともあり、復興事業の適用を被災者に対する救済事業だけに、あるいは、住宅の取り壊し対象となった被災者だけに限ることは、住民感情としても、また自治体としても受け入れがたかった。

　他方、複合世帯住居の取り扱いも難しかった。被災した家屋に複数の世帯が同居し、しかも各世帯の家屋全体に対する持ち分が明確でない場合、1世帯につき1軒ずつ新築の住宅を提供することは不可能だった。これに該当したのはロマ系の住民だった。このためデヴェチェル市は新築の住宅に移転するためには、被災した住宅についての持分の査定価値が600万フォリント以上必要であるという、他の自治体にはない基準を設けた。その一方で、この基準に満たない場合でも、査定額に一定の補助金を上乗せして、ロマ系の住民が中古住居を購入できるように配慮した。
*32 http://hvg.hu/itthon/20101122_vorosiszap_orban_devecser (2013.09.06).
*33 デヴェチェル市長は10月28日の住民集会席上で、市長から政府に対して迅速な事故対応をするよう要請した旨を、そして、政府がこの要請を了解したことを住民に告げた。また市長は法務省による査定について、査定対象家屋の特定や査定額が最終的なものではないこと、査定もすべてが終わったわけではないことを住民に告げた（HVG online, 2010,10,28,17:07)。これは、住民集会で政府の査定結果に対する不満が高く、市長がそれを政府に伝え、住民が満足するような答えを得たことを示唆したと思われる。
*34 Papp Antal 氏によるまとめ。
*35 政令150/2007. (VI. 26.) Korm rendelet は、1平方メートル当たりの国家助成の上

限を税込で14万フォリントと規定した。今回の建設単価の差額は11万フォリントだったが、それはこの上限に収まる範囲である。

*36　政府報道官のシイヤールトー・ペーテルは2010年11月7日にハンガリーテレビMTVに出演し、救済基金に寄せられた義捐金の使途について、それが基本的に被災者の救済に用いられると述べ、被災地の救済については最小限にしか触れていない。http://premier.mtv.hu/Hirek/2010/11/07/14/Mire_forditjak_a_Karmento_Alapba_osszegyult_penzt_es.aspx (2013.09.05).

第4章

*1　本稿は雑誌『境界研究』北海道大学SRC第2号（2012年）に掲載された「ハンガリー赤泥流出事故に見る東欧とEUの見えざる境界」を本書に合わせて書き直したものである。

*2　G.Power, M.Grafe, & C Klauber, Review of current bauxite residue management, disposal and storage: practices, engineering and science, CSIRO Document DMR-3608, May 2009; http://www.asiapacificpartnership.org/pdf/Projects/Aluminium/Review%20of%20Current%20Bauxite%20Residue%20Management%20Disposal%20Storage_Aug09_sec.pdf (2011.12.15).

*3　C.Klauber, M.Grafe, G.Power, Bauxite residue issues: II. Options for residue utilization, Hydrometallurgy, doi:10.1016/j.hydromet.2011.02.007: www.elsevier.com/locate/hydromet (2011.04.09) 7000万立方メートル（カサ密度が2トン／立方メートルと仮定すると、7000万立方メートルは概ね1.4億トン）がどの程度の量であるのか、比較のためにEU全体の危険廃棄物総量を挙げると、2008年で9800万トン（廃棄物総量では26億トン）である。ハンガリーだけで見ると同年で67万トン（廃棄物総量では2000万トン）である。つまり2010年の事故で流出した赤泥の量はハンガリー1国が年間に生み出す危険廃棄物総量を大きく上回っている計算になる（http://epp.eurostat.ec.europa.eu/portal/page/portal/waste/data/wastestreams/hazardous_waste; http://appsso.eurostat.ec.europa.eu/nui/show.do?dataset=env_wasgen&lang=en [2010.11.19]）。ちなみに、日本における廃棄物総量を挙げると、2001年でおおよそ年間6億トンであり、そのうち4億トンが産業廃棄物である。ただし、6億トンのうち投棄される最終廃棄物は5300万トンである。つまり約9割以上が再利用や焼却などの形で処理されている。鉄鋼業は4400万トンの廃棄物を出し、そのうち最終廃棄物は72万トンである。つまり98％を再利用している〔「鉄鋼業の副産物の活用」http://www.env.go.jp/council/04recycle/y040-25/ref03.pdf (2010.11.19)〕。これに比べ、アルミナ産業の赤泥がいかに大量の最終廃棄物を出しているかが了解される。

*4　ロンドン条約について詳しくは、水上千之・西井正弘・臼杵知史編『国際環境法』（有信堂、2001年）18〜31頁等を参照。

*5　1960年代は3割（調査対象3社中1社）が海洋投棄し、残りの2社が溜池方式だった。この1社はギリシャの企業であり、現在に至るまで海洋投棄を続けている。海洋投棄を続けている日本の企業はこの論文の調査対象に入っていない（前掲 G. Power, M. Grafe, & C Klauber, pp.15-16.）。別な資料によると、海洋投棄を行っているのは欧州で

はギリシャの他にフランスも同様である。アメリカでは1社が1973年まで河川投棄を行っていたが、1974年から溜池方式に転換した（https://extranet-wf.minerals.csiro.au/fmi/xsl/BRaDD/BRADesign/recordlist.xsl (2011.04.09)）。また論文によってはイギリスとドイツも海洋投棄を行なっていると指摘するものもある（fotini Kehagia, A successful pilot project demonstrating the re-use potential of bauxite residue in embankment contstruction, Resources, *Contservation and Recycling*, 54 (2010) p.418）。日本のアルミナ企業の例を参考にすると、海洋投棄方式を溜池方式に切り替えることは、溜池のために広大な敷地を工場隣接地に確保しなければならず、事実上、不可能に近いと思われる。

*6　西井正弘編『地球環境条約』（有斐閣、2005年）250〜251頁。ロンドン条約における赤泥の扱いについても詳しく論じている。

*7　http://www.env.go.jp/council/toshin/t063-h1506/ref_01.pdf (2010.12.26).

*8　http://www.env.go.jp/council/toshin/t063-h1506/ref_01.pdf (2010.12.26).

*9　西川・前掲注6書 257頁。

*10　日本でも陸上の中和処理が考慮されたが、費用的に軽費で済む海洋投棄が選択された。また元アルミナ企業関係者の話では、当初はアルミナ工場に隣接して擁壁で囲まれた溜池を建設し、そこに赤泥を投棄していた。しかしそれでは不十分となり、海洋投棄に切り替わったとのことである。

*11　西川・前掲注6書、251頁。日本は世界でも最大級の廃棄物海洋投棄国である。

*12　Twenty-fourth consultative meeting of contracting parties to the convention on the prevention of marine pollution by dumping of waste and other matter 1977, 11-15 November 2002, Agenda item 17, LC 24/17, 31 January 2003, pp.22-23, International Maritime Organization.

*13　環境省審議会答申「今後の廃棄物の海洋投入処分等の在り方について」（平成15年）；http://www.env.go.jp/council/toshin/t063-h1506/houkoku_2.pdf (2010.12.26)

*14　「アルミナメーカー、ボーキサイトの国内精製から撤退へ」『化学業界の話題』2008年3月8日(土)；http://knak.cocolog-nifty.com/blog/2008/03/post_7557.html （2010.12.26）。現在、日本は世界第3位のアルミナ消費国であり、安定的な供給源を確保するため、オーストラリア、インドネシア、ニュージーランド、ベトナムなどで現地との共同事業化によるアルミナ生産に力を入れている。

*15　バーゼル条約の条文としては以下の通り。「第1条　条約の適用範囲：1．この条約の適用上、次の廃棄物であって国境を越える移動の対象となるものは、『有害廃棄物』とする。(a)付属書Ⅰに掲げるいずれかの分類に属する廃棄物（付属書Ⅲに掲げるいずれの特性も有しないものを除く）」。ちなみに、バーゼル条約の有害廃棄物定義は概ねEUの有害産業廃棄物指令の定義と同じである（矢澤昇治編『環境法の諸相：有害産業廃棄物問題を手がかりに』（専修大学出版局、2003年）231〜239頁、及び前掲注4書75〜91頁を参照）。EUの有害産業廃棄物指令は本稿の後段で詳しく論じているので、そちらを参照のこと。

*16　鈴木一人「規範帝国としてのEU：ポスト国民帝国時代の帝国」山下範久編『現代帝国論』（講談社、2006年）。

*17　正式には2000年5月3日付委員会決定(C(2000)1147)であるが、2002年の改訂を経て、

通常は 2002 年有害廃棄物リストと称される。有害廃棄物の英語表記は hazardous waste。http://eur-lex.europa.eu/LexUriServ/LexUriServ.do?uri=CELEX:32000D0532:EN:NOT (2010.12.26)。

*18　一覧表ではしばしば分類番号が欠けている。例えば 0102 や 010301-010303 などが欠落の例だが、欠落の理由としては、認定基準の改定などによる削除が考えられる。

*19　http://webcache.googleusercontent.com/search?q=cache:http://212.104.147.54/media/pdf/q/3/The_European_Waste_Catalogue.pdf (2010.12.26)。

*20　クリーン開発と気候に関するアジア太平洋パートナーシップ〔米、中、豪、加、韓、印、日〕2010 年第 6 回アルミニウムタスクフォース会議 http://asiapacificpartnership.jp/aluminium_tf.html; The main environmental risks associated with the bauxite residue are related to high pH and alkalinity, and minor and trace amounts of heavy metals and radionuclides; http://asiapacificpartnership.org/pdf/Projects/Aluminum%20Task%20force%20Action%20Plan%20_02%20May%2007_.pdf (2010.12.26)　あるいは http://www.asiapacificpartnership.org/pdf/Projects/Aluminium/ATF-06-03.pdf (2014.02.01)。

*21　上記のアルミニウムタスクフォースの設置。

*22　http://www.asiapacificpartnership.org/japanese/pr_aluminium.aspx (2010.12.26)。

*23　http://asiapacificpartnership.org/english/pr_aluminium.aspx#Aluminium_Project_3 (2010.12.26)。

*24　ハンガリーの赤泥事故との関係は不明だが、アルミニウムタスクフォースの 2010 年会議議事録は 2011 年 1 月末時点で閲覧できなくなっている。

*25　国立ハンガリー衛生保健局（以下、衛生局）Az Állami Népegészségügyi és Tisztiorvosi Szolgálat の事故専門サイト掲載情報 Mit kell tudni a vörösiszapról? 2010.10.05.
http://www.antsz.hu/portal/down/kulso/kozegeszsegugy/iszaptarolo_szakadt_at/Mit_kell_tudni_a_vorosiszaprol_20101005.pdf (2010.11.19)。ハンガリー科学アカデミーの調査結果では pH 値が 11～14 の間であるとしている。A Magyar Tudományos Akadémia Kémiai Kutatóközpont Anyag- és Környezetkémiai Intézet; Az ajkai vörösiszap-ömléssel kapcsolatban 2010. október 12-ig végzett vizsgálatok eredményeinek összefoglalása.

*26　http://www.katasztrofavedelem.hu/index2.pHp?pageid=lakossag_kolontar_vorosiszap_hatasai (2010.12.26)。

*27　筆者が行なった簡易測定器による実測値で、毎時 0.5 マイクロシーベルト。

*28　Statisztkai Évkönyv 1979, KSH, 1980, pp.147–148.

*29　同上、p.314.

*30　筆者は事故発生後 10 日経った 10 月 14 日に現地対策事務室が置かれたデヴェチェル市役所に行き、対策本部での人の流れを観察することができた。非常事態宣言下で、報道陣も現地入りを制限されていた中で、筆者のような外国人研究者が検問所の検査も受け

ずに被災地に入れたのは、ヴェスプレーム県の行政幹部と同じ車で現地入りしたからだった。この経緯については本書「おわりに」を参照。

*31　http://vorosiszap.bm.hu/?p=291 (2010.12.26).
*32　衛生局広報 2010/10/4/16:30/; http://www.antsz.hu/portal/portal/iszapkatasztrofa_veszprem_megyeben.html (2010.12.26).
*33　同上。
*34　同上 2010/10/4/18:15/ 赤泥に放射性核種が含まれるとする情報は現地の環境 NPO が広め、EU における廃棄物処理規制の強化などを訴えた（例えば世界野生基金 WWf ハンガリー支部からの声明など；http://wwf.panda.org/what_we_do/where_we_work/black_sea_basin/danube_carpathian/news/?195539/Loopholes-in-EU-legislation-permitted-inadequate-storage-at-Hungarian-site; 2011.3.30)。この NPO の測定では確かに放射能が検出されたが、それはこの地域に固有に存在する放射性物質から出た放射能であり、赤泥とは無関係だった。この点は政府見解だけなく、パンノニア大学の専門家によっても確認されている。EU の法規制の強化については、本稿で見るように、ハンガリー政府自身がやはり EU 法による規制強化を強く打ち出しており、NPO として独自の立場を打ち出せたわけではない。NPO が政府の立場から離れて独自の調査を行っているのは地下水への影響評価である。例えばグリーンピース・ハンガリーはヒ素に注目して、その長期的な影響に注意を喚起している（http://greenpeace.hu/kereses/p1/t287; 2011.4.9)。赤泥と放射性核種の関係は全てが明らかになっているわけではない。
*35　衛生局広報 2010/10/5；http://www.antsz.hu/portal/down/kulso/kozegeszsegugy/Iszaptarolo_szakadt_at/Vegyi_katasztrofa_Magyarorszagon_20101005.pdf (2010.12.26).
*36　A vörösiszap és méregtelenítés; http://vorosiszap.bm.hu/?paged=2 (2010.12.26).
*37　MTA kémiai kutató központ, Anyagi és környezetkémiai intézet, "Ajkai vörösiszap-ömléssel kapcsolatban 2010 október 12-ig végzett vizsgálatok eredményeinek összefoglalása.
*38　Lakosságot érintő gyakori kérdések　2010. október 8. péntek – 14:59; http://vorosiszap.bm.hu/?p=50 (2010.12.26).
*39　http://www.mal.hu/engine.aspx?page=showcontent&content=miavorosiszap_HU (2010.12.26).
*40　罪名はハンガリー語では "ember halálát okozó közveszélyokozás és környezetkárosítás bűncselekmények"; http://vorosiszap.bm.hu/?p=378#more-378 (2010.12.26).
*41　http://www.naplo-online.hu/iszapkatasztrofa/20101014_iszap_bakonyi?s=rel (2010.12.26).
*42　http://mta.hu/mta_hirei/tajekoztato-a-kolontari-vorosiszap-tarozo-kornyezeteben-vegzett-vizsgalatokrol-125761 (2010.12.26).
*43　1970 年代から世界の主流は確かに溜池方式となったが、1980 年代からは、従来の自然乾燥型ではなく、傾斜型の溜池方式が欧米の主流となった。この方式は設備投資を必

要とするが、貯蔵地面積が少なくて済む、効率的に水酸化ナトリウムを回収できるなど、環境に対する負荷が少なくなった（前掲 G. Power, M. Grafe, & C Klauber, p.15-16.）今回事故を起こしたハンガリーの溜池は 1980 年代に建造されたものだが、従来型の方式による溜池である。

*44　原語では eredeti formája

*45　A vörösiszap folyási tulajdonságai nedvességtartalmától és az erőhatásoktól függően változnak, pH értéke 12-14 körüli, azaz erősen lúgos, maró anyag. (A Magyar Tudományos Akadémia Kémiai Kutatóközpont Anyag- és Környezetkémiai Intézet és az ÁNTSZ egybehangzó megállapításai): http://mta.hu/mta_hirei/osszefoglalo-a-vorosiszap-katasztrofa-elharitasarol-a-karmentesitesrol-es-a-hosszu-tavu-teendokrol-125859/ (2010.12.26).

*46　http://mta.hu/mta_hirei/tajekoztato-a-kolontari-vorosiszap-tarozo-kornyezeteben-vegzett-vizsgalatokrol-125761 (2010.12.26).

*47　http://www.katasztrofavedelem.hu/letoltes/lakossag/who_sajtokozlemeny_20101117.pdf (2010.12.26).

*48　英語の原語表記は civil protection mechanism。

*49　調査団の構成は 6 名だが、1 名は 10 月 15 日に現地入り。またハンガリー側の説明では調査団のメンバーは EU 側が提供した 50 名の名簿から 6 名をハンガリー側が選別したことになっている。http://www.katasztrofavedelem.hu/index2.php?pageid=lakossag_kolontar_eu_expert (2010.12.26)

*50　http://vorosiszap.bm.hu/?p=661#more-661 (2010.12.26).

*51　http://vorosiszap.bm.hu/?p=661#more-661 (2010.12.26).

*52　http://vorosiszap.bm.hu/?p=670#more-670 (2010.12.26).

*53　http://vorosiszap.bm.hu/?paged=7 (2010.12.26).

*54　http://www.katasztrofavedelem.hu/index2.php?pageid=lakossag_kolontar_index (2010.12.26).

*55　http://www.katasztrofavedelem.hu/letoltes/lakossag/antsz_201011.pdf (2010.12.26).

*56　http://www.katasztrofavedelem.hu/letoltes/lakossag/kolontar_osszefoglalo_20101117_grafikon.pdf (2010.12.26).

*57　12 月の月初めは粉塵濃度やや高いが、許容限度ぎりぎりだった。12 月 6 〜 10 日はかなり低いまま推移した。ところが、11 日から上昇し始め、13 〜 14 日は許容値の数倍の濃度にまで跳ね上がった。これは「強風と付近での汚染家屋の解体作業」が原因とされた。http://www.katasztrofavedelem.hu/letoltes/lakossag/antsz_osszefoglalo_20101217_grafikon.pdf (2010.12.26).

*58　http://ec.europa.eu/echo/civil_protection/civil/hungary_2010.htm (2010.12.26).

*59　http://vorosiszap.bm.hu/?paged=9 (2010.12.26).

*60　http://www.europarl.europa.eu/sides/getDoc.do?pubRef=-//EP//

TEXT+CRE+20101019+ITEM-016+DOC+XML+V0//EN (2012.01.10)：二大会派以外の発言は以下の通り。自由民主同盟グループと緑の党グループは、人民党グループと同じく、赤泥を危険物質に入れるよう法改正を求めた（Corinne Lepage 議員）。特に緑の党グループは「コミッショナーは赤泥が危険な廃棄物の基準を満たさないと言い、EU 法は適正であるとも言ったが、この二つは両立しない。高アルカリつまり pH 値が高い物質が危険な廃棄物に入るように、きちんと基準を改定すべきだ」と具体的な論点も指摘した（Bas Eickhout 議員及び Satu Hassi 議員）。ただし、後で検討するように、現行の EU 危険廃棄物指令はアルカリ物質を危険物質として認定している。保守改革グループを代表したボクロシュ・ラヨシュ（民主フォーラム推薦のハンガリー選出議員、元ハンガリー蔵相）は赤泥の定義には触れず、事故原因を地方行政の貧困に求め、その改革を訴えた。無所属議員からはハンガリーのコヴァーチ・ベーラ（ハンガリーではヨッビク党に所属）が発言したが、やはり赤泥問題には触れず、企業の利益第一主義を批判し、「欧州社会の連帯」と被災者への支援を求めた。統一左派・北方緑の左派同盟グループ（Marisa Matias 議員）は社民グループに近い立場に立ち、企業の利益第一主義を批判した。自由と民主主義グループからはスロヴァキア選出の Jaroslav Paška 議員が代表として発言し、スロヴァキアは隣人の災害に率先して人的貢献をする用意があると述べたうえで、危険な産業廃棄物を一掃する努力をすべきであると主張した。この発言は間接的に赤泥が危険な廃棄物であることを指摘したとも受け取れるが、産業廃棄物に関する法改正を明示的に求めたわけではない。

*61　http://ec.europa.eu/avservices/services/showShotlist.do?out=PDf&lg=En&filmRef=73079 (2010.12.26).
*62　http://ec.europa.eu/environment/waste/legislation/a.htm (2010.12.26).
*63　Council Directive 91/689/EEC of 12 December 1991 on hazardous waste.
*64　Guide to the Approximation of European Union Environmental Legislation Part 2 Overview of EU environmental legislation C. Waste Management; http://ec.europa.eu/environment/archives/guide/contents.htm (2010.12.26).
*65　廃棄物処分場などから浸み出す汚水で、量的には雨水を主とし、成分的には処分された汚泥や廃棄物が分解されて含まれている。
*66　日本の専門家の意見に従えば、ナトリウムがアルカリ性を引き起こしていることになるので、付属書Ⅱの第 22 項「アルカリないし金属性アルカリのうちで遊離のリチウム、ナトリウム、カリウム、カルシウム、マグネシウム」が該当する（元アルミナ企業関係者へのインタビュー：2010 年 12 月 25 日、東京）。
*67　赤泥定義問題を脇に置けば、今回の事故は間違いなく 1991 年の EU 指令に該当する危険廃棄物による事故である。すなわち今回の赤泥流出事故の一因は大量の雨水が赤泥溜池に溜まったことであり、その雨水が水酸化ナトリウムを含む赤泥と混ざりあって流出した。つまり赤泥流出事故としてではなく、雨水が高濃度の水酸化ナトリウムを含んで「浸出水」になり、それが引き起こした事故だと理解すればよいのである。大雨についてハンガリーアルミ社幹部は事故当日の会見で「今年の降雨量は昨年の 3 倍もあり、それが溜池の赤泥の上に溜まっていた」と述べている。この発言は今回の事故を自然災害だと、すなわち経営者責任はないと主張する脈絡でなされたものだが、EU1991 年指令の「浸出水」規定に基づけ

ば、廃棄物を出す側は廃棄物処理場に降る雨水に対しても責任を持たなければならない。したがって、上記発言は、図らずも、企業が通常の量を大幅に越えた雨水に対する適切な措置を取っていなかったことを自ら認めたものと言える。ちなみに矢澤・前掲注15書がEUの廃棄物指令を含む各国の廃棄物政策に言及している。このなかで1991年指令は「有害廃棄物というより包括的な表現に変えるとともに、定義を明確化することにより各国での解釈の相違の余地をなくし、廃棄物の発生の抑制とリサイクルすることに一層の重点を置く」（225～224頁）と評価されているが、必ずしも定義は明確でないことは本文でみたとおりである。

*68　2000年の「化学安全保障法」に係るハンガリー国会審議において1991年指令との比較対照が明示的に議論されたことはなかったが、EU法一般との対比、及びEU法よりも厳しい法規制の制定が強く意識されていたことは間違いない。次に掲げる幾つかの発言がその例である。「EUがそのように規定していたとしても、我々がこの問題をより的確に、より良く規定することは可能である。法整備に際して、我々がEUよりも正確であろうとすることは、誰によっても禁止されていない。物質の有毒性を定義するに際して、異なった、あるいは、より明瞭な量的区分を行なうことは望ましいと考える」（シュタイネー・ヴァシュヴァリ・エーヴァ）。http://www.parlament.hu/internet/plsql/ogy_naplo.naplo_fadat?p_ckl=36&p_uln=112&p_felsz=32&p_szoveg=&p_felszig=32（2010.12.26）。あるいは、「この法律によって規定される物質や合成物に関連する取り扱い事項、あるいは危険物質や危険合成物の届け出は、EUに加盟した瞬間に効力を失うことになる。いわゆるEUの統一性が求められることになるのである。この効力消滅はハンガリーにとって数多くの危険を抱え込むことを意味する」（キシュ・シャーンドル）。http://www.parlament.hu/internet/plsql/ogy_naplo.naplo_fadat?p_ckl=36&p_uln=112&p_felsz=42&p_szoveg=&p_felszig=42（2010.12.26）。

*69　Directive 2008/98/EC of the European Parliament and of the Council of 19 November 2008 on waste and repealing certain Directives：この2008年廃棄物指令第3条第2項が簡潔に「有害廃棄物」の定義を与えている。それによると、「『有害廃棄物』は付属書Ⅲに掲げた有害性を一つないし複数示す廃棄物のことである」とされ、付属書Ⅲは1991年の付属書Ⅲをほぼそのまま踏襲している。つまり、本文で指摘した1991年の有害廃棄物定義の錯綜性が解消されたのである。2008年指令の前文でも、1991年指令における「条文の明晰さを改善すること」が改正の理由として挙げられている（前文第43項）。そもそも、2008年指令は2006年廃棄物枠組指令 Directive 2006/12/EC of the European Parliament and of the Council of 5 April 2006 on waste の改定版である。2006年指令も包括的な廃棄物規制を目指したものだったが、「廃棄物 waste」、「回収 recovery」あるいは「処分 disposal」等の基本的な概念の定義が不明確であることが判明し、2008年指令により全面的に改正されることになった（前文第8項）。ちなみに2006年廃棄物枠組指令は有害廃棄物規定に関する1991年指令を踏襲している。

*70　2008年指令第7条。

*71　事故が起こるまでの何十年にわたる間、EUにおいては「赤泥は危険物質ではない」との見方が支配的だった。そしてこの現実に正面から異論がさし挟まれることはほとんどなかった。1991年のEU指令は法規範としては、赤泥を危険廃棄物とみなしうるものであり、あえ

て「赤泥は危険物質ではない」とする「解釈」がEUにおいて続いてきた。「赤泥は有害物質ではない」という解釈を支えているものは何であるのか。この問題が問われなければならない。ハンガリーに話を戻せば、なぜハンガリーは2004年のEU加盟まで赤泥を「危険である」とする立場をとっていながら、EU加盟を機に「危険でない」とする解釈に転換したのか、という問題が問われなければならない。もちろんこの転換はEU規範の受容という外圧のなかでやむを得ず行われたという説明は可能である。しかし、原理的には、EU規範より厳しい環境基準を維持することはEU加盟に際しても可能だったのであり、あえて「危険である」から「危険ではない」へと認識を180度転換させた内なる理由が問われるべきである。この問題は重要であるが、本書の主題である災害からの復興というテーマから離れすぎてしまうので、別の機会に論じたい。

*72 WWfの調べではハンガリーの3カ所以外に、少なくともスロヴァキア、ルーマニア、旧ユーゴスラヴィア諸国に8カ所の赤泥溜池が存在する（http://wwf.panda.org/what_we_do/where_we_work/black_sea_basin/danube_carpathian/news/?195512/Toxic-plume-reaches-Danube-raises-questions-about-safety-in-multitude-ofother-sites: (2011.04.09) このサイトにリンクされたグーグルマップで溜池の様子が詳細に判明する）。

第5章

*1 Bodovics Éva Judit, Árvizi hangok: Az 1878-as miskolci árvizet megélt személyek történetei, *Korall*, vol. 14, no. 54, 2013, pp.63-80. 社会史学の専門誌 *Korall* のこの号はハンガリー科学アカデミーとエトヴェシュ・ロラーンド大学の研究プロジェクト「危機の歴史 Válságtörténet」の特集号となっている。

*2 Ibid. p.76.

*3 上記研究プロジェクト代表ケヴェール・ジェルジュ Kövér György 氏の指摘に基づく(2014.03.27)。

*4 サボルチ・サトマール・ベレグ県文書館副館長ガランボシュ・シャーンドル Galambos Sándor 氏、及び同県庁事務局長パップ・チャバ Papp Csaba 氏の回想に基づく(2014.03.30)。

*5 貴族が人口の1割近くを占めるのはポーランドも同様である。一般に東欧の貴族身分は西欧の貴族身分に比べて数が多い。

*6 1999. évi LXXIV. Törvény, a katasztrófák elleni védekezés irányításáról, szervezetéről és a veszélyes anyagokkal kapcsolatos súlyos balesetek elleni védekezésről. (2013.09.13).

*7 城下英行氏（関西大学社会安全学部）の指摘（北海道大学スラブ研究センター専任研究員セミナー〔2014年3月5日〕での拙稿「災害復興のハンガリーモデル」に対するコメントとして）。

*8 Vásárhelyi András (Független Kisgazdapárt) の1999年3月22日の法案審議での発言。この日の法案審議に関する発言は以下のアドレスで参照可：http://www.parlament.hu/internet/plsql/ogy_naplo.naplo_fadat_aktus?p_ckl=36&p_uln=56&p_felsz=37&p_felszig=71&p_aktus=11 (2014.04.18)。

注 241

*9　Alabán Péter, A vidéki válságai: Az ipari válságzóna jelenségeinek összefüggései a rendszerváltozás után az északi borsodi bányásztelepülések példáján, *Korall*, vol. 14, no. 54, 2013, pp.118-140.
*10　Balogh László の 1999 年 3 月 22 日の国会審議での発言。
*11　Fazekas Sándor の 1999 年 3 月 22 日の国会審議での発言。
*12　Balogh László。
*13　(2) A Kormány döntése szerint a katasztrófa sújtotta területen a károk enyhítését is a központi költségvetésből kell fedezni.
*14　ハンガリー語での表記は az alapvető életfeltételek。
*15　社会党のバログ・ラースローによる 1999 年 3 月 22 日の法案審議での指摘。
*16　http://lakossag.katasztrofavedelem.hu/files/content/128.php (2013.09.14).
*17　http://lakossag.katasztrofavedelem.hu/files/content/128.php (2013.09.15)
*18　http://nfsz.munka.hu/engine.aspx?page=full_afsz_stat_telepules_adatok_2011 (2013.10.17).
*19　http://www.ksh.hu/docs/teruletiatlasz/gdp_nagy.png (2013.10.17).
*20　http://www.ksh.hu/docs/hun/xftp/idoszaki/gdpter/gdpter10.pdf (2013.10.17). http://epp.eurostat.ec.europa.eu/statistics_explained/index.php/GDP_at_regional_level (2013.10.17).
*21　http://www.katasztrofavedelem.hu/index2.php?pageid=helyreallitas_feladatrendszer (2013.10.18).
*22　城下・前掲注 7 コメント。
*23　家田修「福島、チェルノブイリ、アイカを地域とグローバルな視点から考える」『地域研究』vol.14, no.1 （2014 年）62 〜 83 頁。
*24　大島堅一・除本理史『原発事故の被害と補償：フクシマと「人間の復興」』（大月書店、2012 年）。復興の目的は道路や建物などハード面での復旧ではなく、人々の生活や仕事の再建であるとする「人間の復興」論を論じている（10 〜 11 頁）。
*25　トルコには自然災害の被災者に住宅を供与する法律がある：牧紀男『災害の住宅誌』（鹿島出版会、2011 年）64 頁。例えば 1999 年のイズミット地震の際に、トルコ政府は持ち家被災者を対象に、国費建設による分譲住宅の購入権、自力住宅再建への低金利融資、中古住宅購入資金への低金利融資という 3 つの選択肢を提示した：損害保険料率算出機構「海外地震保険制度：トルコ共和国」http://www.giroj.or.jp/disclosure/q_kenkyu/No12_4.pdf (2013.10.18)。ハンガリー中央防災総局防災大学校長パプ・アンタル Papp Antal 氏によれば、トルコが個人住宅建設方式を学んだのは、ハンガリーからである（筆者による同氏への面接調査：2014 年 3 月 28 日）。
*26　塩崎・前掲第 1 章注 5 書 215 〜 237 頁。
*27　塩崎・前掲第 1 章注 5 書 235 頁。
*28　塩崎・前掲第 1 章注 5 書 243 〜 244 頁。
*29　例えば 2007 年に改正された被災者生活再建支援法である。この法改正により渡しきりの支援金を支給できるようになった。

*30　会計検査院会計検査院法第30条の2の規定に基づく報告書「東日本大震災等の被災者を救助するために設置するなどした応急仮設住宅の供与等の状況について」http://report.jbaudit.go.jp/org/pdf/241004_zenbun_2.pdf (2013.09.06). この報告書は、仮設住宅の建設が民間賃貸住宅の借り上げ費用（2年間で180万円。これには契約当初に支払われた敷金、礼金及び仲介手数料、エアコンやカーテンなどの内装等の費用等も含まれる）に比べて3倍になることを指摘し、今後の改善策として、行政当局は仮設住宅制度の弾力的な運用により、安価で迅速な対応が可能な民間住宅借り上げ方式を積極的に活用するよう勧告している。東日本大震災では5万8000戸が民間借上げ方式を採用した。それまでは仮設住宅の建設が原則で、民間借上げはごく一部でしか利用されなかったが、東日本大震災では、仮設住宅建設が間に合わないため、多くの民間借上げが実施され、制度の運用さえ改善すれば、仮設住宅建設よりもはるかに民間住宅借り上げの方が合理的解決であることが判明した。しかし、民間借上げの場合でも2年間で180万円の費用がかかるし、さらに長期化すれば、それに比例して借り上げ代がかさんでいく。

*31　阪神淡路大震災復興基金 http://www.sinsaikikin.jp/jigyo/index.htm (2013.11.18)

*32　同上基金の報告書によると、41507件の住宅建築ないし購入助成が行なわれ、助成総額が455億円ほどだった。この復興基金（総額3652億円）で最大の予算は「被災者自立支援及び生活再建支援」であり、146866件、総額1441億円だった。つまり1件当たり100万円が支払われ、一世帯当たりだと、200万円になる。以上の事業以外で主なものは、賃貸住宅への移転初期費用補助に399億円（39012件、1件平均で100万円ほど）、中小企業支援375億円（36908件、1件平均100万ほど）、私学復興支援（102億円）などである。仮設住宅の建設費はここに含まれない。http://www.sinsaikikin.jp/kikin/siryo/sinsei.pdf (2013.11.18).

*33　東日本大震災でもほぼ同様の支援金が被災者に支払われた。(187782件、1494億円。一世帯当たり約80万円。さらに加算支援金が101441件、1212億円。一世帯当たり約120万円：http://www.reconstruction.go.jp/topics/main-cat7/sub-cat7-2/20130925_sanko1-2.pdf (2013.11.18).

*34　東日本大震災からの復興では、例えば、気仙沼市が利子補給の上限として200万円を定めているが、それでは不十分なので、国の復興交付金のうち、住宅再建支援制度を活用することを考えている：http://www.city.kesennuma.lg.jp/www/contents/1350891974256/files/uishin5siryo1.pdf (2013.11.18).

*35　塩崎・前掲第1章注5書、248頁。

*36　牧・前掲注25書17頁。

*37　林敏彦「災害復興態勢と復興計画：巨大複合災害からの復興体制」『災害対応全書』（ぎょうせい、2011年）72〜73頁。

*38　塩崎・前掲第1章注5書142頁。

*39　復興庁「東日本大震災における震災関連死の死者数」（2013年12月25日）http://www.reconstruction.go.jp/topics/main-cat2/sub-cat2-1/20131224_kanrenshi.pdf (2013.11.19).

*40　「福島県における震災関連死防止のための検討報告」：http://www.reconstruction.

go.jp/topics/20130329kanrenshi.pdf (2013.11.19).
*41　復興庁「東日本大震災における震災関連死の死者数」(2013 年 12 月 25 日)。
*42　飯舘村が 2011 年に作成した除染計画書によると、すべての除染経費を 3224 億円と見積もり、そのうち 851 億円が農地の除染費である。除染対象農地の面積は 2687 ヘクタールであり、1 ヘクタール当たり 3167 万円である。農地の他は宅地除染費 143 億円、森林除染費 368 億円、放射性物質管理費 1362 億円、その他 500 億円(焼却炉、管理センター設置、復興住宅整備)である:『飯舘村除染計画書:豊かなふるさとを再生するために』平成 23 年 9 月 28 日。
*43　尾嵜昇(堺市上下水道局)「復興事業の問題点」、2013 年 3 月(「尾嵜さんは 2012 年 4 月から 1 年間岩手県大槌町町役場に復興支援のために赴任し、都市整備課で復興事業に従事されました」とある。http://waquac.net/pdf/monitoring20130331.pdf (2013.12.20)
*44　林敏彦『大災害の経済学』(PHP 新書、2011 年) 116 〜 138 頁。
*45　林・同上書 154 〜 155 頁。牧・前掲注 25 書によれば、持ち家の再建費として最大 15000 ドルの政府支援が行なわれた。ただしこれは、「政府が保険に入る必要ないと言っていた地域」で被害にあったため、保険による自助原則が機能しなかったことによる。64 頁。
*46　同上書 146 〜 148 頁。
*47　同上書 142 頁。
*48　同上。
*49　アメリカと日本の損害賠償請求を単純に比較することはできないが、福島原発事故被災者グループが訴訟で求めた補償請求の事例を取り上げると、総額で 1 世帯当たり 1 〜 2 億円になる。その内訳は以下の通りである。すなわち、まず全体が生活再建に必要な、「再取得価格」での財物賠償、及び、ふるさと喪失に対する十分な慰謝料である。この 2 つを合わせて完全賠償、すなわち「原状回復」に代わる賠償だとされている。具体的には住宅(土地・建物)の再取得価格(平均的な住宅取得価格)での賠償(模範例として、土地 13,688,000 円及び居宅 22,380,000 円、合計 36,068,000 円)、事業用資産(田畑、山林、工場等)について、移転先での事業再開に足りる賠償、家財の再取得価格での賠償(平均して 11,350,000 円:世帯主が 60 歳以上で 2 人の家族を想定した額)、休業補償、避難中の慰謝料 1 人月額 50 万円(仮に 5 年間とすると 1 人 3000 万円)、ふるさとの喪失に対する慰謝料として 1 人につき 2000 万円、以上が賠償の請求内容である:『相双の会』号外、2013 年 4 月 23 日発行。
*50　http://www.sinsaikikin.jp/kikin/siryo/teikan.pdf (2013.11.19).
*51　角野幸博「復興政策作成の課題検討と整理」『災害対策全書』(ぎょうせい、2011 年) 74 頁。
*52　角野・同上論文 75 頁。
*53　澁谷和久「都市基盤の復興と防災都市構造の強化:都市基盤復興計画の作成—作成方法と留意点」『災害対策全書』426 頁。塩崎・前掲第 1 章注 5 書は神戸市の例を挙げ、市民の反対の中で市の復興都市計画が市議会で決議されたことを指摘している (37 頁)。
*54　齊藤浩「住宅復興と都市計画関連法:新しい住宅運動へ」大震災と地方自治研究会

編『大震災と地方自治』、自治体研究社、1996 年、108 頁。行政主導の復興都市計画策定となった経緯については安藤元夫『阪神淡路大震災復興都市計画事業・まちづくり』(学芸出版社、2004 年) 12 ～ 19 頁。

*55 　越澤明『大震災と復旧・復興計画』(岩波書店、2012 年) 99 頁。

*56 　越山健治「住宅再建と地域復興」関西大学社会安全学部編『検証東日本大震災』(ミネルヴァ書房、2012 年) 138 頁。

*57 　復興庁ホームページより：http://www.reconstruction.go.jp/topics/main-cat1/sub-cat1-1/20131129_gennjoutotorikumi.pdf (2012.12.20).

*58 　農林省の実験によると 4 分の 3 程度になる：http://www.s.affrc.go.jp/docs/press/pdf/110914-02.pdf (2013.11.19).

*59 　農林水産省 2011 年 9 月 14 日 http://www.s.affrc.go.jp/docs/map/pdf/02_1_bunpu_zeniki.pdf (2013.12.20).

*60 　飯舘村民の避難生活実態及び帰村意向等に関するアンケート調査報告書、2012 年 6 月:【設問 25】「今後、国において村の本格的除染が予定されています。除染に対してどのように考えていますか。(1 つに○印)」に対する回答:「除染の効果について大いに期待している」(5.2%)、「除染の効果は一定程度あると、期待している」(5.5%)、「実施してみないとわからない」(19.7%)、「あまり期待できないが除染せずには復興が進まないのでやってほしい」(20.6%)、「除染には全く期待できない」(22.1%)、「除染について、あまり期待できない」(22.0%)、「その他」(1.3%)「無回答」(3.5%) http://www.vill.iitate.fukushima.jp/saigai/wp-content/uploads/2012/06/27fe90c68dfcd08ecba20a8a13176e07.pdf (2013.12.12)

*61 　同上のアケンート調査の中の設問 27:「あなた(及び現在同居中のご家族)は、帰村についてどのようにお考えですか。今のお考えに最も近いものを 1 つ選んでお答えください。(1 つに○印):「避難解除になれば帰村したい」(12.0%)、「解除されてもすぐには帰らないが、いずれは村に帰る」(45.5%)、「村に帰るつもりはない」(33.1%)、「その他」(4.3%)、「無回答」(5.1%)。村民の間で自発的に行なわれた意識調査によれば、「すぐにも帰村したい」が 6.6%、「年間 20 ミリシーベルト以下になれば帰村したい」が 0.9%、「年間 5 ミリシーベルト以下になれば帰村したい」が 2.7%、「年間 1 ミリシーベルト以下になれば既存したい」が 21.6%、「帰村するつもりはない」が 49.1% である。以上のほかに「国(村)が安全宣言をすれば帰村する」を選択したのが 13.5%、無回答が 4.7% あった (実施者：伊藤延由、2012 年、1539 軒に配布、576 通の回答を元に集計)。浪江町でも同時期に住民アンケートを実施しているが、帰還についてはやはり 3 割ほどが明確に帰還しないと回答している：http://www.town.namie.fukushima.jp/uploaded/life/4830_9147_misc.pdf (2013.12.20).

*62 　http://www.karmentobizottsag.hu (2013.12.20).

*63 　デヴェチェル市は被災者への支給と負傷者への支給を分けて申請した。その内容は「デヴェチェル市自治体議会はハンガリー救済基金令第 9 条 ba 項に記載された事項を実現するため、4500 万フォリントの助成申請をハンガリー救済基金に提出します。この申請金額はデヴェチェル市の被災家族が一時的に避難する場所及び住環境の創出のために支出されます」。

「デヴェチェル市自治体議会はハンガリー救済基金令第9条bb項に記載された事項を実現するため、1000万フォリントの助成申請をハンガリー救済基金に提出します。この申請金額は、デヴェチェル市住民に対して事故が引き起こした健康被害対策に支出されます」。「住民に対して事故が引き起こした健康被害対策に支出されます」。

*64 第1回義捐金配分割合決定委員会議事次第 http://www.city.date.fukushima.jp/uploaded/attachment/1505.pdf (2013.12.20).

*65 義捐金配分割合決定委員会「二次配分にあたっての共通認識」http://www.jrc.or.jp/vcms_lf/110606_kyotsuninshiki.pdf (2013.12.20).

*66 （岩手県）東北地方太平洋沖地震及び津波に係る義援金の受付及び配分状況について：http://www.pref.iwate.jp/view.rbz?ik=0&cd=32640 (2013.2.20).

*67 義捐金の配分方法について、福島県の義捐金配分委員会が市町村の義捐金配分担当者に対して与えた指示。「第2回平成23年東北地方太平洋沖地震義援金福島県配分委員会の結果について」（2011年6月5日付け通知）：http://wwwcms.pref.fukushima.jp/download/1/shakaifukushi_230625tuuti2ji.pdf (2013.12.20).

*68 例えば陸前高田市は市に寄せられた義捐金を原資にして、震災孤児に75万円、震災遺児に50万円を支給した：http://www.city.rikuzentakata.iwate.jp/hisai/gienkin-tyouikin/gienkin.html (2013.12.19).

*69 大船渡市は独自の判断と財源で、震災で重度の障害を負った世帯主に250万円の支援金を支給するなど、多様な支援を実施した：http://www.city.ofunato.iwate.jp/www/contents/1305085189633/index.html#mimaikin (2013.12.20).

*70 東日本大震災に係る義援金の受付状況及び配分について（宮城県）：http://www.pref.miyagi.jp/site/ej-earthquake/gienkin-haibun.html (2013.12.20)

*71 第2回平成23年東北地方太平洋沖地震義援金福島県配分委員会の結果について（2011年6月5日付け通知）http://wwwcms.pref.fukushima.jp/download/1/shakaifukushi_230625tuuti2ji.pdf (2013.12.20).

*72 今中哲二編著『チェルノブイリによる放射能災害：国際共同研究報告書』（技術と人間、1998年）113頁。

*73 http://energy.gov/situation-japan-updated-12513 (2013.12.20).

*74 文部科学省の全国汚染地図参照：http://ramap.jaea.go.jp/map (2013.12.20)。また全国土壌汚染地図も参考になる：http://radioactivity.nsr.go.jp/ja/contents/6000/5847/24/203_0727.pdf (2013.12.20).

*75 2013年に入り、飯舘村に関する避難解除の時期は、除染の遅れを理由に1年ずつ延期された。したがって、避難指示解除準備地域の帰村は早くても2015年3月になった。

*76 「警戒区域及び避難指示区域の見直しに関する基本的考え方及び今後の検討課題について」（2011年12月26日原子力災害対策本部）。http://www.meti.go.jp/earthquake/nuclear/pdf/111226_01a.pdf (2013.12.20).

*77 「年間20ミリシーベルトの基準について」：http://www.meti.go.jp/earthquake/nuclear/pdf/130314_01a.pdf (2013.03.14)。

*78 前掲はじめに注4シンポジウム報告「損害賠償問題」（小林克信弁護士）。http://

iitate-sora.net/wp-content/uploads/2012/08/09_kobayashi.pdf.
＊79　水上・西井・臼杵共編『国際環境法』（有信堂、2006 年）225 頁。
＊80　太田育子「人権から考える 3.11 原発事故災害 ―「被曝を最大防護する権利」のために ―」（千倉書房、近刊）が人権の観点から、予防原則の立場に立つことの必要性を説いている。

● おわりに

　筆者はハンガリーにおける災害復興の事例から出発し、第5章で述べたハンガリーモデルに到達した。本書執筆の最終段階で、日本における災害復興に関する研究書にも目を通し始めたが、愕然とせざるをえなかった。日本の研究者は明確なモデルの提示こそしないが、異口同音に、避難所→仮設住宅→公営復興住宅という画一的な日本の復興住宅政策の限界や問題点を指摘してきたのである。すでに100年ほど前に「経済的損失は建物等有形物の被害にあるのではなく、生活の利便、労働の機会にある」[*1]との指摘がなされている。阪神淡路大震災における住宅復興政策についても、復興の中で被災者が死んでいるという事実が指摘され、「復興災害」と名づけられた。[*2] いずれの研究でも、復興の基本は道路や建物や港湾などのインフラ建設にあるのではなく、人や命を守り、生活を復活させることだと説いている。さらにコミュニティの保全が重要であるという極めて重要な指摘もなされている。[*3]

　日本は災害大国と言ってよいほど、幾多の大災害を経験してきた。それにもかかわらず、東日本大震災からの復興事業の策定では、過去の苦い経験や専門家の指摘がほとんど生かされていない。

　筆者も本書全体において、とりわけ第5章第3節において、頻繁に日本の復興事業とハンガリーモデルとの対比を行なったのはこのためである。ハンガリーでの経験を遠い異国での研究事例として描くこともできたかもしれない。しかし本書ではあえてハンガリーモデルと表記し、このモデルは日本に適用できるのではないかという問題提起も行なった。日本の災害復興政策は根本的に改められる必要がある。単に問題点を指摘するにとどまらず、今まさに我々は解決策を作り上げ、実践しなければならない。

　繰り返しになるが、15万人以上に上る人々が放射能で汚染された故郷を離れて

避難しているという現実がある。阪神淡路大震災後に震災関連で亡くなった方が932人、さらに2000年から2008年の間の孤独死が804人に上る。震災そのもので亡くなった犠牲者は6434人だった。震災関連死と孤独死を合わせた死者数は震災犠牲者数の3割近い数値になる。震災や自然災害による死者をなくすことは人間には不可能である。しかし震災関連死や孤独死は人間の力でなくすことができる。それは被災者ひとりひとりの要望に沿った迅速な復興政策によって可能となる。

阪神淡路大震災後に起きたことが福島原発避難者にも降りかかっている。その規模はかつてないほど大きい。福島県では震災関連死が、直接の震災による死亡者数を上回り、しかもさらに増え続けている。

ハンガリーの赤泥による被災は地域の人々を奈落の底に突き落とした。しかし今では冗談半分にせよ、「赤泥の泥は黄金の泥だった」とさえ言われるようになった。東日本大震災、そして福島原発事故からの復興が、50年後、100年後に「黄金の復興」だったと呼ばれるために、何をすべきなのだろうか。ハンガリーの経験は貴重な教訓を与えている。ハンガリーの教訓を生かした日本の復興が成功を収めるならば、両国の経験から世界に役立つ災害復興の新たなモデルが創造されるのではないか。本書はそのための被災現場から発する緊急の提言である。

*

2010年10月4日、国際メディアは第一報としてハンガリーの赤泥流出事故を大きく取り上げた。しかしその後、事故に関して全く報道が途絶え、事故の経過や原因については霧に包まれたままとなった。

筆者は1970年代からハンガリー研究を始めた。1990年代には今回の事故地であるヴェスプレーム県の県庁所在地ヴェスプレーム市に家族とともに暮らした。1989年の東欧改革後のハンガリーを、地方都市の視点から調査研究することが目的だった。1年の滞在期間中に、今回の事故で一番大きな被害を被ったデヴェチェル市も調査で訪れた。さらにその後も、ヴェスプレーム県の研究者とは共同研究を積み重ねている。

赤泥事故当日、第一報を筆者に知らせてきたのは、BBCニュースを自宅で見ていた妻だった。「ハンガリーで大変なことが起きているのでネットで見て！」と、北海道大学の研究室にいた私に電話をかけてきたのである。妻にとってもヴェスプレーム

は暮らしたことのある身近な場所だった。

　事故の一報を聞いて、まず知人たちの消息が心配になった。ネットで見る赤泥事故の映像はすさまじかった。村が赤い泥水に呑み込まれていく様子が目に飛び込んできた。このような非常時に、現地へ駆けつけても、文系の一研究者にすぎない私に、果たして何ができるのだろうか。非常事態が宣言され、地域の交通が制限されており、報道関係者も近づけないとニュースは伝える。いろいろな考えが頭をよぎった。

　そもそも赤泥とは何かすら、まったく知らなかった。ネット情報などを見ると、今回の事故で流出した赤泥はアルカリ性の非常に高い危険物質である。しかも気化した有毒ガスが、事故後も周囲数10キロメートル四方を覆い、現地住民は避難しているという。映像で見る救助隊は頭から足先まで全身、防護服を着ている。

　これが、今も鮮明に覚えている事故当時の報道である。日本の3.11東日本大震災における津波の光景、そして福島第一原発での原子炉建屋爆発と同じくらいの衝撃だった。

　「地域研究者としてこういう時にこそハンガリーに行かなくは。後のことは任せて」と言う妻の声に後押しされ、取るものもとりあえず、ハンガリーの首都ブダペシュトに飛んだ。家族は、私の性格を知っているので、くれぐれも危険なことはしないでよ、とだけ念をおした。

　ブダペシュトでは友人たちが、良く来たと歓迎してくれたが、何ができるのか、そもそも現状はどうなっているのか、新聞報道以上の情報は彼らにもなかった。ヴェスプレーム県の友人たちにメールや電話で連絡を取り、ヴェスプレーム市へ行くタイミングを計った。結局、10月14日に『コミタートゥス（県）』という雑誌の編集会議がヴェスプレーム市であるので、そこに合流しないかと、友人たちが誘ってくれた。

　一研究者にできることは何かと考えつつ、朝一番のバスで2時間ほどかけてブダペシュトからヴェスプレーム市に向かい、編集会議に顔を出した。かつての県知事ゾンゴル・ガーボル、元県情報室長アッグ・ゾルターン、元県情報室研究員オラー・ミクローシュなど懐かしい顔ぶればかりである。早速、私をヴェスプレーム県庁に取り次いでくれた。ちょうど副知事が被災地の対策本部に向かうので、それに合流できるかどうか、交渉してみようということになった。災害担当の副知事は私に「何が目

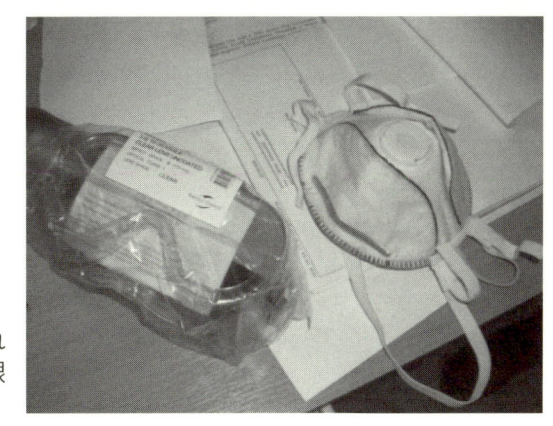

対策本部の机の上に置かれていた防護マスクと防護眼鏡

的ですか」と訊ねるので、「日本の多くの友人から、どのような援助ができるのかを現地で確かめてきてほしいと託されました」と答えた。実際、筆者は日本を発つ前から、旧知のハンガリー関係者と連絡を取り合い、日本からの支援の可能性を相談していた。副知事は「わかりました。一緒に来てください。そして、自分の目で確かめてください」と言って、県の車に私の席を確保してくれた。

　こうして国内の報道関係者ですら立ち入り禁止の非常事態地区に、何の証明書も許可書もなく飛び込むことになった。現地対策事務室が置かれたデヴェチェル市の市役所で、筆者は関係者に紹介されたあと、中央防災総局の担当者に案内され、全身を覆う防護服を着た。そして担当者の案内のもと、最も被害の大きかった旧市街区を見て回った。本書収録の、被災後の生々しいデヴェチェル市の様子を写した写真が「筆者撮影」となっているのは、こうした経緯による。市内を見回った後、対策事務室で主席医務官と話す機会があり、「いま日本からできることは何でしょうか」と訊ねた。すると、机の上のマスクを指し、「これですよ」と答えが返ってきたのである（上の写真参照）。

　赤泥が飛沫化することによって生じる大気汚染から住民を守るため、高品質のマスクを百万個単位で確保することが課題となっていた。

　早速この話を日本の関係者に伝えたところ、ヴェスプレーム県と姉妹関係にある岐阜県のハンガリー友好協会がいち早く支援の手を上げた。後でわかったことだが、

現地の在ヴェスプレーム県日本ハンガリー友好協会からも、そしてヴェスプレーム県知事からも、マスク支援の要望が首都ブダペシュトの日本大使館に届いていた。姉妹県としての岐阜県のハンガリー友好協会に、この要望が伝えられた。マスクの確保は岐阜県のハンガリー友好協会によって迅速に行なわれたが、輸送方法で行き詰まった。大量のマスクは嵩張るため、予想をはるかに超えた輸送費になる。しかし多くの善意が集まり、輸送問題も解決できた。こうして2010年の年末までに約40万個のマスクがヴェスプレーム県に届けられた。日本から支援の手が届くという情報は、私の滞在中すぐに現地新聞社に伝わり、「日本による支援」と報じられて、被災者を勇気づけることになった。[*5]

　大阪大学ハンガリー語学科の学生も赤泥事故を知り、自分たちの発案で街頭に出た。市民に呼び掛け、義捐金を集めたのである。ハンガリーに進出している複数の日本企業も、マスク支援の後押しや種々の支援に乗り出すなど、素早い対応を見せた。

　その赤泥事故から半年後に、3.11東日本大震災が起こる。ハンガリー政府はEU加盟国の中で真っ先に、日本の被災地の子ども達を自国に招待した。

＊

　【謝辞】　本書を執筆し、上梓するまでに多くの方々から支援と助言を得た。東日本大震災と福島原発事故という未曾有の国難を経験し、大学や学術研究は今のままでよいのかと問いを発する市民や知人・友人に後押しされ、筆者が公開の市民講座「一緒に考えましょう講座」を始めたのが、2011年の秋だった。以来、「北海道の自然と命のネットワーク」の小村守孝・悦子兄妹、間宮淳子さん、三上公王・英子夫妻、「Shut泊」の泉かおりさん、川原茂雄さん、「むすびば」のみかみめぐるさん、「市民放射能測定所はかーる・さっぽろ」の富塚とも子さん、本郷千弥子さん、[*6]「みちのくの会」の本間紀伊子さん、湊源道さんなど、札幌の多くの市民組織のみなさん、そして志を共にする全国の研究者、さらには勤務先の北海道大学の同僚研究者たちに助けられながら、市民講座を継続している。また、写真家で高校時代からの友人南部辰雄氏にはボランティアで福島での撮影に協力いただいた。

　ハンガリーという地域以外は筆者にとって全て未知の研究分野だが、そもそも防災学自体が阪神淡路大震災を契機に生まれた学問であり、原発事故被災とその復興を

どう進めるかに至っては、いま日本全体が取り組みを始めたばかりである。被災者への支援を日々実践している市民の智慧と倫理は、新しい学知を目指す羅針盤である。

　本書の基礎となる調査や研究は試行錯誤の連続だった。機会あるごとに報告をし、いろいろな方から批評や助言をいただいた。勤務先の同僚には、本書第4章部分について2年前の2012年3月に、また草稿段階の本書原稿全体について2014年3月に、それぞれセンター内研究会で批評してもらった。国際環境法学の児矢野マリ北海道大学教授には2012年の上記研究会で討論者を引き受けていただき、貴重な示唆をいただいた。最初にハンガリー赤泥事故の研究報告をしたのは米本昌平教授の研究グループ（当時、米本教授は東京大学先端科学研究センター所属だったが、現在は総合大学院大学教授）における研究会だった。大阪産業大学教授の竹内常善先生には2011年の大震災直後に同大学で行なわれた日中国際シンポジウムに呼んでいただき、やはり第4章の元になる研究の報告機会を与えられた。このシンポジウムで筆者の討論者だった関西大学社会安全学部の城下英行氏とは、同シンポジウムが縁で共同研究を立ち上げた。また城下氏には本書の草稿全体についても読んでいただき、社会防災学の視点から重要なコメントをいただいた。太田育子広島市立大学教授には、公刊前の御論考をお送りいただき、原発事故被災者に大学人としてどう向き合うべきか、学問のあり方について啓発された。2012年に発足し、筆者も加わっている飯舘村放射能エコロジー研究会は、福島原発事故被災地の内と外を結ぶ重要な役目を果たしている。この研究会は筆者にとって福島の被災地を知る大切な窓である。

　東京大学名誉教授で学部・大学院時代の恩師である肥前榮一先生、そして広島大学名誉教授の宮野啓二先生から受けた学問的、人間的な指導は、本書の執筆にあたっても基礎となっている。

　ハンガリーでは中央防災総局防災大学校長のパプ・アンタル Papp Antal 氏にお世話になった。二度にわたる聞き取り調査にも笑顔とユーモアで答えて下さり、メールを通じての情報提供にも応じていただいた。赤泥の科学的知見についてはヴェスプレーム市のパンノニア大学放射線化学・生態学研究所長のコヴァーチ・ティボル博士に負うところが大きい。40年来の畏友ケヴェール・ジェルジ氏（エトヴェシュ・ロラーンド大学教授）とは、ハンガリーに渡航するたびに本書のアイデアについて議

論を重ね、ハンガリーでの災害史研究動向について重要な教示を受けた。赤泥事故で被災した3自治体の首長、とりわけデヴェチェル市長トルディ・タマーシュ氏とコロンタール村長ティリ・カーロイ氏には、調査のたびに格別な配慮をいただいた。また、長時間にわたる筆者の質問に丁寧に答えて下さった、赤泥事故被災者の方々へのお礼は言葉に尽くせない。復興住宅で暮らすハンガリー被災者の笑顔には強く励まされた。そしてハンガリーの笑顔と、福島原発事故避難者の姿が、筆者の心では重なっていた。福島での調査でも多くの方々のお世話になった。ひとりひとりのお名前を挙げる代わりに、なるべく早くこの本をお届けすることでお礼としたい。

　現代人文社の成澤壽信氏の勧めと助言がなければこの本が世に出ることはなかった。きっかけは本書冒頭で触れた2012年11月に福島で行なわれた飯舘村放射能エコロジー研究会主催の被災者支援シンポジウムだった。このシンポジウムに参加された成澤氏が、本書出版の話を筆者に持ちかけて下さったのである。執筆途中でも被災者や被災地の目線から、氏は本書全体の構成に係わる改善点を指摘して下さった。心よりの謝意を表したい。妻は「一緒に考えましょう講座」を二人三脚で支えてくれ、本書の執筆に際しても、筆者の悪文癖に最後までつきあい、何が余分で、何が足りないか、指摘してくれた。いまだ文章が未整理で読みにくいのは、ひとえに筆者の乏しい能力と筆力のせいである。

　21世紀は災害の世紀となった。人災も有れば、天災もある。復興という課題は日本でも世界でもまだまだ議論の余地を残している。今後も被災者と被災地の目線と視野に身を置き、被災者を支援する市民の実践的倫理に学ぶことで議論を深めていきたい。

○赤泥事故に関する調査研究を進める上で以下の研究助成を受けたので、ここに記して謝意を表する。
・文部科学省グローバルCOE「境界研究の拠点形成」（岩下明裕領域代表、2009〜2013年）
・村田学術振興財団「突発的な大規模環境汚染事故への国境を超えた社会防災的対応：ハンガリー赤泥流出事故のフィールド調査を基にした防災社会システムモデル構築」（家田修研究代表、2011-2012年）

・学術振興財団科学研究費「大規模環境汚染事故による地域の崩壊と復興：チェルノブイリ、アイカ、フクシマ」（家田修研究代表、2012 年–2016 年）
・トヨタ財団研究助成「放射能汚染地域の文化保全と避難者の心の救済：チェルノブイリと福島」（家田修研究代表、2013–2015 年）

2014 年 9 月

家田　修

*1　福田徳三著『復興経済の原理及び若干問題』（東京同文館、大正 13 年）は関東大震災からの復興政策を論じたもので、日本における災害復興の聖典とされる。『大震災と地方自治：復興への提言』（自治体研究社、1996 年）3 頁。
*2　塩崎前掲第 1 章注 5 書 142 頁。
*3　同書 11 〜 12 頁。
*4　同書 142 頁。
*5　http://www.hu.emb-japan.go.jp/jpn/annai/diary1011.htm (2010.12.26)
*6　元国連職員でアフリカの女性支援で活躍されたあとに札幌に移り住み、原発事故後は札幌だけでなく、日本の脱原発運動の全国的、そして国際的な発信の推進力だったが、途中でがんに冒され、2013 年末に他界された。

◎著者プロフィール

家田修（いえだ・おさむ）

北海道大学スラブ・ユーラシア研究センター教授。

1953年生まれ。1977年東京大学経済学部経済学科卒。1985年東京大学大学院経済研究科博士課程単位取得退学。1986年広島大学経済学部助手。1987年東京大学経済学博士号取得。1990年北海道大学スラブ研究センター助教授、1995年同教授、2002年〜2004年及び2014年5月よりセンター長。

東欧地域研究を専攻。東日本大震災後、研究者や札幌市民とともに原発事故による被災者復興支援を続けている。

主な著作に、「福島、チェルノブイリ、アイカを地域とグローバルな視点から考える」（『地域研究』第14巻1号〔2014年〕）、「ハンガリー産業廃棄物流出事故に見る東欧とEUの境界：赤泥の定義をめぐる二重規範」（『境界研究』2号〔2011年〕）、「中域圏——地球化時代の新しい地域研究」（家田修編『講座スラブ・ユーラシア学第1巻　開かれた地域研究へ——中域圏と地球化』〔講談社、2008年〕所収）などがある。

なぜ日本の災害復興は進まないのか
ハンガリー赤泥流出事故の復興政策に学ぶ

2014年10月15日　第1版第1刷発行

著　　　者	家田　修
発 行 人	成澤壽信
発 行 所	株式会社 現代人文社
	〒160-0004 東京都新宿区四谷2-10 八ッ橋ビル7階
	振替 00130-3-52366
	電話 03-5379-0307（代表）
	FAX 03-5379-5388
	E-Mail henshu@genjin.jp（代表）／ hanbai@genjin.jp（販売）
	Web http://www.genjin.jp
発 売 所	株式会社 大学図書
印 刷 所	株式会社 ミツワ
ＤＴＰ編集	かんら（木村暢恵）
ブックデザイン	加藤英一郎

検印省略　PRINTED IN JAPAN　ISBN978-4-87798-582-0 C1036
Ⓒ 2014　Ieda Osamu

本書の一部あるいは全部を無断で複写・転載・転訳載などをすること、または磁気媒体等に入力することは、法律で認められた場合を除き、著作者および出版者の権利の侵害となりますので、これらの行為をする場合には、あらかじめ小社また編集者宛に承諾を求めてください。